专业户健康高效养殖技术丛书

（第二版）

现代养猪关键技术精解

杨菲菲　王　巍　主编

化学工业出版社
北京

本书是在《健康养猪关键技术精解》基础上修订而成，系统介绍了高效养猪生产中的主要环节及关键技术，主要包括猪的生物学特性、养猪场的设计与建设、繁育技术、营养需要及饲料配合、饲养管理、常见病防治等内容，具有较强的实用性和可操作性，可供广大养猪生产者、技术人员、技术服务人员以及兽医工作者参考使用。

图书在版编目（CIP）数据

现代养猪关键技术精解/杨菲菲，王巍主编. —2版. —北京：化学工业出版社，2019.6
（专业户健康高效养殖技术丛书）
ISBN 978-7-122-34126-6

Ⅰ.①现… Ⅱ.①杨…②王… Ⅲ.①养猪学 Ⅳ.①S828

中国版本图书馆CIP数据核字（2019）第051204号

责任编辑：刘亚军　　文字编辑：焦欣渝
责任校对：王　静　　装帧设计：张　辉

出版发行：化学工业出版社（北京市东城区青年湖南街13号　邮政编码100011）
印　　刷：三河市延风印装有限公司
装　　订：三河市宇新装订厂
850mm×1168mm　1/32　印张10　字数273千字
2019年7月北京第2版第1次印刷

购书咨询：010-64518888　售后服务：010-64518899
网　　址：http://www.cip.com.cn
凡购买本书，如有缺损质量问题，本社销售中心负责调换。

定　　价：38.00元

前言

农业是国民经济的基础，是国家稳定发展的基石。党中央和国务院高度重视农业发展，自始至终将农业放在经济工作的首位。畜牧业为农业经济的支柱性产业，而养猪业作为畜牧业的重要组成部分，对社会经济的发展以及改善民生方面发挥了举足轻重的作用。中国是生猪的生产、消费大国，生猪出栏量和存栏量位居世界第一。随着农村经济结构以及产业化发展格局的调整，农村散养户数量逐渐减少，饲养模式已由家庭散养发展到了如今的规模化、集约化和工厂化饲养。当前，养猪业面临着很好的发展契机，也面临着严峻的挑战。面对国内外养猪业发展的新形势，必须立足本国国情坚持以市场为导向，以科技进步为动力，以产业化发展为方向，以质量安全为核心，强化质量安全意识，推广健康养殖，制定和完善产品质量安全标准，规范指导生产，对投入品、饲养、加工、销售实行全程监管，全面提高生猪及猪肉的质量安全水平，推进我国现代养猪业的持续健康发展，保障城乡居民猪肉消费安全。

为了适应现代农民和养猪专业户养猪生产的需要，突出养猪关键生产技术的针对性和实用性，我们在《健康养猪关键技术精解》的基础上修订编写了本书。本书共分为十一章，第一章重点介绍养猪业的发展历程及国内养猪概况和发展趋势，第二章主要介绍猪的生物学特性及其行为特点，第三章到第七章从猪的生产角度详细介绍了猪的品种及经济杂交、猪的营养与饲料、猪的繁殖、猪的饲养管理、猪场建设与设备，第八章介绍了猪病的综合防治，第九章和第十章详细介绍了兽医病理学检查、猪的常见疾病及防控技术，第十一章着重阐述了猪场生物安全体系及有机废弃物的处理的相关知识。

由于编者水平有限，加之时间仓促，书中难免存在疏漏和不足之处，希望广大读者及时发现问题并提出宝贵意见。

编者

2019年1月

目 录

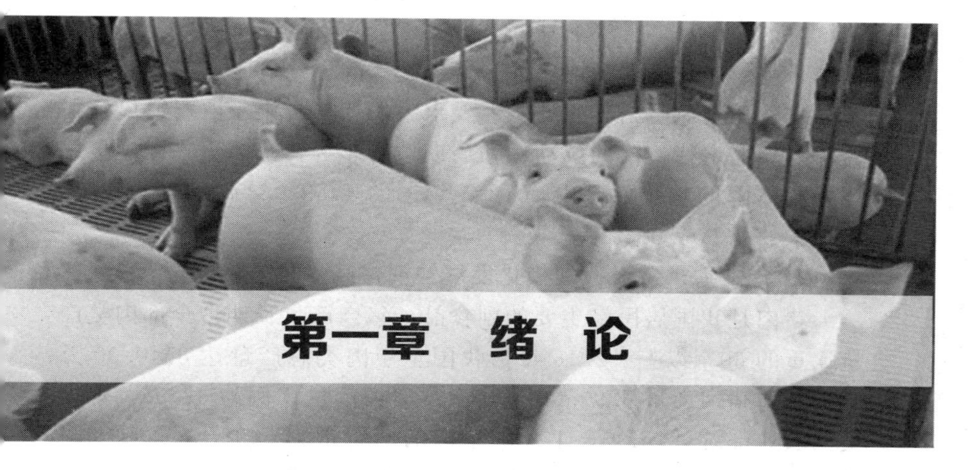

第一章 绪论

我国是世界养猪生产的第一大国，生猪养殖规模和猪肉消费量均居世界第一。近年来，我国养猪业在技术水平、规模化程度、动物福利研究等方面均取得了一定提高和进步，但仍面临许多挑战，如养殖成本攀升、环保压力加大、疫病防控形势严峻等。这些因素虽然制约着我国生猪产业的发展，但可以通过改善生猪产业结构、提升猪肉产品的国际竞争力等以“反馈调节”的方式来促进我国生猪产业的可持续发展。同时，养猪生产过程中产生的环境污染问题受到政府和人们的急切关注。为保障我国养猪业的健康可持续发展，国家相继出台了大量与畜禽养殖环境治理相关的政策法规，其中包括新版《中华人民共和国环境保护法》《大气污染防治行动计划》《水污染防治行动计划》《土壤污染防治行动计划》等，均加入畜禽养殖防治污染的内容。这些政策法规的运行将直接引导我国生猪产业进行变革。

一、我国生猪发展现状

1. 生猪存栏量处于下降趋势

生猪养殖是我国的传统行业，改革开放以来，我国生猪产业一方面受经济持续高速增长、城乡居民收入水平不断提高和食物消费结构不断升级等需求强力拉动，另一方面因生猪产业已经演变成农村居民重要收入来源和城镇居民菜篮子工程重要组成部分而得到政府的强烈推动，使我国生猪产量长期保持着较快的增长势头。2012

年以来，随着对生猪养殖的环保要求越发严格，中小散户退出生猪养殖，加上生猪价格的波动性和周期性的影响，我国生猪存栏量总体处于下降的趋势，已由2012年年末的47592.24万头减至2016年年末的43504.00万头。

2. 猪肉需求量大，规模化发展空间广阔

猪肉是我国居民最主要的副食品，猪肉产量长期占全部肉类产量比重的60%以上。2016年，我国全年肉类总产量达8540.00万吨，其中猪肉产量5299.00万吨，占肉类产量比例为62.05%；据美国农业部统计，2016年我国猪肉的消费量为5498.00万吨。目前仅靠国内猪肉产量已经不能完全满足国内的需求。

3. 我国生猪养殖区域化布局明显

由于受到饲料资源、劳动力资源以及消费市场的导向，中国生猪养殖主要集中于沿江沿海地区，分布于长江沿线、华北沿海以及部分粮食主产区，其中四川、河南、湖南、山东、湖北、广东、河北、云南、广西、江西为排名前十的生猪产区。

二、行业发展趋势

1. 行业的环境保护监管力度日益加大

2014年以来，国家相继出台了《畜禽规模养殖污染防治条例》《畜禽养殖禁养区划定技术指南》《水污染防治行动计划》等一系列旨在加强环境保护力度的法律法规和政策，对畜禽养殖业提出了更为严苛的环保要求，明确规定了畜禽的禁养区范围、畜禽排泄物的处理标准，要求在全国范围内依法关闭或搬迁禁养区内的畜禽养殖场（小区）和养殖专业户，畜牧养殖行业整体进入了环保高压期。严苛的环保要求提高了猪场建设在环保方面的投入，间接提高了生猪养殖成本，也无形中提高了进入生猪养殖行业的门槛。目前各地政府均提出了非常严格的发展生猪养殖的条件，为了确保环境良好，所有猪场必须具备系统性的污染物处理体系。因此，新建猪场或老猪场都面临如何解决养猪带来的污染问题。为了解决生猪养殖带来的环境污染问题，各规模化猪场需制定相关的环保措施以改善养殖环境，同时对养殖粪污资源化利用进行探索，尽可能将养猪的污染问题降低到最小。

2. 行业集中度提高，规模化养殖进程加快

长期以来，我国生猪养殖行业以散养为主，规模化程度较低。但近年来随着外出打工等机会成本的增加以及环保监管等因素的影响，散养户退出明显，国内生猪养殖规模化的程度正在明显提升。2015年，我国生猪养殖户减少约500万户，减少的养殖户基本是养殖规模在500头以下的中小散养户，而规模化养殖场进一步增加。目前一些大型的以“公司＋农户”为主要养殖模式的企业已经将合作养殖户的标准提高到500头以上。未来一段时间内，规模经济仍将驱动我国生猪产业的转型发展，规模化养殖将是生猪养殖行业的主要趋势，中小散养户退出的市场空间，将由大型的规模化企业来填补。

3. 种猪养殖产业化

育种是养猪业的制高点，也是我国养猪业的薄弱环节。我国的种猪繁育工作还停留在国外引种阶段，原种猪长期依赖进口。目前，国内种猪场绝大部分以杜洛克、长白、大白为主，均推广杜长大配套系种猪，而本土的种猪产业规模有限，效益一般，育种技术有待提高。未来生猪育种主要发展方向将是种猪及其配套系的适应性（主要是抗病性好、好养）、配套系商品代的适口性（主要是肉质好、好吃）。虽然以“杜、长、大”为主的外三元配套系未来仍是市场主角，但其市场份额将会迅速减少，而以国内当地民猪、黑猪、土猪和野猪为主的纯种、杂交配套系将会快速发展，市场份额会显著提高。联合育种也是一种发展趋势，国内一些核心种猪场（种猪企业）实现猪的联合育种，也是当前我国养猪业提高猪育种水平、育种效率、完善良种繁育体系最经济的有效手段。人工授精站将扮演更重要的遗传改良角色。健康种猪将成为重要概念，疫病防控成为重要育种目标。随着养猪产业化及养猪业分工进程的不断推进，种猪产业化将是未来的必然趋势。目前，我国已核定了约100家国家生猪核心育种场，以提高在生猪育种上的市场竞争力。

经过优胜劣汰的市场竞争、整合，中国的种猪市场，未来必将出现一批有综合竞争力、有品牌、有实力的大型种猪企业。

4. 食品安全日益受重视，促进高端猪肉品牌的树立

随着我国经济的发展和人民生活水平的不断提高，食品安全已经成为民众关注的焦点。目前国内以散养为主的养殖模式是引发猪肉食品安全问题的主要原因，散养情况下，政府监管部门无法对散养户进行全面监管，猪肉质量和安全无法保证，生猪养殖过程中添加剂的滥用难以有效控制。这种情形客观上促进了国内高端猪肉品牌的发展。一方面，能够打造高端猪肉品牌的都是规模化的养殖企业，对于规模养殖企业来说，食品安全的违法成本极高，一旦出现食品安全事故，对企业是毁灭性的打击，因此规模养殖企业将食品安全放在极为重要的地位，从源头上杜绝食品安全事件的发生；另一方面，规模化的养殖企业具备更高的养殖和育种水平，可以根据市场需求，培育出肉质和口感更好的肉猪，以迎合消费者需要，养殖成本也因为规模化的优势而更低。目前市场上已经出现了部分区域性的高端猪肉品牌，未来随着生猪养殖企业规模的扩大和异地养猪模式的推广，会有更多的高端猪肉品牌出现。

5. 生猪标准化养殖和精细化饲养趋势

长期以来，我国生猪养殖是以农户散养为主，中小规模养殖户受规模的影响和资金、人员的限制，生产和管理还属于粗放式经营，科学饲养的意识淡薄，精细化管理水平严重滞后。2010 年以来，农业部先后颁发了《农业部关于加快推进畜禽标准化规模养殖的意见》《农业部畜禽标准化示范场管理办法》等规章制度，旨在推进生猪及其他畜禽的标准化养殖，并且每年都会评选一批畜禽养殖标准化示范场，截至 2015 年，全国已创建 4263 个国家级畜禽标准化示范场，其中国家级生猪标准化示范场 1730 个，占畜禽示范场总量的 40.58%，居于主导地位。

生猪养殖的标准化也促进了养殖的精细化，精细化主要体现在精细化的人员管理、精细化的饲养管理、精细化的猪场规划建设、精细化的疫病防控。目前标准化的养殖场基本做到了对猪舍的精细化设计，在品种改良、饲料营养、母猪繁殖等环节的精细化管控，在清洁消毒、疫苗接种、药物保健等疫病防控环节的精细化把握，并且非常重视专业人才的培养。未来几年，随着中小散养户的退出和规模化企业的扩大，标准化和精细化将是生猪养殖行业的发展趋势。

第二章　猪的生物学特性与行为特点

第一节　猪的生物学特性

一、适应力强，分布广泛

从生态学适应性来看，猪主要表现对气候寒暑的适应、对饲料多样性的适应、对饲养方法和方式（自由采食和限制饲喂，舍饲与放牧）上的适应，这些是它们分布广泛的主要原因之一。但是，猪如果遇到极端环境和极其恶劣的条件，则会出现新的应激反应，一旦抗衡不了这种环境或条件，猪体生态平衡就会遭到破坏，生长发育受阻，生理出现异常，严重时甚至出现病患和死亡。

二、多胎高产，繁殖力强

猪是多胎高产家畜。猪一般4～6月龄达到性成熟，6～8月龄可以初次配种。妊娠期短，平均为114天左右。我国优良地方猪种，公猪3月龄开始产生精子，母猪4月龄开始发情排卵，比国外品种早2～3个月。

猪是常年发情的多胎高产动物，一年能分娩2胎以上。若缩短哺乳期，母猪进行激素处理，可以达到两年5胎。经产母猪平均一胎产仔10头左右，比其他家畜要高产。我国太湖猪的产仔数高于其他地方猪种和外国猪种，窝产活仔数平均超过14头，个别高产母猪一胎产仔超过20头。我国的太湖猪有过一胎产42头的报道。

三、食性广，饲料利用率高

猪是杂食动物，胃属于肉食动物的单胃与反刍动物的复胃之间的中间类型，既能消化植物性饲料（甚至草类），又能消化动物性饲料，因此饲料来源较为广泛。由于猪既没有像牛、羊那样的瘤胃，也没有像马属动物那样发达的盲肠，故对粗纤维的消化利用率较差，随着日粮中粗纤维含量的上升而消化率降低。在猪的饲养中，要注意精、粗饲料的适当比例，控制粗纤维在日粮中所占的比例，保证日粮的全价性和易消化性。猪对食物是有选择性的，能辨别口味，特别喜爱吃甜食。猪的饲料转化效率仅次于鸡，而高于牛、羊等家畜。对饲料中的能量和蛋白质利用率高，按采食的能量和蛋白质所产生的可食蛋白质比较，猪仅次于鸡，而大大超过牛和羊等家畜；按采食的能量所产生的可食能量比较，猪的效率最高。因此，从这个意义上讲，猪是当之无愧的节能型肉畜。

四、生长期短，周转快

在肉用家畜中，猪和马、牛、羊相比，无论是胚胎期还是生长期都是最短的（表2-1）。

表2-1　各种家畜生长期比较

畜种	胚胎期/月	生后生长期/年
猪	3.80	1.5～2.0
牛	9.50	3.0～4.0
羊	5.00	2.0～3.0
马	11.34	4.0～5.0

猪由于胚胎期短，同胎仔猪数目多，出生时发育不充分。例如，头的比例大，四肢不健壮，初生体重小（平均只有1.5千克左右），仅占成年猪体重的1%左右，各器官系统发育也不完善，对外界环境的适应能力弱，所以初生仔猪需要精心护理。猪出生后为

了补偿胚胎期内发育的不足，生后 2 个月内生长发育特别快，1 月龄的体重为初生重的 5～6 倍，2 月龄体重为 1 月龄的 2～3 倍，断奶后至 8 月龄前，生长仍很迅速，尤其是瘦肉型猪，生长发育快是其突出的特性。生长期短、生长发育迅速、周转快等优越的生物学特性和经济学特点，对养猪经营者降低成本、提高经济效益十分有利，所以深受养猪生产者的欢迎。

五、嗅觉和听觉灵敏，视觉不发达

猪的嗅区广阔，嗅黏膜的绒毛面积很大，分布在嗅区的嗅神经非常密集，因此，猪的嗅觉非常灵敏。仔猪在生后几小时便能靠嗅觉寻找乳头，3 天后就能固定乳头吃奶。猪能识别群内个体、圈舍和卧位，驱赶异己，保持群内个体间的密切联系。发情母猪闻到公猪特有的气味，即使公猪不在场也会表现出呆立反应。猪还能依靠嗅觉有效地寻找地下埋藏的食物。猪还可以依靠嗅觉识别自己的圈舍和卧位，同时可以靠嗅觉在土壤里准确地找到自己喜欢吃的食物。

猪的听觉很灵敏是因为猪的耳郭大，外耳腔深而广，头部转动灵活，可以迅速判断声源方向，能辨别声音的强度、音调和节律，容易对调教时的呼名、各种口令和声音刺激物养成习惯，所以定岗定人是有根据的，利于调教。猪对意外声音特别敏感，尤其对危险信息特别警觉，一旦有意外响声，即使睡觉也会立即站立起来，保持警惕。因此，为了猪群安心休息，尽量不要打扰，特别注意，不要轻易捉小猪，以免影响其生长和发育。

猪的视力很差，视距较短，视野范围小，识别能力差，猪对事物的识别和判断，其视觉只能起辅助作用，主要靠嗅觉和听觉来完成，如人工授精工作中对公猪采精的训练，公猪对假母猪的外形没有任何识别能力，不管白、黑、花，不管真猪假猪，甚至也不管什么形状的假母猪，即使是个板凳，只要洒上些发情母猪的尿液，就可采出精来。这一特点，给开展猪的人工授精带来了很大的方便。

六、小猪怕冷，大猪怕热

猪的汗腺不发达，皮下脂肪较厚，所以不耐热。在天热的时候，不能靠出汗来散热，脂肪层也影响了体内热量的散发，因此大猪怕热。初生仔猪的皮下脂肪少，皮薄毛稀，并且大脑皮层发育不健全，体温调节中枢不健全，因此调节体温的功能不完善，对外界温度环境适应能力差，因此仔猪怕冷。

七、定居漫游，群体位次明显

在无猪舍或放牧的情况下，猪能自找固定地点居住，表现出定居漫游习性。猪在合群时表现出明显的群居和位次关系，仔猪断奶后不同窝仔猪合并时，首先会激烈斗架，休息时按窝小群躺卧。经过几天后气味难辨，开始争夺位次，形成明显的位次关系。

一般来说，位次一经排定，猪就保持秩序稳定，极少易位，位次建立后才开始正常有秩序地生活，出现和平共处的局面。若生活环境变化很大，或一头猪生病，位次将会发生变化。若猪群内头数太多，就难以建立位次，相互斗架反复多次，影响生长，故为工厂化养猪提供了一定的最适合群数量参考。仔猪断奶如同窝育肥效果较好，群饲猪比单饲猪吃得快、多，生长也快，这是因为争抢食物而产生的效果，而位次高的往往生长较快。

八、爱好清洁

猪有爱好清洁的习惯，通常人们认为猪又笨又脏，实际是不正确的。猪不在吃睡的地方排粪尿，这是祖先遗留下来的本性。野猪不在窝边拉屎撒尿，以避免被敌兽发现。家猪在人工圈养时，若人为使猪群密度过大，它就无法表现这一特点。

在良好的管理条件下，猪是家畜中最爱清洁的动物。猪能保持其睡窝干洁，能在猪栏内远离窝的一个固定地点排粪尿。猪排粪尿是有一定的时间和区域的，一般多在食后或起卧时饮水，选择阴暗潮湿或污浊的角落排粪尿，且受邻近猪的影响。据观察，生长猪在采食过程中不排粪，饱食后约5分钟开始排粪1～2次，多为先排粪后排尿，在饲喂前也有排泄的，但多为先排尿后排粪。在两次饲喂的间隔时间，猪多为排尿而很少排粪。夜间一般排粪2～3次，排泄活动时间占昼夜总时间的1.2%～1.7%，早晨的排泄量最大。

九、对饲料营养可自行平衡

猪具有自己平衡营养的能力，国外有人做过这方面的试验：①配合饲料粗蛋白含量相同，但有氨基酸平衡与不平衡之差，这样让猪自由采食，结果可以看到，猪会选吃氨基酸组成比较平衡的饲粮，而不吃或少吃不平衡的；②将饲料分为无蛋白饲粮和高蛋白饲粮，而猪不会选择仅吃其中的一种。试验还发现，这有性别间的差别，幼母猪要比阉割小公猪采食更多的蛋白质，因前者胴体瘦肉要多些，故多食蛋白质饲料。这些研究都证实猪具有一定的平衡自己营养的能力，但猪为什么能做到这一点，其机制尚不清楚。

十、猪的活动与睡眠

猪的行为有明显的昼夜节律，活动大部分在白昼，在温暖季节和夏天的夜间也有活动和采食，遇上阴冷天气，活动时间缩短。猪昼夜活动也因年龄及生产特性不同而有差异，昼夜休息时间，仔猪平均为60%～70%，公猪为70%，母猪为80%～85%，肥猪为70%～85%。休息高峰在半夜，清晨8时左右休息最少。

哺乳母猪的睡卧时间，表现出随哺乳天数的增加逐渐减少，同时走动次数由少到多，时间由短到长，这是哺乳母猪特有的行为表现。

仔猪出生后3天内，除吸乳和排泄外，几乎是酣睡不动。随着日龄的增长和体质的增强，活动量逐渐增多，睡眠相应减少，但至40日龄，大量采食补料后，睡卧时间又有增加，饱食后一般会较安静地睡眠。仔猪活动与睡眠一般尾随效仿母猪。出生后10天左右，便开始同窝仔猪群体活动，单独活动很少；睡眠休息，主要表现为群体睡卧。

第二节　猪的行为特点

一、采食行为

猪的采食行为包括采食和饮水两种方式。

（一）猪的采食行为

1. 猪采食具有选择性

猪的采食具有选择性，特别喜爱甜食，初生仔猪刚出生就喜爱甜食。颗粒料与粉料相比，猪爱吃颗粒料；干料与湿料相比，猪爱吃湿料，且花费时间也少。

2. 猪采食有竞争性

群饲的猪比单饲的猪吃得多，吃得快，增重也快。猪在白天采食6～8次，比夜间多1～3次，采食持续时间10～20分钟，限饲时少于10分钟。猪的采食量和摄食频率随体重增大而增加。自由采食不仅时间长，而且能表现每头猪的嗜好和个性。猪的采食量较大，但猪的采食总是有节制，所以猪很少因饱食而致死亡。

（二）猪的饮水行为

多数情况下，猪的饮水与采食同时进行。猪的饮水量是相当大的，仔猪初生后就需要饮水，主要来自母乳中的水分，仔猪吃料时饮水量约为干料的2倍，即水与料之比为3∶1。成年猪的饮水量除饲料组成外，很大程度取决于环境温度。吃混合料的小猪，每昼夜饮水9～10次，吃湿料的猪平均2～3次，吃干料的猪每次采食后立即需要饮水，自由采食的猪通常交替进行直到满意为止，限喂则在吃完料后才饮水。

（三）猪的拱土觅食行为

拱土觅食是猪采食行为的一个显著特征，猪生来具有拱土本能，但喂给平衡的日粮，补充足够的矿物质，就会较少发生拱土现象。

尽管在现代猪舍内，饲以良好的平衡日粮，猪还是会表现拱土觅食的特征。喂食时，猪每次都力图占据食槽有利的位置，有时将两前肢踏在食槽中采食，如果食槽易于接近的话，个别猪甚至钻进食槽，站立食槽的一角，就像野猪拱地觅食一样，以吻突沿着食槽拱动，将食料搅弄出来，抛洒一地。

二、排泄行为

猪通常会保持其睡卧床清洁、干燥并避免粪便污染，而排粪排尿具有相对固定的时间和地点，选择远离猪床的固定地点排粪排尿。一般多在采食、饮水后或起卧时，选择阴暗潮湿或污浊的角落排粪尿。猪多为先排粪后排尿，在饲哺前也有排泄的，但多为先排尿后排粪。在两次饲喂的间隔时间里，猪多排尿少排粪，夜间一般排粪 2～3 次，早晨的排泄量最大。

三、群居行为

猪是群居家畜，由于现代化饲养方法，猪被限制在一定面积的圈舍内，群居性无法充分表现，不过在群饲的猪群内仍保留着猪的合群性，如同窝仔猪平时在母猪带领下出去游玩，在它们散开时，彼此距离不会太远，而且一旦受惊吓，会立即聚集在一起，或成群逃走。吃乳的仔猪同母猪和同窝仔猪分离后不到几分钟，就会极度紧张和不断大声嘶叫，直到回到母猪和同伴身边。

猪群最初建立时，争斗行为最为多见，因此，组群时群内个体体重差异不宜悬殊，更不宜将不同品种的猪混养，以免抢食和采食不均造成生长发育不整齐。另外，建立优势序列的猪群，应与动物交往中能够相互识别群内各个个体的头数相适应，一般以 20 头为宜，如果头数过多就难以建立等级关系，相互斗架频率高而影响休息和采食，在饲养管理中应注意。

四、争斗行为

争斗行为常发生在相互陌生的两头猪或两群猪之间。生产实践中一般是为争夺饲料和争夺地盘所引起，新合并的猪群内主要是争夺群居次位，有调整猪群居结构的作用。仔猪一出生，立刻表现出企图占据母猪最好乳房位置的竞争习性。公猪比母猪好斗，但母猪在一定环境下会显示争斗行为，去势的公猪通常在争斗中是十分被动的，成年猪比小猪造成的后果严重得多。

猪群的争斗行为多受饲养密度的影响。猪群密度过大或增加，每头猪所占空间下降，群内咬斗次数和强度增加，会造成猪群吃料攻击行为增加，所以在饲养过程中要根据猪舍面积等确定合适的饲养密度。

五、性行为

猪的性行为主要包括发情、求偶和交配行为。发情母猪主要表现卧立不安，食欲忽高忽低，发出特有的音调柔和而有节律的哼哼声，爬跨其他母猪，或等待其他母猪爬跨，频频排尿，尤其是公猪在场时排尿更为频繁。发情中期，在性欲高度强烈时期的母猪，当公猪接近时，调其臀部靠近公猪，闻公猪的头、肛门和阴茎包皮，紧贴公猪不走，甚至爬跨公猪，最后站立不动，接受公猪爬跨。管理人员压母猪背部时，立即出现“静立反射”，这种“静立反射”是母猪发情的一个关键行为。

公猪一旦接触母猪，会追逐它，嗅其体侧肋部和外阴部，把嘴插到母猪两腿之间，突然往上拱动母猪的臀部，口吐白沫，往往发出连续的、柔和而有节律的喉音哼声，有人把这种特有的叫声称为“求偶歌声”，当公猪性兴奋时，还出现有节奏的排尿。

六、母性行为

母性行为包括分娩前后母猪的一系列行为，如絮窝、哺乳及其他抚育仔猪的活动等。

母猪临近分娩时，通常以衔草、铺垫猪床絮窝的形式表现出来，如果栏内是水泥地而无垫草，母猪只好用蹄子抓地来表示；分娩前24小时，母猪表现神情不安，频频排尿、磨牙、摇尾、拱地、时起时卧，不断改变姿势。

分娩时多采用侧卧，选择最安静的时间分娩，一般多在16时以后，特别是在夜间产仔多见。当第一头小猪产出后，有时母猪还会发出尖叫声，当小猪吸吮母猪时，母猪四肢伸直亮开乳头，让初生仔猪吃乳。母猪在整个分娩过程中自始至终处在放奶状态，并不停地发出哼哼的声音。母猪乳头饱满，甚至奶水流出使仔猪容易吸吮到。母猪分娩后以充分暴露乳房的姿势躺卧，形成一热源，引诱仔猪挨着母猪乳房躺下，授乳时常采取左倒卧或右倒卧姿势，一次哺乳中间不转身，母仔双方都能主动引起哺乳行为，母猪以低度有节奏的哼叫声呼仔猪哺乳，有时是仔猪以它的召唤声和持续地轻触母猪乳房来发动哺乳，一头母猪授乳时母仔猪的叫声，常会引起同舍内其他母猪也哺乳。

母仔之间是通过嗅觉、听觉和视觉来相互识别和相互联系的，猪的叫声是一种联络信息，以此不同的叫声，母仔互相传递信息。

母猪非常注意保护自己的仔猪，在行走、躺卧时十分谨慎，不踩伤、压伤仔猪。带仔母猪对外来的侵犯先发出警报的吼声，仔猪闻声逃窜或伏地不动，母猪会张合上下颌对侵犯者发出威吓，甚至进行攻击。刚分娩的母猪即使对饲养人员捉拿仔猪也会表现出强烈的攻击行为。

这些母性行为，地方猪种表现尤为明显。现代培育品种，尤其是高度选育的瘦肉猪种，母性行为有所减弱。

七、探究行为

探究行为在仔猪中表现明显，如仔猪出生后2分钟左右即能站立，开始搜寻母猪的乳头，用鼻子拱掘是探究的主要方法。因此，对于新出生的仔猪，我们应协助其寻找并固定哺乳乳头。仔猪还用鼻拱口咬周围环境中的所有东西来认识新的事物。

摄食行为与探究行为有密切联系，猪在觅食时，首先是采用拱掘动作，这就是一种探究行为。如仔猪在接触到食物时，首先是闻，然后用鼻拱或嘴啃，当诱食料合乎其口味时，仔猪便会经常去采食，训练仔猪吃料便易于成功。再如母仔猪彼此能准确认识、仔猪吮吸母猪乳头的序位等都是通过嗅觉探究而建立起来的。

当猪进入陌生环境时，开始时怀着恐惧的心理站立或趴卧在一个安全角落里，这个角落就是它进入这个环境后经短暂的探究认为是安全的地带，经过一段时间后，确认没有危害时，便会渐渐四处探究，直到对整个环境熟悉和适应。合并后猪群的相互探究常会产生咬尾恶癖，这时设法在圈舍内装置其他物品如轮胎、铁链条等，以吸引、转移猪的探究目标，就是利用猪对新事物的探究行为。

八、异常行为

异常行为是指超出正常范围的行为。恶癖就是对人畜造成危害或带来经济损失的异常行为，它的产生多与动物所处环境中的有害刺激有关。

1. 常见的异常行为

（1）往返踱步行为　当猪舍温度超过35℃以上，会出现大量猪往返踱步行为。

（2）空嚼现象　当猪长期处于饥饿或营养不良状态时，会出现空嚼现象。

（3）咬尾　当猪群受到不良影响时，会互相撕咬，导致尾部受到损伤。

（4）攻击行为　建议将高、低攻击性的猪进行交叉饲养，可降低猪群攻击性。实质上，导致猪争斗的原因较复杂，需具体情况具体对待。

（5）异食癖　表现出咬尾、咬耳、咬肋、吸吮肚脐等异常行为，尤其是喜食粪尿、拱地、舔舐墙壁、啃木棍，并有闹圈、跳栏等现象。母猪的异常行为主要表现为食胎衣、胎儿、仔猪。

2. 引起异常行为的原因

（1）饲养密度过大　会造成猪啃咬栏柱、咬尾、无食咀嚼、肛门按摩、母猪的嗜血症、犬坐等现象增加。

（2）长期的定位圈养　会使母猪啃咬木板、栏杆和顽固地咬嚼自动饮水器。长期的舍内环境单调会使生长猪咬食附属物（如咬尾）和母猪咬死并吞食仔猪。

（3）猪舍内的环境恶化　会诱发猪的争斗；舍内湿度过大、温度过高容易引起猪体表瘙痒，并诱发猪只互咬；在恶劣的环境中，噪声、强光照射等因素会增加猪的应激反应，打斗现象加剧。在一群猪中，如果某头猪的耳朵或尾巴损伤流血，会诱发其他猪前去啃咬，血腥味会诱导部分猪出现咬尾等异常行为。

（4）日粮缺乏矿物质元素或比例失调　日粮中铁、铜、钙、镁和食盐等矿物质元素缺乏或比例失调，导致猪产生惊厥、抗应激能力下降、神经肌肉的兴奋性提高等异常表现，同样会增加猪群的互咬和打斗。

（5）日粮中维生素缺乏　日粮中缺乏维生素时，特别是B族维生素的缺乏导致体内代谢功能紊乱，从而诱发猪异常行为的发生。饲料中蛋白质和某些氨基酸的缺乏或蛋白质质量差也会使猪表现出一些异常行为。

（6）体内、外寄生虫　猪体内寄生虫，尤其是猪蛔虫会刺激患猪攻击其他猪。疥癣、虱子等引起猪体皮肤刺激而烦躁不安，在猪舍内摩擦身体并导致耳后、肋部等处出现渗出物，吸引其他猪啃咬而诱发咬斗。

（7）猪体内的内分泌紊乱引起激素分泌异常　会导致猪的情绪不稳定，也可诱发猪异常行为的出现。

（8）猪心理行为因素　猪有探究行为，在自然状态下采食时，其先是闻、拱、啃，然后开始采食。如果饲养场地为水泥地，猪不能表现闻、拱、啃行为，无可玩之物，猪的这种探究行为长期受到限制，导致猪的攻击行为增加，有的猪会互相咬尾，严重时会导致食肉癖。

（9）猪争斗受伤行为　同栏猪打架后受伤，尾部或者耳朵损伤流血会诱发其他猪前去啃咬，因为有的猪喜欢血腥味。

第三章　猪的品种及经济杂交

中国养猪业有着悠久的历史。很早以前，我们的祖先即已养当地野猪，并进行了猪种的选育。中国地方猪的繁殖力高、耐粗饲、肉质好、早熟易肥，为世界所认同，其优异性能和特点早已享誉世界。国外著名的英国大约克夏猪、美国波中猪、早期的罗马猪，都含中国猪的血统。近年来，法国、日本、匈牙利、泰国等许多国家仍在相继引入我国太湖猪和金华猪，改善和提高猪的繁殖力和肉质。如何合理保护和利用我国丰富的猪种资源是我们的一项重要课题。

畜禽良种选育及利用，又被称为“良种工程”，一直受到各级政府部门的高度重视，并在政策、项目、资金和物资等方面给予大力支持和帮助。“良种猪”作为一种先进生产力手段，成为业内共识。无论是地方猪、培育品种还是国外良种猪，都有其自身优势和特点，值得受到资源保护和合理利用。

第一节　猪的经济类型划分

猪的经济类型是指人们根据市场对瘦肉和脂肪的需求不同而育成的具有不同经济用途的猪种。猪的经济类型分为三种：

一、瘦肉型

这类猪以生产瘦肉为主。其外形特点是体躯呈梯形，前躯轻，后躯重，中躯较长，背腹线平直，头轻而小，后躯肌肉发达，四肢高长而结实。体质结实，性情活泼，产仔能力强。胴体瘦肉率55%～65%，平均背膘厚3厘米以下，体格较大，体躯较长，体长大于胸围15～20厘米，腿臂丰满，头颈清秀，腹线平直。如长白、大约克夏、杜洛克、汉普夏和湖北白猪等都属于这种类型。

二、脂肪型

这类猪的胴体能提供较多的脂肪。体形特点与瘦肉型相反，胴体瘦肉率45%以下，平均背膘厚达4厘米以上，体躯深宽而稍短，全身肥满，头颈较粗重，四肢较短，下颌沉垂而多肉，体长与胸围之差在3厘米以下。我国的内江猪、宁乡猪、陆川猪以及英国的巴克夏均属于此类，脂肪型猪一般被毛稀疏，体质细致，性情温顺，产仔较少。

三、兼用型

体形特征介于瘦肉型和脂肪型之间，瘦肉、脂肪各占一半。胴体瘦肉率45%～55%，背膘厚3～4厘米。我国大部分培育品种均属于这一类型，如哈白猪、北京黑猪、上海白猪等。

第二节　我国地方优良猪种

我国幅员辽阔，地形复杂，气候各异，生存着种类较多的野猪，加上各地区农业生产条件和耕作制度的差异，社会经济条件的不同给猪种的形成提供了不同的条件和要求。经过劳动人民的选育形成了许多优良的猪种和类型。我国地方猪种具有适应性强、繁殖力高、护仔性强、耐粗饲、肉质优良等特性。如太湖猪以产仔数多而著称于世，金华猪腌制的火腿驰名中外，香猪和滇南小耳猪作为实验动物和宠物猪，前景十分广阔。

一、地方猪种类型的划分

根据猪种的起源、生产性能和外形特点，结合当地的自然环境、农业生产和饲养条件，以及人们的流动等情况进行系统分析，将我国的猪种大致分为六个类型，即华北型、华南型、江海型、西南型、华中型和高原型。

（一）华北型

华北型主要分布于淮河、秦岭以北的广大地区。代表猪种有：东北民猪、西北八眉猪、河北深县猪、山东沂蒙黑猪、里岔黑猪、河南淮南猪、安徽定远猪、内蒙古河套大耳猪等。该种类型猪的特点：全身被毛黑色，嘴长，面直，耳大下垂，头纹纵行，体躯长扁，体质强健，鬃长毛密，耐粗放饲养，适应性强。性成熟早（3～4月龄开始发情，公、母猪4月龄即可配种），一般产仔12头以上，乳头8对左右。生长慢，瘦肉率45%左右，肉质鲜嫩、红润，肌内脂肪含量高，味香浓。

（二）华南型

华南型主要分布于南岭与珠江流域以南，包括云南省的西南和南部边缘地区、广东、广西、福建、海南和台湾等地。代表猪种有：两广小花猪、香猪、滇南小耳猪、海南猪、粤东黑猪、槐猪、台湾猪等。该种类型猪的特点：个体较小，嘴短，面凹，耳小竖立，头纹横行，毛色多为黑白相间。体躯短矮宽圆，腹大下垂，腿臀较丰圆，皮薄毛稀，鬃毛短少，体质疏松。性成熟早，3～4月龄即可发情，6月龄30千克左右即行配种，每胎产仔8～10头，繁殖力远低于华北型猪。早熟易肥，皮薄脂肪多，屠宰率较高，肉质细嫩。

（三）江海型

江海型主要分布于长江中下游沿岸以及东南沿海地区和台湾西部的沿海平原。代表猪种有：太湖猪、虹桥猪、姜曲海猪、阳新猪等。此种类型猪主要是由南北两型杂交而成，其外形和生产性能因类别不同差异较大，毛黑色或有少量白斑，头中等大小，耳长大下垂，背腰宽、平直或稍凹陷。积累脂肪能力强，增重快。繁殖力高，性成熟早，母猪发情明显，一般4～5月龄即有配种受胎的能力，并且受胎率高。乳头8对以上，经产母猪一般产仔数在13头以上，个别猪产仔数甚至超过 20 头以上，其中以太湖猪最为突出，平均窝产活仔数超过 14 头。

(四) 西南型

西南型主要分布于四川盆地、云贵大部分地区和湘鄂的西部地区。代表猪种有：荣昌猪、关岭猪、乌金猪、内江猪、湖川山地猪、成华猪、雅南猪等。其特点：头较大，颈部多有旋毛或横行皱纹，腿较短而粗，毛色全黑或黑白花。背腰宽、凹陷，腹大略有下垂，背膘较厚。中等繁殖力，性成熟较早，有些母猪 90 日龄时就能配种受胎。乳头数平均为 6～7 对左右，产仔数为 8～10 头，猪的初生体重小，平均 0.6 千克。

(五) 华中型

华中型主要分布于长江中下游和珠江流域的广大地区。代表猪种有：浙江金华猪、华中两头乌猪、湖南宁乡猪、湘西黑猪、赣中南花猪、福州猪、大围子猪等。其特点：猪体形与华南型相似，但较华南型猪大，背腰较宽，多下凹，腹大下垂，皮薄毛稀，嘴短面凹，耳朵中等大小、下垂。生长较快，成熟较早，肉质细嫩。一般产仔 10～12 头，乳头 6～7 对。

(六) 高原型

高原型主要分布于海拔 3000 米以上的地区，包括西藏、青海、甘肃和四川西部及云南地区。代表猪种有：青藏高原的藏猪、甘肃的合作猪。其特点：体躯较小，结实紧凑，四肢发达，蹄坚实而小，嘴尖长而直，鬃长毛密，善于奔走，行动敏捷。抗寒力强，耐粗饲，但生长缓慢，一年可长到 20～30 千克，2～3 年长到 35～40 千克，屠宰前舍饲 2 个月可达 50 千克，肉质鲜美多汁。鬃毛产量高（每只猪产 0.25 千克）、质量好（长度 12～18 厘米），在工业上评价很高。繁殖力不高，乳头以 5 对居多，每胎产仔 5～6 头。

二、部分中国地方猪的品种介绍

据全国猪种普查统计，我国有地方品种 100 多个，其中著名的地方良种有68个，是世界上猪种最多的国家。各地的主要地方优良品种猪见表3-1。

表3-1 中国地方优良品种猪简介

品种	产地	成年体重/千克		产仔数/头	日增重/克	屠宰率/%
		公	母			
民猪	东北、华北	181.7	145.6	14.79	495	72.5
八眉猪	陕、甘、宁	88.9	60.7	12.65	458	—
黄淮海猪	黄河、淮河、海河流域	134.3	111.5	12.52	388	70.1
沂蒙黑猪	山东临沂	100.0	154.3	12.56	524	75.0
两广小花猪	广东、广西	131.0	112.3	12.48	309	67.6
粤东黑猪	广东	75.0	58.5	11.55	281	70.3
海南猪	海口	—	94.3	19.20	363	69.4
滇南小耳猪	云南	64.2	76.1	10.12	220	70.4
南塘猪	广东紫金县	127.0	85.5	10.70	398	65.5
香猪	贵州、广西	—	64.4	5.70	—	65.7
隆林猪	广西隆林县	112.0	130.7	8.26	629	67.7
槐猪	福建	75.8	104.5	9.00	248	—
五指山猪	海口	—	32.5	7.00	—	—
宁乡猪	湖南宁乡市	87.2	92.7	10.2	587	73.1
华中两头乌猪	长江中下游	99.0	92.5	11.27	418	71.3
湘西黑猪	湖南沅江	113.2	58.3	11.02	367	73.2
大围子猪	湖南长沙	106.9	88.5	12.32	389	67.0
大花白猪	广东	133.3	110.8	13.81	519	20.7
金华猪	浙江金华	111.9	97.1	13.78	464	71.2
龙游乌猪	浙江衢州	97.6	79.4	12.51	454	73.2
闽北花猪	福建	78.1	83.9	10.00	370	72.3
嵊县花猪	浙江嵊州市	—	—	15.37	427	70.0
乐平猪	江西乐平市	145.0	132.0	10.90	648	71.5
杭猪	江西修水县	117.9	134.6	10.60	447	71.7

续表

品种	产地	成年体重/千克		产仔数/头	日增重/克	屠宰率/%
		公	母			
玉心猪	江西、浙江	84.3	75.6	11.61	362	74.4
武夷山猪	武夷山两侧	145.7	113.5	9.84	324	72.4
清平猪	湖北清平河畔	131.3	103.2	12.12	445	69.7
南阳黑猪	河南南阳	136.9	130.4	10.00	385	71.6
皖浙花猪	黄山南、天目山西、新安江上游	—	94.4	10.92	200	68.7
莆田猪	福建莆田等三县	126.0	77.4	13.00	311	69.9
福州黑猪	福州市郊	188.0	172.8	12.10	506	72.4
太湖猪	太湖流域	150.4	137.9	15.83	442	67.5
姜曲海猪	江苏海安	156.4	141.4	13.51	410	66.2
东串猪	长江中下游北岸	157.5	139.0	14.19	335	66.9
台湾猪	台湾	—	—	8.84	332	81.9
内江猪	四川内江	168.3	154.8	10.40	410	67.5
荣昌猪	四川荣昌	158.0	144.2	11.70	488	71.3
成华猪	四川中部	148.9	128.9	10.74	535	70.0
雅南猪	四川	138.3	139.4	12.44	620	72.9
湖川山地猪	湘、鄂、川	128.4	94.0	11.80	509	71.4
乌金猪	云、贵、川	125.3	98.9	8.69	371	71.8
关岭猪	贵州关岭县	150.0	170.0	7.25	308	67.8
藏猪	青藏高原	35.9	40.9	6.34	173	66.6
阳新猪	湖北南部	128.2	90.3	11.65	542	71.7
汉江黑猪	陕西南部、汉江流域	137.6	91.9	—	561	66

其中数量较多、分布较广或影响较大的地方猪种有：民猪、太湖猪、八眉猪、香猪、藏猪、内江猪、荣昌猪、金华猪、华中两头乌猪等，现将其主要特性介绍如下：

（一）民猪

民猪属华北型猪种。分布在东北全区，有大（大民猪）、中（二民猪）、小（荷包猪）三种类型。民猪全身被毛黑色，头中等大，面直长，耳下垂，背腰平直，四肢粗壮，后躯斜窄，冬季身生绒毛，猪鬃良好。成年公猪体重 200 千克左右，母猪 150 千克左右，育肥猪 300 日龄体重可达 136 千克，屠宰率 71.5％。

民猪的优点是繁殖力高，发情明显，适应性强，特别能适应严寒气候，耐粗饲，肉质好，抗病力强。缺点是饲料利用率较低，皮过厚，肌肉不丰满。

民猪与其他猪的正、反交都表现较强的杂种优势。以民猪为基础培育成的哈白猪、新金猪、三江白猪和天津白猪均能保留民猪的优点。

民猪具有抗寒力强、体质强健、产仔数多、脂肪沉积能力强和肉质好的特点，适于放牧和较粗放的管理，与其他品种猪进行二品种和三品种杂交，所得杂种后代在繁殖和育肥等性能上均表现出显著的杂种优势。民猪脂肪率高，皮较厚，后腿肌肉不发达，增重较慢。

（二）太湖猪

太湖猪是世界上产仔数最多的猪种，也是我国猪种繁殖力强、产仔数多的著名地方品种，享有“国宝”之誉。太湖猪属于江海型猪种，产于江浙地区太湖流域，苏州地区是太湖猪的重点产区。其中产于上海市嘉定区的“梅山猪”，松江区的“枫泾猪”，浙江省嘉兴、平湖的嘉兴黑猪，江苏省武进的“焦溪猪”，靖江市的“礼士桥猪”，崇明、启东、海门一带的“沙湖头猪”均属此类。

太湖猪体形较大，体质疏松，头大额宽，面部微凹，额部有皱纹。如焦溪猪按皱纹多少、深浅可分为大花脸和二花脸。耳大皮厚，耳根软而下垂。背腰宽而微凹，胸较深，腹大下垂，臀宽而倾斜，大腿欠丰满，后躯皮肤有皱褶，全身被毛稀松，毛色全黑或青灰色，四肢、鼻均为白色。奶头一般为 8～9 对。繁殖能力强，一般初产母猪每猪每窝产活仔 10 头以上，经产母猪产活仔 14 头以上，断奶育成 12 头以上，初生重 0.7 千克，仔猪 45 日龄断奶窝重在 100 千克左右，2 月龄断奶重 9 千克左右。6 月龄体重约为 65～70 千克。适宜屠宰体重为 75 千克左右，屠宰率为 67%。成年公猪体重 140 千克，母猪 110 千克左右。

太湖猪特性之一是繁殖性好，尤以二花脸、梅山猪最高，其初产平均 12 头，经产母猪平均 16 头以上，三胎以上，每胎可产 20 头，优秀母猪窝产仔数达 26 头，最高纪录产过 42 头。太湖猪性成熟早，公猪 4～5 月龄精子的品质即达成年猪水平。母猪 2 月龄即出现发情。据报道，75 日龄母猪即可受胎产下正常仔猪。太湖猪护仔性强，泌乳力高，起卧谨慎，能减少仔猪被压。仔猪哺育率及育成率较高。

太湖猪特性之二是杂交优势强。太湖猪遗传性能较稳定，与瘦肉型猪种结合杂交优势强，最宜作杂交母体。目前，太湖猪常用作长太母本（长白公猪与太湖母猪杂交的第一代母猪）开展三元杂交。实践证明，在杂交过程中，杜长太或约长太等三元杂交组合类型保持了亲本产仔数多、瘦肉率高、生长速度快等特点。由于太湖猪具有高繁殖力，世界许多国家引入太湖猪与本国猪种进行杂交，以提高本国猪种的繁殖力。

太湖猪特性之三是肉质鲜美独特。太湖猪早熟易肥，胴体瘦肉率 38.8%～45%，肌肉 pH 值为 6.55，肉色评分接近 3 分。肌蛋白含量 23%左右，氨基酸中天冬氨酸、谷氨酸、丝氨酸、蛋氨酸及苏氨酸含量比其他品种高，肌间脂肪含量为 1.37%左右，肌肉大理石纹评分 3 分。

（三）陆川猪

陆川猪属华南型猪种。因原产于广西东南部的陆川县而得名，现主要分布于玉林、钦州、梧州等地，有陆川猪、公馆猪、杨梅猪、太平猪等不同品群。

其体形可用“矮、短、肥、宽、圆”五个字来形容。毛色黑白相间，头、耳、肩、臀、尾为黑色，鼻端、下颊、肩胛、胸腹及四肢均为白色，在黑白交界处有一条4～5厘米白毛黑皮的“晕”。陆川猪皮薄，被毛短、细、稀疏，头较短小，嘴中等长，面微凹或平直，额较宽有横纹或菱形纹，耳小向外平伸，胸深，背腰宽、凹陷，腹大拖地，臀短多倾斜，尾粗大，后腿有皱槽，四肢粗短，乳头6～7对。

母猪繁殖力高，平均窝产仔12头以上，而且母性好，猪遗传力稳定。陆川猪生长速度慢，饲养报酬低，一般饲养条件下，生长期平均日增重为321克，饲养报酬为4.13∶1（陆川猪耗料高，主要原因是陆川猪生长慢、饲料营养水平低）。成年猪平均屠宰率为76.3%。按规模养猪，生长发育明显加快。陆川猪皮薄肉嫩、肉质味道好，胴体瘦肉率为36.7%。

（四）金华猪

金华猪属华中型猪种，产于浙江金华地区的义乌、东阳和金华。金华猪具有“两头乌”的毛色特征，又称“华中两头乌猪”。金华猪的毛色遗传性比较稳定，以中间白、两头乌为特征，毛色纯正，在头顶部和臀部为黑皮黑毛，其余多处均为白皮白毛，在黑白交界处有黑皮白毛呈带状的“晕”。金华猪体形不大，背微凹，腹圆而微下垂，臀较倾斜。

成年公猪体重140千克左右，母猪110千克左右，平均产仔数14头多，育肥猪8～9月龄体重达63～76千克，屠宰率72.6%。

金华猪的主要优点是品质好，肌肉颜色鲜红，系水力强，细嫩多汁；皮薄骨细，头小肢细，胴体中皮骨比例低，可食部分多；繁殖力高，平均每胎产仔14头以上，繁殖年限长，优良母猪高产性能可持续8～9年，终生产仔20胎左右；乳头数多，泌乳力强，母性好，仔猪哺育率高；性成熟早，小母猪在70～80日龄开始发情，105日龄左右达性成熟。公、母猪一般5月龄左右即可配种生产；适应性好，耐寒耐热能力强，耐粗饲，能适应我国大部分地区的气候环境，多次出口到日本、法国、加拿大、泰国等国家。

金华猪的缺点是体形不大，初生重小，生长较慢，后腿不够丰满。

金华猪早熟易肥，有板油较多、皮下脂肪较少的特征，适于腌制火腿。

（五）内江猪

内江猪属于西南型猪种。原产于四川省内江地区，分布于长江流域中游，以内江市东兴镇一带为中心产区，历史上曾称“东乡猪”。

内江猪全身被毛黑色，体形较大，体躯宽而深，前躯尤为发达。头短宽多皱褶，耳大下垂，颈中等长，胸宽而深，背腰宽广，腹大下垂，臀宽而平，四肢坚实。内江猪可分为早熟种、中熟种和晚熟种。早熟种饲养12个月体重可达125千克，中熟种饲养12个月体重可达150～180千克，晚熟种饲养2年体重可达250千克。母猪繁殖力较强，每胎产仔10～20头。初生重0.78千克，2月龄断奶重13千克，育肥猪7月龄体重可达90千克，屠宰率68%左右。成年公猪体重168千克左右，母猪154千克左右。对炎热、寒冷和海拔4000米以上的高原地区均能适应。以此猪为父本与其他地方猪杂交，杂种后代日增重提高15%～20%。以杜洛克猪等为父本与此猪杂交，杂种后代的胴体瘦肉率增加，皮肤变薄，日增重也明显提高。

内江猪有适应性强和杂交配合力好等特点，是我国华北、东北、西北和西南等地区开展猪杂种优势利用的良好亲本之一，但存在屠宰率较低、皮较厚等缺点。

（六）合作猪

合作猪又称蕨麻猪或山猪，属高原型猪种。原产于甘肃省甘南藏族自治州的夏河、碌曲、临潭、卓尼、迭部等县的部分地区。

合作猪体小、性野，活泼机灵。毛色纯黑者少，一般四肢、腹部、背部多为白色，被毛粗密而长，冬生棕色绒毛，鬃长而坚韧。初生仔猪背部毛色带有棕黄色纵行条纹，随日龄增长逐渐消失。头窄长，呈锥形，头长为体长的31.26%，嘴长而尖，犬齿发达，下犬齿长20厘米以上，耳小直立，额无明显皱纹。颈和体躯较短，胸较狭窄，背腰平直或微弓，后躯较前躯略高，臀窄而倾斜。四肢长短适中，健壮，蹄小坚实，乳头4～6对，排列整齐。

合作猪是一种生长较慢的小型猪种，适于放牧饲养。成年公猪体重33.31千克，母猪34.84千克。母猪4～5月龄开始配种，利用5～6年，最多8～10年，产仔数较少（平均3.6头），繁殖率较低。仔猪断奶后去势育肥，育肥期生长缓慢，当年2～3月出生的仔猪，到年底活重20～25千克。如宰前两个月加喂精料催肥，活重可达50千克，屠宰率69.57%，每头猪产板油2.33千克。瘦肉多，皮薄肉嫩，微黏不腻，适合做腊肉，味香鲜美。用仔猪做成的"烤小猪"是西北名菜之一。鬃长而坚韧，鬃长12～18厘米，每头猪产鬃93～186克，最多可达250克。该品种能在海拔3000米、气温最低－28.5℃的高寒潮湿半农半牧区正常生长和繁殖。放牧性能很强，具有奔走迅速、不易疲劳、能防御敌害、不惧暴晒和风雪以及跳墙越崖等特殊性能，特别适合在粗放管理的放牧条件下饲养。

第三节　国外引入品种

我国自19世纪末期以来，从国外引入的猪种有十多个，其中对我国猪种改良影响较大的有中约克夏猪、巴克夏猪、大约克夏猪、苏白猪、克米洛夫猪、长白猪等。20世纪80年代，又陆续引进了杜格克猪、汉普夏猪和皮特兰猪。目前，在我国影响较大的瘦肉型猪种有大约克夏猪、长白猪、杜洛克猪、汉普夏猪和皮特兰猪。

一、国外引进猪种的特点

引进猪种具有如下共同特征：

（一）生长速度快，饲料报酬高

引入的国外猪种体格大，体形匀称，背腰微弓，四肢较高。在良好的饲养管理条件下，后备猪生长发育迅速。生长育肥期（20～

90千克）日增重为550～700克，表现出饲料报酬高的特点。

（二）屠宰率和胴体瘦肉率高

引入猪种屠宰率较高，体重90千克左右时屠宰率达70%～72%。背膘薄，眼肌面积大，胴体瘦肉率高。体重90千克屠宰时胴体瘦肉率55%～62%，甚至更高。因此，引入猪种一般作为培育猪种的父本。

（三）繁殖率低

与国内地方猪种相比，引入猪种产仔数一般较少，母猪发情不明显，难以配种。

（四）肉质较差

引入猪种的肉食用品质不及中国地方猪种，主要表现是肌纤维直径较大，口感差；引入猪种的肉色和质地不及中国地方猪种，主要表现是肉色较淡，肌内脂肪含量较低，大理石纹不丰富均匀；引入猪种出现PSE肉（白肌肉）或DFD肉（黑干肉）的比例较高，特别是皮特兰猪，其PSE肉的发生率较高；杜洛克猪、大白猪等品种虽然PSE肉的发生率较低，但其肉色等均不及中国地方猪种。

（五）抗逆性差，对饲养管理条件的要求较高

引入品种猪精料需要量较多，在较低的营养水平下，生长发育缓慢，有时不及中国地方猪种。

二、国外引进的猪种简介

（一）大约克夏猪

大约克夏猪原产于英国，世界各地均有分布。我国已引入多年，由于其体形大、被毛全白，又被称为大白猪。大约克夏猪具有产仔多、生长速度快、饲料利用率高、胴体瘦肉率高、肉色鲜红、适应性强等特点。大约克夏猪体形高大，头颈较长，面宽微凹，耳向前直立；体躯长，背腰平直或微弓，腹线平，胸宽深，后躯宽长丰满，有效乳头 6 对以上。初产猪产仔 9.5～10.5 头，经产猪产仔 11～12.5 头，育肥猪 160～175 日龄体重达 100～110 千克，饲料转化率 2.7～2.9，胴体瘦肉率 63%～65%，体重 100 千克时的背膘厚为 10 毫米左右。大约克夏猪在杂交中多作第一父本或基础母本利用，深受广大养殖场户的重视。其社会存栏量大，资源丰富，分布较广，利用较为充分。中国已有了自己选育的“中国大白猪”。

（二）长白猪

长白猪又名兰德瑞斯猪，原产于丹麦，世界各地均有分布，是世界上著名的瘦肉型猪种。我国已引入多年，由于其体躯较长，毛色全白，被称为长白猪。长白猪具有产仔多、生长速度快、饲料利用率高、胴体瘦肉率高等特点，但其抗逆性差，对饲料营养要求较高。长白猪头小清秀、颜面平直、耳向前轻奋；体躯较长，前窄后宽呈流线型，背腰微弓，腹部平直，臀部丰满，肌肉发达，体质结实，有效乳头 6 对以上。初产母猪产仔 9～10 头，经产母猪产仔 11～12 头；育肥猪 165～180 日龄体重达 100～110 千克，饲料转化率 2.85～2.95，胴体瘦肉率 65%～66%，体重 100 千克的背膘厚为 9.7 毫米左右。我国引进长白猪历史久远，是一个在商品猪生产或培育新品种（系）杂交配套中不可或缺的猪种，杂交中多用作第一父本。中国已有了自己选育的“中国长白猪”。

（三）杜洛克猪

杜洛克猪原产于美国，为世界著名的鲜肉品种，世界各地均有分布。我国已引入多年。杜洛克猪具有生长速度快、饲料利用率高、胴体瘦肉率高、胴体品质好、适应性强等诸多优点。杜洛克猪皮毛棕红色，少数为浅棕色至深棕色不一，头部较小，脸面微凹，耳中等大小，耳尖部前奋；体躯宽深，背呈弓形，四肢粗壮，蹄壳黑色，腿臀肌肉发达，有效乳头 6 对以上；初产猪产仔 8～9 头，经产猪产仔 10～11 头。育肥猪 165～175 日龄体重达 100～110 千克，饲料转化率 2.8～2.95，胴体瘦肉率 65%～67%，体重 100 千克的背膘厚为 10 毫米左右。杜洛克猪在二元杂交或三元杂交中适合作为父本。中国也有了自己选育的“中国杜洛克猪”。

（四）汉普夏猪

汉普夏猪原产于美国肯塔基州的布奥尼地区，是用薄皮猪与中带猪杂交选育而成的。

该猪被毛黑色，在肩、颈结合处有一白带，肩和前肢也呈白色（又称银带猪）。耳中等大而直立，体躯较长，肌肉发达，四肢坚实，生长较快，饲料利用率高，胴体品质好，瘦肉率60%以上。成年公猪体重315～410千克，母猪250～340千克。一般窝产仔数10头左右，育肥猪6月龄活重可达90千克。

1934年我国首次少量引入，1978年以后又陆续从匈牙利、美国引入数百头。由于汉普夏猪具有瘦肉多、背膘薄的特点，以汉普夏猪为父本，地方品种猪作为母本杂交后能显著地提高商品猪的瘦肉率。

（五）皮特兰猪

皮特兰猪原产于比利时。皮特兰猪为白肤色带有黑色至栗色花斑，耳直立，体躯短，耳宽，后躯肌肉特别发达。其瘦肉率特别高，背膘很薄，饲料利用率高，但日增重、繁殖性能较低，劣质肉（PSE肉）发生率较高，并具有高度的应激敏感性。

皮特兰猪因瘦肉率特别高，在国外主要用于商品猪生产，作为父本与抗应激品种杂交，生产商品猪。胴体瘦肉率高达66%～70%，是世界上瘦肉率最高的品种。但该品种应激反应较强，肌纤维较粗，肉质较差，生长较慢，特别是生长后期，生长速度显著减慢。

第四节　国内培育的新品种

一、猪培育新品种概述

培育猪种是指利用从国外引入的猪种与地方猪种杂交而育成的

品种，多数培育猪种属于肉脂型品种，胴体瘦肉率在45%～50%。少数培育猪种属于瘦肉型品种，胴体瘦肉率55%以上。目前我国有培育猪种20多个，按所利用的国外品种的异同以及猪种的特征和特性，大致可归纳为以下几类：

（一）受大约克夏猪或苏白猪影响较大的新品种

这类猪的特点是：体长、胸围和体高都比当地猪种明显增大，背腰平直，腹较国外品种为大，但不下垂，臀部较平。大腿丰满，小腿粗壮有力，皮比地方猪种薄，毛也较稀，多数呈白色。体质较细致紧凑。增重较快，屠宰率和胴体瘦肉率较高。繁殖力比国外引入品种明显提高，经产母猪每胎产仔10～12头，乳头6～7对。性成熟稍迟，一般4～5月龄。

属于这一类的有哈尔滨白猪、上海白猪、伊犁白猪、赣州白猪、汉中白猪等。

（二）受长白猪影响较大的新品种

这类猪种大多属于瘦肉型猪种，其特点是体躯较长，腹小，腿臀丰满。头较轻，背腰平直，四肢强健，体质结实。生长速度较快，饲料转化率较高，胴体瘦肉率较高。经产母猪每胎产仔11～13头，乳头7对。

属于这一类的有三江白猪、湖北白猪、浙江中白猪、湘白猪等。

（三）受巴克夏猪影响较大，或以本地黑猪血统为主，掺有少量其他品种血液的新品种

这类猪毛色全黑或在体躯末端有少量白斑。其个体比地方猪种大，但比巴克夏猪小。其特点是性成熟较早，体躯丰满，屠宰率高，体形外貌良好，头大小中等，耳小而前倾。背腰宽平，胸深广，腹不下垂，臀部丰满，四肢坚实且较短。经产母猪每胎产仔10～12头，乳头7～8对。但含巴克夏猪血统较多的品种繁殖力较低，经产母猪每胎产仔8～10头，乳头6～7对。

属于这一类的有新金猪、新淮猪、北京黑猪、山西黑猪等。

（四）用克米洛夫猪或其他品种与当地品种杂交而育成的品种

这类猪毛色为黑白花，个体中等大小。属于这一类的有东北花猪、泛农花猪等。东北花猪是以克米洛夫猪为父本与民猪或巴克夏杂种母猪杂交选育而成的。东北花猪公猪 4 月龄时开始出现爬跨行为，5 月龄时母猪出现初情期，在农牧场饲养条件下，母猪于 8 月龄、公猪于 10 月龄，体重 100 千克以上时开始配种。初产母猪产仔数 10 头左右，经产母猪 11 头左右。断乳窝重分别为 100 千克和 135 千克左右。母猪繁殖利用年限为 4～5 年。

二、我国常见猪的培育品种

（一）湖北白猪

湖北白猪原产于湖北武汉地区，是 20 世纪 80 年代由华中农业大学和湖北农科院协作，以现代遗传育种理论为指导，用长白、大白和我国地方良种通城猪、荣昌猪杂交选育而成。1986 年湖北省科委组织鉴定，宣布品种育成。这是我国第二个人工育成的瘦肉型新品种，具有繁殖力高、适应性强、瘦肉率高、肉质良好等特点。

该猪被毛全白，头稍轻，鼻直长，耳前倾，体躯较长，后躯丰满，体质健壮，肢蹄坚实，乳头 6～7 对，具有典型的瘦肉型体形。成年公猪体重 250～300 千克，成年母猪 200～250 千克。经产母猪产仔数 13 头以上，育肥猪 175 日龄体重达 90 千克，胴体瘦肉率 58％～62％，肉质良好。

（二）三江白猪

三江白猪原产于黑龙江省东部合江地区，分布于黑龙江、乌苏里江、松花江等地。三江白猪育种从 1973 年开始，由黑龙江国营农场总局主持，红兴隆农场管理局科学研究所和东北农学院参加，开展有计划的育种工作。用东北民猪与英、法系长白猪杂交选育而成。1983 年由农牧渔业部农垦局组织鉴定，宣布品种育成。这是我国第一个人工育成的瘦肉型猪新品种，具有生长较快、省料、抗寒、胴体瘦肉率高、肉质良好等特点。

该猪头轻嘴直，两耳下垂或稍前倾，全身背毛白色，背腰平直，中躯较长，腹围较小，后躯丰满，体质结实，四肢健壮，乳头7对。成年公猪体重250～300千克，母猪200～250千克，经产母猪产仔数11～13头，育肥猪185日龄活重达90千克，胴体瘦肉率57%～58%。属瘦肉型品种，具有生长快、产仔较多、瘦肉率高、肉质良好和耐寒冷气候等特点。

该猪种与杜洛克、汉普夏、长白猪杂交都有较好的配合力，特别是与杜洛克猪杂交效果显著。

（三）上海白猪

上海白猪原产于上海市郊，是在本地猪与中约克夏猪杂交利用的基础上，再用苏联大白猪杂交，并通过多年选育而成的一个肉脂兼用型品种。

该猪被毛全白，头面平直或微凹，耳中等大而向前倾，体躯较长，背平直，体质结实，四肢强健，乳头数14个左右。成年公猪体重225～250千克，母猪170～190千克。产仔数11～13头，胴体瘦肉率50%～54%。

（四）豫农白猪Ⅰ、Ⅱ系

豫农白猪Ⅱ系选育是在Ⅰ系基础上，与引进的大约克夏猪杂交、横交，采用群体继代选育方法，历时6年完成。

豫农白猪产于河南省和中部地区，以郑州为中心产区，分布于河南、河北、山东和山西等地区。

豫农白猪Ⅱ系体形较大，全身被毛白色，头中等大小，两耳直立，面部微凹。背腰平直，腹稍大但不下垂，腿臀丰满，四肢健壮，体质结实。乳头6对以上。

初产母猪产仔数10.5头，产活仔数9.7头；经产母猪产仔数11.5头，产活仔数10.4头；60天平均断奶个体重19.4千克。料肉比2.72∶1，活体背膘厚8.47毫米，胴体瘦肉率达66.1%，腿臀比率33.45%，眼肌面积44.03厘米^2。

豫农白猪Ⅱ系作母本与大约克夏、杜洛克公猪杂交，商品猪育肥期日增重 815.48 克，料肉比 2.68∶1，瘦肉率 67.71%。

（五）哈白猪

哈白猪产于黑龙江省南部和中部地区，以哈尔滨及其周围各县为中心产区。其体形较大，全身被毛白色，头中等大小，两耳直立，面部微凹。背腰平直，腹稍大但不下垂，腿臀丰满，四肢健壮，体质结实。乳头 7 对以上。

哈白猪平均日增重 587 克，每千克增重耗配合饲料 3.7 千克和青饲料 0.6 千克。屠宰率 74%，背膘厚 5 厘米，眼肌面积 30.8 厘米^2，腿臀比例 26.5%，90 千克屠宰胴体瘦肉率 45%以上。

长白公猪与哈白母猪杂交，产仔数比哈白猪增加 1.2 头，断乳窝重增加 23.3 千克，育肥期日增重 38 克。哈白猪经过杂交育种，具有育肥速度较快、仔猪初生体重大、断乳体重大等优良特性。

第五节　猪的杂交优势及利用

杂交系指不同品种、品系或类群间的个体交配系统。从遗传学上而言，凡是有关位点拥有不同等位基因的两个亲本交配即为杂交。杂交的最基本效应是使基因型杂合而提高表现型的整齐度。由于有利基因对不利基因通常呈显性，抑制了不利的隐性基因的表现而使杂种个体生活力增强、繁殖力提高和生长加速，杂种群体均值优于双亲群体均值，这种遗传效应被称为杂交优势。目前养猪业中的商品育肥猪绝大部分是杂交猪，说明杂交利用的广泛和深入的程度。如英国成立专门的公司进行猪的杂交试验，生产优质的杂交猪供商品育肥之用，以满足不同条件和地区对肉猪的需要。美国杂交商品猪占 90%以上，日本的杂交猪占 89%。在我国，20 世纪 50 年代开始了猪的杂交试验工作，到目前为止通过杂交而育成的新品种和新品系 40 多个，尚有一批培育品种待审定验收。特别是近年来，由于市场对瘦肉的需求，出现了“肥肉滞销，瘦肉供不应求”的局面，所以很多省市进行瘦肉型杂交组合的筛选工作，有一些组合已通过验收用于瘦肉型杂交猪的商品生产。

一、猪的杂交优势

猪的杂交优势和利用是当代养猪生产重要增产措施之一。据国内外大量的试验和生产实践证明：不同品种或品系间杂交的后代，一般表现初生体重大，产仔多，育成率高，生长快，适应性强，饲料利用率高，胴体品质也得到了很好改善。为了广泛利用杂交优势，选择培育的后备母猪与经过测定的另一品种的公猪交配繁殖后代，进行专门化商品猪育肥，能获得较好的经济效益。

二、猪的杂交组合利用

猪的经济性状是繁殖力、饲料利用率、产瘦肉率、强健性、抗病力、生长速度等，但这些性状的优势不可能集中在某一个品种上，必须利用杂交取长补短，汇集各品种的优点，克服其缺点。20世纪90年代以前，我国所有的养猪场基本上采用地方猪种与引进的良种瘦肉型猪进行二元或三元杂交组合。随着市场经济的发展，在商品猪的销售中逐渐以质论价，对商品猪的质量要求越来越高。为了提高质量和追求经济效益、提高市场竞争力，绝大多数规模猪场采用引进的良种瘦肉型猪种之间的杂交方式。

杂交组合方式可归纳为三个类型：

（1）以大白猪为母本，长白猪为第一父本，杜洛克猪为第二父本进行三元杂交，生产的商品猪称为杜长大。

（2）以长白猪为母本，大白猪为第一父本，杜洛克猪为第二父本的三元杂交，生产的商品猪称为杜大长。

（3）以大白猪或长白猪为母本，皮特兰猪为父本的二元杂交，生产的商品猪称为皮大或皮长。

其中，以第一种杂交方式较多，尤以出口型的规模化猪场较为普遍采用。这些杂交方式生产的商品猪的优点：①生长速度快，平均日增重可达700克以上，饲料报酬［体重生长（千克）：饲料用量（千克）］为1：2.5，全群饲料报酬为1：(3.0～3.2)；②瘦肉率高，平均可达65%以上，每头母猪窝产约500千克以上的瘦肉；③臀部丰满度好，大腿比例明显增大，这对瘦肉产量和质量的提高起到了良好作用；④每头商品猪的市场售价，每千克体重比一般商品猪高0.6～1.1元。

三、商品杂优猪的毛色问题

国外引进品种间或与国内培育品种间的杂交商品猪称商品杂优猪。近年来，群众对商品杂优猪的毛色现象既不理解，也颇有顾忌。随着猪育种学的进步，人们追求繁殖力、生长速度、饲料转化率、产肉及肉质等生产性能或经济性状的不断提高，养猪业发达国家如丹麦、英国、美国、加拿大等均采用杂交育种技术，每7～8年育成一个新的品种或品系。在毛色上呈更为复杂的表现，即使大约克夏和长白猪也不是20世纪60年代的那种全白。因此，在商品杂优猪中出现五花八门的毛色分离现象已经不足为怪了。就现代育种学而言，猪的毛色作为品种象征已随质量性状提高而淡化，着力点在生产性能和肉品质量等经济性状的提高及其可遗传性与稳定性。

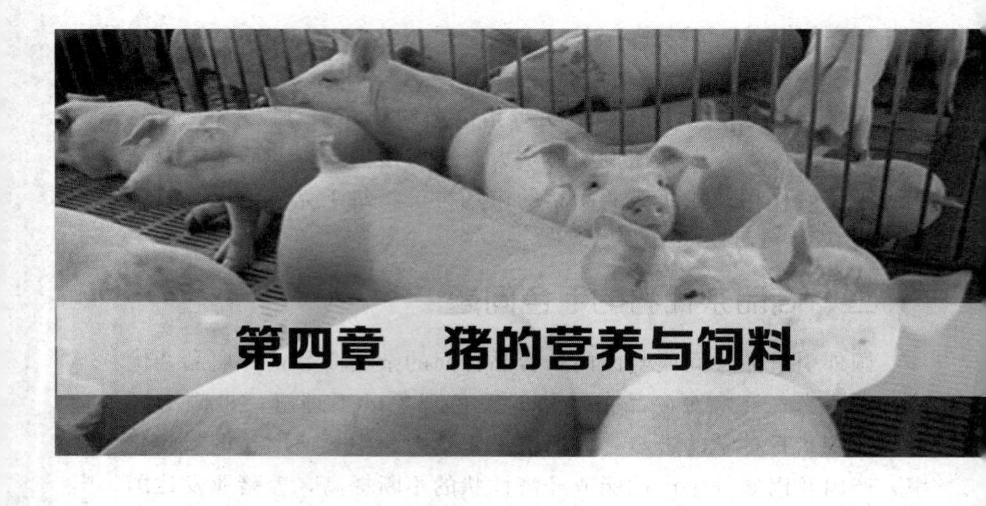

第四章　猪的营养与饲料

第一节　猪的饲料来源

一、饲料的分类及其营养特性

饲料是猪维持正常生命活动的物质基础，为养猪业的发展提供重要的物质来源。在养猪生产中，必须注重科学合理地利用饲料，进而提高猪对饲料的利用效率。自然界中饲料种类很多，为了更好地利用饲料，必须对饲料进行合理的分类，如根据饲料的来源、性质和营养特点、成分、加工调制等进行分类。

（一）根据饲料的来源

根据饲料的来源，饲料主要分为植物性饲料、动物性饲料、矿物质饲料以及添加剂等（表4-1）。

表4-1　不同饲料来源的分类

类别	植物性饲料	动物性饲料	矿物质饲料	添加剂
饲料	粗饲料：干草、秸秆、秕壳、豆荚等 青绿多汁饲料：青饲料、青贮饲料、块根块茎等 精饲料：谷实饲料——禾本科及豆科籽实等；农产品加工副产品——糠麸、糟渣、饼粕等	鱼粉、肉骨粉、血粉、奶粉等	食盐，含钙、磷等的矿物质补充料	维生素、氨基酸、生长促进剂、驱虫保健剂等

（二）根据饲料的性质及营养特点

根据饲料的性质及营养特点，饲料可以分为精饲料、青绿多汁饲料、粗饲料、矿物质饲料和添加剂 5 大类，每一类又可分为不同的小类（表 4-2）。

表 4-2　饲料的性质及营养特点的分类

类别	精饲料	青绿多汁饲料	粗饲料	矿物质饲料	添加剂
饲料	能量饲料：谷类籽实及其加工副产品 蛋白质饲料：植物性蛋白质饲料、动物性蛋白质饲料、其他蛋白质饲料 精饲料：谷实饲料——禾本科及豆科籽实等；农产品加工副产品——糠麸、糟渣、饼粕等	青饲料、块根块茎及瓜类、青贮饲料	干草、稿秕饲料	食盐，含钙、磷等的矿物质补充料	维生素、氨基酸、生长促进剂、驱虫保健剂等

（三）国际分类法

按照国际通用的饲料分类方法将饲料分成 8 大类：粗饲料、青绿饲料、青贮饲料、能量饲料、蛋白质饲料、矿物质饲料、维生素饲料、添加剂饲料，其分类依据见表 4-3。

表 4-3　国际饲料分类依据

饲料类别	饲料类名	划分饲料类别依据/%		
		自然含水量	干物质中粗纤维含量	干物质中粗蛋白含量
1	粗饲料	<45	≥18	
2	青绿饲料	≥45		
3	青贮饲料	≥45		
4	能量饲料	<45	<18	<20
5	蛋白质饲料	<45	<18	≥20
6	矿物质饲料			
7	维生素饲料			
8	添加剂饲料			

1. 粗饲料

饲料天然水分含量小于45%，干物质中粗纤维含量大于或等于18%的干草、农副产品、糟渣、树叶等，养分含量少，纤维素含量较多，不易消化，能量低，容积大，质地粗硬，能利用的营养物质较少，大部分不适合做猪饲料，但是优质的苜蓿草粉、槐叶粉由于粗蛋白含量在16%以上，有效能值可以与糠麸相比，因此可以用作猪饲料。

2. 青绿饲料

青绿饲料来源广，产量高，天然含水量特别高，在45%以上，包括新鲜饲草、树叶、非淀粉质的块根块茎、瓜果类和以放牧形式饲喂的人工种植牧草、草原牧草等。它们粗蛋白、胡萝卜素、维生素C、维生素B、钙和磷含量丰富，容易消化，适时收割会使得营养物质含量丰富。

3. 青贮饲料

青贮饲料是以新鲜的天然植物性饲料为原料，采用青贮的方式调制成的饲料。这有利于长期保存青绿饲料的营养物质和多汁性。此类饲料含水量在45%以上，适口性很好。

4. 能量饲料

能量饲料的饲料干物质中粗纤维含量低于18%，粗蛋白含量小于20%。该类饲料包括谷实类、糠麸类、草籽树实类、糟渣类以及淀粉质块根块茎、瓜果类饲料。这类饲料蛋白质（8%～15%）、矿物质和维生素的含量低，氨基酸含量也不平衡，特别是限制性氨基酸含量较低，所以必须与优质蛋白质饲料配合使用。主要含有丰富的易于消化的淀粉，是猪所需要能量的主要来源。

在猪的饲料中，常用的能量饲料包括以下几种：

（1）玉米　产量高，用量大，有效能值高，适口性好，有“饲料之王”之称。一般占全价配合饲料的40%～70%，在饲料中起着提供能量的作用。玉米的蛋白质含量低，约为8.5%，氨基酸也不平衡，赖氨酸、蛋氨酸、色氨酸含量较低，维生素、无机盐及微量元素含量都比较低，因此使用时应与其他饲料合理搭配。在玉米水分含量14%以上，贮藏温度达20℃以上时，极易发生霉变，应尽可能在短期内使用完毕，并采取有效措施防止霉变。

(2) 高粱　营养成分略低于玉米，价值相当于玉米的70%～95%；蛋白质品质也稍差，胡萝卜素缺乏。应该注意的是，高粱中含有单宁，有涩味，适口性差，饲喂过多时，会导致便秘。

(3) 大麦　大麦分皮大麦和米大麦两种。蛋白质含量较高，为11%～12%，品质也较好，赖氨酸含量高。钙、铜含量较低，铁含量比较高，脂肪含量低，能值比玉米低。皮大麦中粗纤维和粗灰分含量较高，影响能量的利用率。使用时一般带皮磨碎。

(4) 小麦　蛋白质、各种限制性氨基酸含量较玉米高，有效能值仅次于玉米，锰、锌含量较高，适口性较好。但是饲喂过多时会引起腹泻。

(5) 稻谷、糙米、碎米　稻谷含有稻壳，粗纤维含量较高。稻谷中的粗蛋白和限制性氨基酸含量较低，有效能值在各种谷物类饲料中也是较低的一种。稻谷去壳为糙米，糙米去米糠为大米。糙米、碎米的营养价值接近玉米。糙米、碎米的有效能值比稻谷高18%～25%，而粗纤维、粗灰分含量明显偏低。

(6) 小麦麸　即麸皮，营养价值较高，粗蛋白含量高，可达12.5%～17%，赖氨酸（0.67%）等必需氨基酸含量较高，含有丰富的维生素K、B族维生素和胆碱，钙、磷含量比例不平衡，含钙少，含磷多，钙磷比为1∶8，因此使用时要注意补钙。铁、锌、锰含量丰富，但磷的质量不佳，绝大部分是植酸磷，不利于无机盐吸收。还会导致猪的软骨症及瘫痪病，应引起注意。小麦麸容积较大，可调节饲粮营养浓度，适口性较好，其中含有轻泻的盐类，有助于胃肠道蠕动，可调节消化道功能，防止便秘，保持消化道的健康，是妊娠后期和哺乳母猪的良好饲料。

(7) 米糠和米糠饼　米糠是糙米加工精米时分离出来的种皮、糊粉层和胚三种成分的混合物，其营养价值根据精米加工程度不同而异。米糠的粗蛋白含量约为13%，粗脂肪约为17%，粗纤维约为9%，富含B族维生素。含钙少，含磷多。育肥猪喂量过多易引起软质肉脂，幼猪喂量过多易引起腹泻。由于其中不饱和脂肪酸含量高，易氧化酸败，不易保存。

米糠经过榨油后的产品称为脱脂米糠，也叫米糠饼。米糠饼经过烘炒、蒸煮、预压后适口性和消化性得到改善，部分脂肪及维生素含量下降，但其他营养成分基本保留。用米糠饼喂猪可防止由于饲喂米糠引起的软质肉脂。米糠饼能值有所降低，但利于保存。

米糠和米糠饼中均含有较高的氨基酸，特别是含硫氨基酸。铁、锰、锌等无机元素含量也较丰富。钙、磷比例极不平衡，磷含量是钙含量的20倍以上，其中植酸磷含量也高，不利于其他元素的吸收利用。

5. 蛋白质饲料

蛋白质饲料是指干物质中粗纤维含量在18%以下、粗蛋白含量为20%及以上的饲料。其粗纤维含量低，可消化养分多，容重大，属于精饲料，也是配合饲料的基本成分，包括植物性蛋白质饲料、动物性蛋白质饲料和单细胞蛋白饲料。

（1）植物性蛋白质饲料　是使用最多的一类蛋白质饲料，主要为饼（粕）类及某些其他产品的副产品，包括大豆饼（粕）、棉籽饼（粕）、花生饼（粕）及菜籽饼（粕）等。

① 大豆饼（粕）。大豆饼和大豆粕是我国最常用的、数量最多的植物性蛋白质饲料。主要有黄豆饼、黑豆饼两种。粗蛋白含量40%～46%，赖氨酸2.5%左右，色氨酸0.1%左右，蛋氨酸0.38%左右，胱氨酸0.25%；铁、锌含量丰富。大豆中含有胰蛋白酶抑制因子、尿素酶、异黄酮等抗营养因子，大部分经加热即可破坏。未经处理的豆粕添加到仔猪料中不应超过20%。豆粕经过膨化后，可提高其适口性，消化吸收率也会增加，还可以降低仔猪因为断奶引起的营养性腹泻。

② 棉籽饼（粕）。是提取棉籽油后的副产品，粗蛋白32%～38%，去皮棉粕粗蛋白含量高达40%，是一种重要的蛋白质饲料。与豆饼相比，其粗蛋白含量稍低，约为豆饼的80%，钙含量低，缺乏维生素A、维生素D。棉籽饼中含有棉酚，用它喂动物应先去

毒，并且要饲喂得法和控制喂量。棉籽饼去毒的方法以煮沸法效果最好。饲喂时，一般由少到多，逐步达到喂量。

③ 花生饼（粕）。带壳花生饼粗纤维含量在15%以上，饲用价值低。去壳花生饼蛋白质含量在40%～47%，赖氨酸和蛋氨酸含量不足。消化能在12.5兆焦/千克以上。花生饼是猪饲料中较好的蛋白质饲料，猪喜爱食用，但是不宜多喂，一般不超过15%，过量会使猪体脂肪变软，影响胴体品质。另外，花生饼贮藏不当会产生黄曲霉素，对猪不利，贮藏时水分含量应小于12%。

④ 菜籽饼（粕）。油菜是我国主要油料作物之一，其产量占世界第二位。菜籽饼（粕）是油菜籽提取油脂后的副产品，榨油后菜籽饼（粕）含蛋白质减少，一般粗蛋白含量在31%～40%。赖氨酸含量丰富。菜籽饼（粕）含毒素较高，具有苦涩味，影响适口性和蛋白质的利用效果，阻碍猪的生长，因此，未去毒的菜籽饼（粕），喂量必须控制。乳猪、仔猪最好不用，生长猪、育肥猪及母猪可在口粮中加4%～8%，不会影响增重和产仔，中毒现象也不会发生。

（2）动物性蛋白质饲料　主要指乳和乳品业的副产品、渔业加工的副产品、屠宰畜禽血粉、肉食加工副产品以及蚕蛹等。此类饲料蛋白质含量高，品质好，所含必需氨基酸齐全，生物学价值高。无纤维素，因而消化率高。钙、磷比例恰当，能被充分吸收利用。富含B族维生素，特别是维生素B_{12}含量高。

① 乳清粉。牛奶除去乳脂和酪蛋白后的液态物经干燥而成的粉状产品。包括乳蛋白、乳糖、水溶性维生素及矿物质。蛋白质含量在11%左右，乳糖的含量在61%以上，是仔猪的最佳能量来源。在仔猪日粮中添加乳清粉可提高日粮的适口性，促进采食，提高养分消化吸收率，减少腹泻。随着猪日龄的增长，乳清粉的作用减弱，育肥猪大量使用乳清粉可引起腹泻。

② 鱼粉。含蛋白质50%～60%，最高可达70%，蛋白质的生物学价值很高，富含各种必需氨基酸、维生素A、维生素B_2、维生素B_{12}、维生素D_3。矿物质钙、磷、钠、铁、铜等含量也较高。

③ 血粉。含80%以上的蛋白质，粗脂肪1.4%～1.5%。鲜血与1～2倍糠麸混合搅拌，经4～6小时晒干，然后粉碎，粗蛋白含量为30%～35%（加入0.2%丙酸钙防腐剂）；还可以将鲜血倒入锅中，加入1%～1.5%的生石灰，加火煮熟，晒干粉碎，含粗蛋白在70%以上。

（3）单细胞蛋白饲料　主要是指通过发酵方法生产的酵母菌、细菌、霉菌及藻类细胞生物体等。单细胞蛋白饲料营养丰富、蛋白质含量较高，且含有18～20种氨基酸，组分齐全，富含多种维生素。

6. 矿物质饲料

提供饲用的天然矿物质、化工合成的无机盐类以及混有载体的多种矿物质化合物配成的矿物质添加剂预混料，能提供常量元素或微量元素者均属于此类饲料。贝壳和骨粉来源于动物，但主要是用来提供矿物质营养素的，因此也划归此类。

7. 维生素饲料

由工业合成或由原料提纯精制的各种单一维生素和混合多种维生素，但富含维生素的自然饲料不属于此类饲料。

8. 添加剂饲料

这类饲料可以保证或改善饲料品质，防止质量下降，促进动物生长繁殖，保障动物健康而掺入饲料中的少量或微量物质，可改善饲料的适口性，增进食欲，帮助消化，如各种抗生素、防霉剂、抗氧化剂、疏散剂、着色剂、增味剂以及保健与代谢调节剂等。

二、饲料原料的选择与质量鉴定

（一）饲料原料的选择

猪饲料原料是生猪生长发育的物质基础。原料质量的好坏直接关系到生猪的营养需求和养猪场的经济效益。生猪饲料原料种类较多，来源广泛。饲料原料主要包括玉米、小麦、豆粕、花生粕、棉籽粕、鱼粉、肉骨粉等。目前，很多养猪场（户）在使用浓缩料、预混料或全价料的同时，都不同程度地使用自配饲料。但是在选择自配饲料原料时，在原料的选择上会存在一些问题。比如，饲料的合理搭配、没有按照生猪生长阶段的营养需求进行饲喂等。因此，在选择生猪饲料原料时应注意以下几个方面：

1. 饲料原料的种类应多样化

生猪饲料原料品种应多样化，每一个配方最好用5种以上的单一饲料进行搭配，以满足生猪营养需求，这样也有利于发挥各种原料之间的营养互补作用。常用猪饲料的能量饲料原料主要有玉米、稻谷、小麦、大麦和高粱等，蛋白饲料有鱼粉、蚕蛹粉、豆粕和菜籽饼等，还有必需的矿物质、微量元素和维生素。一般来讲，养猪场（户）在使用自配饲料时，会使用浓缩饲料、预混料或全价料，营养成分基本能满足生猪需求，但是要确保原料混合均匀，以使猪吃进所需的各种营养物质。如混合饲料混合不均匀，容易造成猪药物或微量元素中毒。

2. 原料营养成分的了解

在进行饲料配制时，首先要了解饲料原料的营养成分，科学计算配制比例。不同原料，其营养成分含量不一致，对生猪生长作用也不同。

3. 掌握饲料原料的特性

掌握饲料原料的相关特性，对适口性差、含有毒素的原料用量应有所限制。污染严重、霉变的原料不宜选用。饲料原料特性对生猪的食欲、消化有很大影响。首先，注意原料的体积。衡量饲料体积大小可按青、粗、精三种饲料的比例，大体按风干物5∶3∶2计算，并适当添加矿物质补充饲料（如骨粉、食盐等）。粗料体积大，粗纤维含量较高，适口性差。为了确保猪能够吃进每天所需要的营养物质，所选原料的体积必须与猪消化道容积相适应。如果体积过大，猪每天所需的饲料量吃不完，会造成营养物质不能满足需要，还会加重消化道的负担；若体积过小，虽然营养物质得到满足，但猪没有饱感，会表现出烦躁不安，从而影响其生长发育。猪是杂食动物，对粗纤维的利用能力差。含粗纤维多的青绿饲料和粗饲料原料适口性差。粗饲料包括干草和农作物秸秆，一般只作填充用，用量不宜过多。

4. 合理的加工调制

除麦麸、米糠、鱼粉、骨粉等粉状原料外，玉米、豆类、稻谷等籽实类原料应适当粉碎，生大豆不能直接喂猪，必须炒熟或煮熟后才能使用。

5. 经济性原则

重视经济性原则就是要因地制宜、就地取材，充分利用当地原料资源。

6. 猪各种年龄、体重和不同生产阶段日粮搭配比例

不同生产目的的猪以及不同生长阶段的猪，对营养物质的需要量也不同。根据不同猪群，选用不同类型的日粮。哺乳仔猪和断奶仔猪胃容量小，消化能力差，要以易消化的精料为主，因为精料营养物质含量全面，这样可以促进仔猪消化器官的发育；对于哺乳母猪，饲料中应尽量少地使用单体氨基酸，蛋白质的含量应占20%～22%，钙占0.8%，磷占0.6%，钙和磷的比例应为1.33∶1，食盐应不超过0.5%；架子猪的消化器官发育成熟，机能较强，消化能力逐渐增强，对营养需求也加大，在饲料中，蛋白质喂量应占18%～20%，钙占0.65%，磷占0.5%，钙和磷的比例为1.3∶1，食盐应占0.5%；育肥猪以饲喂玉米、高粱等能量丰富的饲料为主，粗蛋白12%～13%，消化能为11.7～125.4兆焦/千克，赖氨酸为0.4%～0.5%，有效磷要求不低于0.36%，钙不低于0.75%；妊娠母猪在饲喂大量青、粗饲料之外，也要适当加喂一些精料，最好搭配品种优良的青绿饲料或粗饲料；繁殖母猪、后备母猪日粮蛋白质含量应占14%～16%，赖氨酸为0.4%～0.5%，钙为0.6%，磷为0.5%，可选用青料型，即青饲料可占日粮总重的50%以上。母猪妊娠前期应当大量饲喂青、粗饲料，在整个妊娠期内，应采取逐步提高营养水平的饲养方式。妊娠母猪、仔猪和育肥猪后期不宜喂酒糟等糟粕类饲料。

总之，选择生猪饲料原料时应根据生猪不同生长阶段的营养需求和生理特点，要多样化，了解原料的特点和营养成分，科学合理

搭配，以满足生猪生长发育的需要。

（二）饲料原料的质量鉴定

随着饲料工业的快速发展，大多数饲料生产企业在饲料配方技术、加工设备与工艺上的差距越来越小，从而使饲料成品品质在很大程度上取决于饲料原料质量的优劣。常用饲料原料质量的好坏关系到养殖效益的高低，是养殖户比较关心的问题。因此，掌握好饲料原料的质量鉴定很重要。常用的鉴定方法主要有以下几种：

1. 感官鉴定

感官鉴定要求平时注意观察各种饲料，在充分了解和掌握各种饲料的基本特征基础上，才能做到快速、准确地判断原料的质量优劣。

（1）眼观（视觉） 观察饲料原料的形状、色泽，有无霉变、虫蛀，有无异物、硬块、夹杂物等。花生饼、胡麻饼、芝麻饼很容易发霉，特别是饼粕裂缝中常有黄曲霉污染。豆饼掺假的很多，有的豆饼中掺入玉米、豆皮、沙子、其他饼类等，需要把饼掰开，细心观察就会发现。

（2）舌舔（味觉） 通过舌舔或牙咬来检查饲料有无刺激的恶味、苦味或其他异味。如发霉的豆饼、棉籽饼、胡麻饼、芝麻饼等，若把饼外的绿霉擦去，肉眼不易看出，但是通过舌舔和牙咬就会尝到刺激性的恶味。

（3）鼻闻（嗅觉） 用鼻子来嗅闻饲料是否具有原料物质的固有气味，并确定有无霉味、氨臭味、发酵酸味、焦煳味、腐败臭味或其他异味。特别是对鱼粉、肉骨粉、蚕蛹粉、骨粉及油脂类的鉴别，要注意利用嗅觉来鉴定是否腐败变质。鉴别时应避免环境中其他气味的干扰。

（4）手摸（触觉） 将饲料放在手上，用指头捻，通过感触来觉察其粒度的大小、硬度、黏稠性、有无夹杂物及水分的多少等。

2. 物理鉴定

（1）筛分法 利用各种大小的筛子（如 10 目、20 目、30 目等）将原料过筛，观察饲料原料的粒度、掺杂物的种类及比例等。

用这种方法能分辨出用肉眼看不出来的异物。

（2）容重法　各种饲料原料都有其固有的容重，通过测量容重并与标准容重相比较，可鉴别饲料原料是否含有杂质或掺杂物。常见饲料原料的容重见表4-4。

表4-4　常用饲料原料的容重　　单位：克/升

原料	容重	原料	容重
玉米	626	棉籽饼粕	594～642
大麦	353～401	花生饼粕	466
高粱	546	鱼粉	562
小麦麸	209	肉骨粉	510～790
米糠	338～351	血粉	610
大豆饼粕	594～610	羽毛粉	546

（3）比重鉴别法　这种方法比较简单、实用，既可以鉴别出鱼粉和其他原料中是否混杂有土沙、稻壳、锯末等异物，又可以鉴别出混合饲料中单种原料的混合比例。

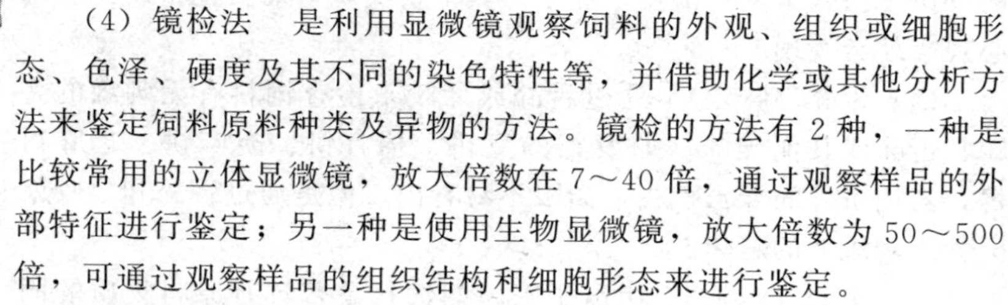

（4）镜检法　是利用显微镜观察饲料的外观、组织或细胞形态、色泽、硬度及其不同的染色特性等，并借助化学或其他分析方法来鉴定饲料原料种类及异物的方法。镜检的方法有2种，一种是比较常用的立体显微镜，放大倍数在7～40倍，通过观察样品的外部特征进行鉴定；另一种是使用生物显微镜，放大倍数为50～500倍，可通过观察样品的组织结构和细胞形态来进行鉴定。

3. 化学鉴定

（1）定性分析　在饲料中加入适当的化学物质，根据所发生的颜色反应，或是否有气体、沉淀产生来判断其主要成分是什么，是否混有异物。特别是淀粉和木质素，能根据颜色反应清楚地检查出来。

（2）定量分析　用定量分析法来检测饲料原料的化学成分，根据其成分含量与标准作比较来评价其质量，看是否有异物存在，并给饲料配合提供可靠数据。化学成分检测方法可参照有关国家标准进行。

4. 微生物学鉴定

当饲料原料贮藏不当或时间过长，会导致各种细菌或霉菌繁殖，饲料的品质也随之降低。为保证饲料原料的质量，必须进行微生物学检查，利用培养基培养后以肉眼或显微镜观察，可确定微生物的种类和个数。饲料中繁殖的微生物，有的是在各种饲料中均能繁殖，也有的只在某些特殊饲料中繁殖。根据检查结果，判断饲料的质量优劣，对污染严重的原料严禁用作饲料。

三、饲料原料的保存

饲料原料是指在饲料加工中，以某种动物、植物、微生物或者矿物质为来源的饲料，主要包括谷物、粕类、鱼粉、氨基酸、乳清粉、油脂等。养殖过程中，储存饲料原料是必不可少的环节，若方法不当，则会导致饲料霉变或者生虫，从而直接影响饲料营养成分，并且危害禽畜，最终造成重大损失。因此，养殖户需重视饲料原料的保存，具体要注意以下几个方面：

1. 温度

温度对于饲料原料的保存有重要的影响。真菌的生长以及谷物化学成分因氧化而发生的变化，会随着温度的升高而增强。为了能有效地控制霉菌繁殖和产毒，环境温度应控制在12℃以下，以便于妥善保存。

2. 昆虫

昆虫除了咬食、污染饲料外，还会引起饲料温度、湿度的提高。昆虫对温度的变化非常敏感，其适宜的繁殖温度为27～35℃。当温度低于15.5℃时，繁殖很慢，甚至停止；当温度高达41℃时，也不易存在。一般发现虫害时，可用熏蒸法消毒灭虫。

3. 湿度

随着湿度的提高，霉菌迅速繁殖，使仓库中的温度及湿度均提高，随之霉味及酸味相继出现。湿度以控制在65%以下为宜。

4. 光线

饲料或养分常因光线而发生变异或因光线而加速其变化，光线对饲料变化具有催化作用。光线会引起脂肪氧化，破坏脂溶性维生素，蛋白质也因光线而发生变性。因此，应注意饲料原料的避光保存。

5. 氧气

大气中的氧能使脂肪氧化，影响蛋白质生物价值及破坏某些维生素，不仅会影响养分，还会降低适口性。

6. 微生物

霉菌、细菌、酵母菌均可能因环境变化而迅速繁殖，降低原料的利用性，还可能产生毒素而引起中毒。

7. 原料本身的性状

如细度、pH 值、完整性、均匀度、含水量、成熟度等，通常原料水分在 13%以下可抑制大部分微生物的生长，10%以下可减少昆虫的产生。

8. 仓储设备、管理

隔热效果及储存期都会影响储存期间饲料原料的品质变化，管理包括虫鼠的控制、通风、翻仓、先进先出等工作。

第二节　猪的饲养标准

新中国成立前，我国曾沿用德国 Kellner 饲养标准和美国 Morrison 的饲养标准。新中国成立后改用苏联饲养标准，对我国影响较大，在我国流行很广。20 世纪 70 年代初又用美国国家研究委员会（NRC）“猪的营养需要”。1978 年我国把制定畜禽饲养标准列入国家重点科研计划，组织全国的科技力量参加，开展了大规模的试验研究，分别于 1983 年和 1985 年制定了我国《肉脂型猪的饲养标准》和《瘦肉型猪的饲养标准》。近 20 年来，我国养猪生产无论是品种、饲养方式、饲养条件还是饲料营养技术和从业人员素质已发生了很大变化，旧的标准已不适应我国养猪生产的需要。1999 年 6 月农业部畜牧兽医局设立“中国猪饲养标准修订”课题；1999 年 7 月成立由中国农业大学牵头、广东省农科院畜牧研究所、四川农业大学和中国农科院畜牧研究所组成的协作组；2003 年 4 月形成新的猪饲养标准报批稿；2004 年 9 月 1 日发布新的《猪饲养标准》（NY/T 65—2004），新标准中主要确立了“瘦肉型猪的营养需要”（见表 4-5～表 4-9）和“肉脂型猪的营养需要”（见表 4-10～表 4-19）。

一、瘦肉型猪营养需要

（一）生长育肥猪的营养需要

生长育肥猪的营养需要见表 4-5、表 4-6。

表 4-5　瘦肉型生长育肥猪每千克饲粮养分含量（自由采食，88%干物质）

体重/千克	3～8	8～20	20～35	35～60	60～90
平均体重/千克	5.5	14.0	27.5	47.5	75.0
日增重/(千克/天)	0.24	0.44	0.61	0.69	0.80
采食量/(千克/天)	0.30	0.74	1.43	1.90	2.50
饲料/增重	1.25	1.59[①]	2.34	2.75	3.13
饲粮消化能含量/(兆焦/千克)	14.02	13.60	13.39	13.39	13.39
饲粮代谢能含量/(兆焦/千克)	13.46	13.06	12.86	12.86	12.86
粗蛋白/%	21.0	19.0	17.8	16.4	14.5
能量蛋白比/(千焦/%)	668	716	752	817	923
赖氨酸能量比/(克/兆焦)	1.01	0.85	0.68	0.61	0.53
氨基酸					
赖氨酸/%	1.42	1.16	0.90	0.82	0.70
蛋氨酸/%	0.40	0.30	0.24	0.22	0.19
蛋氨酸+胱氨酸/%	0.81	0.66	0.51	0.48	0.40
苏氨酸/%	0.94	0.75	0.58	0.56	0.48
色氨酸/%	0.27	0.21	0.16	0.15	0.13
异亮氨酸/%	0.79	0.64	0.48	0.46	0.39
亮氨酸/%	1.42	1.13	0.85	0.78	0.63
精氨酸/%	0.56	0.46	0.35	0.30	0.21
缬氨酸/%	0.98	0.80	0.61	0.57	0.47

续表

组氨酸/%	0.45	0.36	0.28	0.26	0.21
苯丙氨酸/%	0.85	0.69	0.52	0.48	0.40
苯丙氨酸+酪氨酸/%	1.33	1.07	0.82	0.77	0.64
矿物质元素					
钙/%	0.88	0.74	0.62	0.55	0.49
总磷/%	0.74	0.58	0.53	0.48	0.43
非植酸磷/%	0.54	0.36	0.25	0.20	0.17
钠/%	0.25	0.15	0.12	0.10	0.10
氯/%	0.25	0.15	0.10	0.09	0.08
镁/%	0.04	0.04	0.04	0.04	0.04
钾/%	0.30	0.26	0.24	0.21	0.18
铜/(毫克/千克)	6.00	6.00	4.50	4.00	3.50
碘/(毫克/千克)	0.14	0.14	0.14	0.14	0.14
铁/(毫克/千克)	105	105	70	60	50
锰/(毫克/千克)	4.00	4.00	3.00	2.00	2.00
硒/(毫克/千克)	0.30	0.30	0.30	0.25	0.25
锌/(毫克/千克)	110	110	70	60	50
维生素和脂肪酸					
维生素 A/(国际单位/千克)	2200	1800	1500	1400	1300
维生素 D_3/(国际单位/千克)	220	200	170	160	150
维生素 E/(国际单位/千克)	16	11	11	11	11
维生素 K/(毫克/千克)	0.50	0.50	0.50	0.50	0.50
硫胺素/(毫克/千克)	1.50	1.00	1.00	1.00	1.00
核黄素/(毫克/千克)	4.00	3.50	2.50	2.00	2.00
泛酸/(毫克/千克)	12.00	10.00	8.00	7.50	7.00
烟酸/(毫克/千克)	20.00	15.00	10.00	8.50	7.50
吡哆醇/(毫克/千克)	2.00	1.50	1.00	1.00	1.00
生物素/(毫克/千克)	0.08	0.05	0.05	0.05	0.05
叶酸/(毫克/千克)	0.30	0.30	0.30	0.30	0.30
维生素 B_{12}/(微克/千克)	20.00	17.50	11.00	8.00	6.00
胆碱/(克/千克)	0.60	0.50	0.35	0.30	0.30
亚油酸/%	0.10	0.10	0.10	0.10	0.10

① 数据源自标准 NY/T 65—2004，疑有误（应为 1.68）。

表 4-6 瘦肉型生长育肥猪每日每头养分需要量（自由采食，88%干物质）

体重/千克	3～8	8～20	20～35	35～60	60～90
平均体重/千克	5.5	14.0	27.5	47.5	75.0
日增重/(千克/天)	0.24	0.44	0.61	0.69	0.80
采食量/(千克/天)	0.30	0.74	1.43	1.90	2.50
饲料/增重	1.25	1.59①	2.34	2.75	3.13
饲粮消化能摄入量/(兆焦/千克)	4.21	10.06	19.15	25.44	33.48
饲粮代谢能摄入量/(兆焦/千克)	4.04	9.66	18.39	24.43	32.15
粗蛋白/(克/天)	63	141	255	312	363
氨基酸					
赖氨酸/(克/天)	4.3	8.6	12.9	15.6	17.5
蛋氨酸/(克/天)	1.2	2.2	3.4	4.2	4.8
蛋氨酸+胱氨酸/(克/天)	2.4	4.9	7.3	9.1	10.0
苏氨酸/(克/天)	2.8	5.6	8.3	10.6	12.0
色氨酸/(克/天)	0.8	1.6	2.3	2.9	3.3
异亮氨酸/(克/天)	2.4	4.7	6.7	8.7	9.8
亮氨酸/(克/天)	4.3	8.4	12.2	14.8	15.8
精氨酸/(克/天)	1.7	3.4	5.0	5.7	5.5
缬氨酸/(克/天)	2.9	5.9	8.7	10.8	11.8
组氨酸/(克/天)	1.4	2.7	4.0	4.9	5.5
苯丙氨酸/(克/天)	2.6	5.1	7.4	9.1	10.0
苯丙氨酸+酪氨酸/(克/天)	4.0	7.9	11.7	14.6	16.0
矿物质元素					
钙/(克/天)	2.64	5.48	8.87	10.45	12.25
总磷/(克/天)	2.22	4.29	7.58	9.12	10.75
非植酸磷/(克/天)	1.62	2.66	3.58	3.80	4.25
钠/(克/天)	0.75	1.11	1.72	1.90	2.50
氯/(克/天)	0.75	1.11	1.43	1.71	2.00
镁/(克/天)	0.12	0.30	0.57	0.76	1.00
钾/(克/天)	0.90	1.92	3.43	3.99	4.50
铜/(毫克/天)	1.80	4.44	6.44	7.60	8.75
碘/(毫克/天)	0.04	0.10	0.20	0.27	0.35
铁/(毫克/天)	31.50	77.70	100.10	114.00	125.00

续表

锰/(毫克/天)	1.20	2.96	4.29	3.80	5.00
硒/(毫克/天)	0.09	0.22	0.43	0.48	0.63
锌/(毫克/天)	33.00	81.40	100.10	114.00	125.00
维生素和脂肪酸					
维生素 A/(国际单位/天)	660	1330	2145	2660	3250
维生素 D_3/(国际单位/天)	66	148	243	304	375
维生素 E/(国际单位/天)	5	8.5	16	21	28
维生素 K/(毫克/天)	0.15	0.37	0.72	0.95	1.25
硫胺素/(毫克/天)	0.45	0.74	1.43	1.90	2.50
核黄素/(毫克/天)	1.20	2.59	3.58	3.80	5.00
泛酸/(毫克/天)	3.60	7.40	11.44	14.25	17.5
烟酸/(毫克/天)	6.00	11.10	14.30	16.15	18.75
吡哆醇/(毫克/天)	0.60	1.11	1.43	1.90	2.50
生物素/(毫克/天)	0.02	0.04	0.07	0.10	0.13
叶酸/(毫克/天)	0.09	0.22	0.43	0.57	0.75
维生素 B_{12}/(微克/天)	6.00	12.95	15.73	15.20	15.00
胆碱/(克/天)	0.18	0.37	0.50	0.57	0.75
亚油酸/(克/天)	0.30	0.74	1.43	1.90	2.50

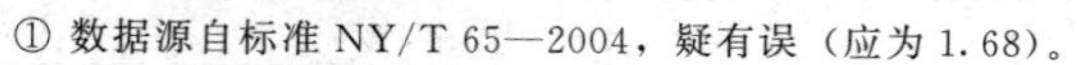
① 数据源自标准 NY/T 65—2004，疑有误（应为 1.68）。

（二）母猪营养需要

母猪营养需要见表 4-7、表 4-8。

表 4-7 瘦肉型妊娠母猪每千克饲粮养分含量（88%干物质）

时期	妊娠前期			妊娠后期		
配种体重/千克	120～150	150～180	>180	120～150	150～180	>180
预期窝产仔数/头	10	11	11	10	11	11
采食量/(千克/天)	2.10	2.10	2.00	2.60	2.80	3.00
饲粮消化能含量/(兆焦/千克)	12.75	12.35	12.15	12.75	12.55	12.55
饲粮代谢能含量/(兆焦/千克)	12.25	11.85	11.65	12.25	12.05	12.05
粗蛋白/%	13.0	12.0	12.0	14.0	13.0	12.0
能量蛋白比/(千焦/%)	981	1029	1013	911	965	1045
赖氨酸能量比/(克/兆焦)	0.42	0.40	0.38	0.42	0.41	0.38

续表

时期	妊娠前期			妊娠后期		
氨基酸						
赖氨酸/%	0.53	0.49	0.46	0.53	0.51	0.48
蛋氨酸/%	0.14	0.13	0.12	0.14	0.13	0.12
蛋氨酸+胱氨酸/%	0.34	0.32	0.31	0.34	0.33	0.32
苏氨酸/%	0.40	0.39	0.37	0.40	0.40	0.38
色氨酸/%	0.10	0.09	0.09	0.10	0.09	0.09
异亮氨酸/%	0.29	0.28	0.26	0.29	0.29	0.27
亮氨酸/%	0.45	0.41	0.37	0.45	0.42	0.38
精氨酸/%	0.06	0.02	0.00	0.06	0.02	0.00
缬氨酸/%	0.35	0.32	0.30	0.35	0.33	0.31
组氨酸/%	0.17	0.16	0.15	0.17	0.17	0.16
苯丙氨酸/%	0.29	0.27	0.25	0.29	0.28	0.26
苯丙氨酸+酪氨酸/%	0.49	0.45	0.43	0.49	0.47	0.44
矿物质元素						
钙/%	0.68					
总磷/%	0.54					
非植酸磷/%	0.32					
钠/%	0.14					
氯/%	0.11					
镁/%	0.04					
钾/%	0.18					
铜/(毫克/千克)	5.0					
碘/(毫克/千克)	0.13					
铁/(毫克/千克)	75.0					
锰/(毫克/千克)	18.0					
硒/(毫克/千克)	0.14					
锌/(毫克/千克)	45.0					

续表

时期	妊娠前期	妊娠后期
维生素和脂肪酸		
维生素 A/(国际单位/千克)	3620	
维生素 D_3/(国际单位/千克)	180	
维生素 E/(国际单位/千克)	40	
维生素 K/(毫克/千克)	0.50	
硫胺素/(毫克/千克)	0.90	
核黄素/(毫克/千克)	3.40	
泛酸/(毫克/千克)	11	
烟酸/(毫克/千克)	9.05	
吡哆醇/(毫克/千克)	0.90	
生物素/(毫克/千克)	0.19	
叶酸/(毫克/千克)	1.20	
维生素 B_{12}/(微克/千克)	14	
胆碱/(克/千克)	1.15	
亚油酸/%	0.10	

表 4-8　瘦肉型泌乳母猪每千克饲粮养分含量（88%干物质）

分娩体重/千克	140～180		180～240	
泌乳期体重变化/千克	0.0	10.0	7.5	15
哺乳窝仔数/头	9	9	10	10
采食量/(千克/天)	5.25	4.65	5.65	5.20
饲粮消化能含量/(兆焦/千克)	13.80	13.80	13.80	13.80
饲粮代谢能含量/(兆焦/千克)	13.25	13.25	13.25	13.25
粗蛋白/%	17.5	18.0	18.0	18.5
能量蛋白比/(千焦/%)	789	767	767	746
赖氨酸能量比/(克/兆焦)	0.64	0.67	0.66	0.68

续表

氨基酸				
赖氨酸/%	0.88	0.93	0.91	0.94
蛋氨酸/%	0.22	0.24	0.23	0.24
蛋氨酸+胱氨酸/%	0.42	0.45	0.44	0.45
苏氨酸/%	0.56	0.59	0.58	0.60
色氨酸/%	0.16	0.17	0.17	0.18
异亮氨酸/%	0.49	0.52	0.51	0.53
亮氨酸/%	0.95	1.01	0.98	1.02
精氨酸/%	0.48	0.48	0.47	0.47
缬氨酸/%	0.74	0.79	0.77	0.81
组氨酸/%	0.34	0.36	0.35	0.37
苯丙氨酸/%	0.47	0.50	0.48	0.50
苯丙氨酸+酪氨酸/%	0.97	1.03	1.00	1.04
矿物质元素				
钙/%	0.77			
总磷/%	0.62			
有效磷/%	0.36			
钠/%	0.21			
氯/%	0.16			
镁/%	0.04			
钾/%	0.21			
铜/(毫克/千克)	5.0			
碘/(毫克/千克)	0.14			
铁/(毫克/千克)	80.0			
锰/(毫克/千克)	20.5			
硒/(毫克/千克)	0.15			
锌/(毫克/千克)	51.0			

续表

维生素和脂肪酸	
维生素 A/(国际单位/千克)	2050
维生素 D_3/(国际单位/千克)	205
维生素 E/(国际单位/千克)	45
维生素 K/(毫克/千克)	0.5
硫胺素/(毫克/千克)	1.00
核黄素/(毫克/千克)	3.85
泛酸/(毫克/千克)	12
烟酸/(毫克/千克)	10.25
吡哆醇/(毫克/千克)	1.00
生物素/(毫克/千克)	0.21
叶酸/(毫克/千克)	1.35
维生素 B_{12}/(微克/千克)	15.0
胆碱/(克/千克)	1.00
亚油酸/%	0.10

(三) 种公猪营养需要

种公猪营养需要见表 4-9。

表 4-9 配种公猪饲粮中含量和每日养分需要量(88%干物质)

饲粮中含量	每日需要量	
饲粮消化能含量/(兆焦/千克)	12.95	
饲粮代谢能含量/(兆焦/千克)	12.45	
消化能摄入量/(兆焦/千克)	21.70	
代谢能摄入量/(兆焦/千克)	20.85	
采食量/(千克/天)	2.2	
粗蛋白/%	13.50	
能量蛋白比/(千焦/%)	959	
赖氨酸能量比/(克/兆焦)	0.42	
氨基酸		
赖氨酸	0.55%	12.1 克
蛋氨酸	0.15%	3.31 克
蛋氨酸+胱氨酸	0.38%	8.4 克

续表

饲粮中含量	每日需要量	
苏氨酸	0.46%	10.1 克
色氨酸	0.11%	2.4 克
异亮氨酸	0.32%	7.0 克
亮氨酸	0.47%	10.3 克
精氨酸	0.00%	0.0 克
缬氨酸	0.36%	7.9 克
组氨酸	0.17%	3.7 克
苯丙氨酸	0.30%	6.6 克
苯丙氨酸+酪氨酸	0.52%	11.4 克
矿物质元素		
钙	0.70%	15.4 克
总磷	0.55%	12.1 克
有效磷	0.32%	7.04 克
钠	0.14%	3.08 克
氯	0.11%	2.42 克
镁	0.04%	0.88 克
钾	0.20%	4.40 克
铜	5 毫克/千克	11.0 克
碘	0.15 毫克/千克	0.33 克
铁	80 毫克/千克	176.00 克
锰	20 毫克/千克	44.00 克
硒	0.15 毫克/千克	0.33 克
锌	75 毫克/千克	165 克
维生素和脂肪酸		
维生素 A	4000 国际单位/千克	8800 国际单位
维生素 D_3	220 国际单位/千克	485 国际单位
维生素 E	45 国际单位/千克	100 国际单位
维生素 K	0.50 毫克/千克	1.10 毫克
硫胺素	1.0 毫克/千克	2.20 毫克
核黄素	3.5 毫克/千克	7.70 毫克

续表

饲粮中含量	每日需要量	
泛酸	12毫克/千克	26.4毫克
烟酸	10毫克/千克	22毫克
吡哆醇	1.0毫克/千克	2.20毫克
生物素	0.20毫克/千克	0.44毫克
叶酸	1.30毫克/千克	2.86毫克
维生素 B_{12}	15微克/千克	33微克
胆碱	1.25克/千克	2.75克
亚油酸	0.1%	2.2克

注：需要量的制定以每日采食2.2千克饲粮为基础，采食量需根据公猪的体重和期望的增重进行调整。

二、肉脂型猪营养需要

(一) 生长育肥猪营养需要

生长育肥猪营养需要见表4-10～表4-15。

表4-10　肉脂型生长育肥猪每千克饲粮养分含量

(一型标准，自由采食，88%干物质)

体重/千克	5～8	8～15	15～30	30～60	60～90
日增重/(千克/天)	0.22	0.38	0.50	0.60	0.70
采食量/(千克/天)	0.40	0.87	1.36	2.02	2.94
饲料/增重	1.80	2.30	2.73	3.35	4.20
饲粮消化能含量/(兆焦/千克)	13.80	13.60	12.95	12.95	12.95
粗蛋白/%	21.0	18.2	16.0	14.0	13.0
能量蛋白比/(千焦/%)	657	747	810	925	996
赖氨酸能量比/(克/兆焦)	0.97	0.77	0.66	0.53	0.46

续表

氨基酸					
赖氨酸/%	1.34	1.05	0.85	0.69	0.60
蛋氨酸+胱氨酸/%	0.65	0.53	0.43	0.38	0.34
苏氨酸/%	0.77	0.62	0.50	0.45	0.39
色氨酸/%	0.19	0.15	0.12	0.11	0.11
异亮氨酸/%	0.73	0.59	0.47	0.43	0.37
矿物质元素					
钙/%	0.86	0.74	0.64	0.55	0.46
总磷/%	0.67	0.60	0.55	0.46	0.37
非植酸磷/%	0.42	0.32	0.29	0.21	0.14
钠/%	0.20	0.15	0.09	0.09	0.09
氯/%	0.20	0.15	0.07	0.07	0.07
镁/%	0.04	0.04	0.04	0.04	0.04
钾/%	0.29	0.26	0.24	0.21	0.16
铜/(毫克/千克)	6.00	5.5	4.6	3.7	3.0
铁/(毫克/千克)	100	92	74	55	37
碘/(毫克/千克)	0.13	0.13	0.13	0.13	0.13
锰/(毫克/千克)	4.00	3.00	3.00	2.00	2.00
硒/(毫克/千克)	0.30	0.27	0.23	0.14	0.09
锌/(毫克/千克)	100	90	75	55	45
维生素和脂肪酸					
维生素 A/(国际单位/千克)	2100	2000	1600	1200	1200
维生素 D_3/(国际单位/千克)	210	200	180	140	140
维生素 E/(国际单位/千克)	15	15	10	10	10
维生素 K/(毫克/千克)	0.50	0.50	0.50	0.50	0.50
硫胺素/(毫克/千克)	1.50	1.00	1.00	1.00	1.00
核黄素/(毫克/千克)	4.00	3.5	3.0	2.0	2.0
泛酸/(毫克/千克)	12.00	10.00	8.00	7.00	6.00
烟酸/(毫克/千克)	20.00	14.00	12.0	9.00	6.50
吡哆醇/(毫克/千克)	2.00	1.50	1.50	1.00	1.00
生物素/(毫克/千克)	0.08	0.05	0.05	0.05	0.05
叶酸/(毫克/千克)	0.30	0.30	0.30	0.30	0.30
维生素 B_{12}/(微克/千克)	20.00	16.50	14.50	10.00	5.00
胆碱/(克/千克)	0.50	0.40	0.30	0.30	0.30
亚油酸/%	0.10	0.10	0.10	0.10	0.10

注：一型标准适用于瘦肉率 52%±1.5%，达 90 千克体重需要 175 天左右的肉脂型猪。

表 4-11　肉脂型生长育肥猪每日每头养分需要量

（一型标准，自由采食，88%干物质）

体重/千克	5～8	8～15	15～30	30～60	60～90
日增重/(千克/天)	0.22	0.38	0.50	0.60	0.70
采食量/(千克/天)	0.40	0.87	1.36	2.02	2.94
饲料/增重	1.80	2.30	2.73	3.35	4.20
饲粮消化能含量/(兆焦/千克)	13.80	13.60	12.95	12.95	12.95
粗蛋白/%	84.0	158.3	217.6	282.8	382.2
氨基酸					
赖氨酸/(克/天)	5.4	9.1	11.6	13.9	17.6
蛋氨酸+胱氨酸/(克/天)	2.6	4.6	5.8	7.7	10.0
苏氨酸/(克/天)	3.1	5.4	6.8	9.1	11.5
色氨酸/(克/天)	0.8	1.3	1.6	2.2	3.2
异亮氨酸/(克/天)	2.9	5.1	6.4	8.7	10.9
矿物质元素					
钙/(克/天)	3.4	6.4	8.7	11.1	13.5
总磷/(克/天)	2.7	5.2	7.5	9.3	10.9
非植酸磷/(克/天)	1.7	2.8	3.9	4.2	4.1
钠/(克/天)	0.8	1.3	1.2	1.8	2.6
氯/(克/天)	0.8	1.3	1.0	1.4	2.1
镁/(克/天)	0.2	0.3	0.5	0.8	1.2
钾/(克/天)	1.2	2.3	3.3	4.2	4.7
铜/(毫克/天)	2.40	4.79	6.12	8.08	8.82
铁/(毫克/天)	40.00	80.04	100.64	111.10	108.78
碘/(毫克/天)	0.05	0.11	0.18	0.26	0.38
锰/(毫克/天)	1.60	2.61	4.08	4.04	5.88
硒/(毫克/天)	0.12	0.22	0.34	0.30	0.29
锌/(毫克/天)	40.0	78.3	102.0	111.1	132.3
维生素和脂肪酸					
维生素 A/(国际单位/天)	840.0	1740.0	2176.0	2424.0	3528.0
维生素 D_3/(国际单位/天)	84.0	174.0	244.8	282.8	411.6
维生素 E/(国际单位/天)	6.0	13.1	13.6	20.2	29.4

续表

维生素K/(毫克/天)	0.2	0.4	0.7	1.0	1.5
硫胺素/(毫克/天)	0.6	0.9	1.4	2.0	2.9
核黄素/(毫克/天)	1.6	3.0	4.1	4.0	5.9
泛酸/(毫克/天)	4.8	8.7	10.9	14.1	17.6
烟酸/(毫克/天)	8.0	12.2	16.3	18.2	19.1
吡哆醇/(毫克/天)	0.8	1.3	2.0	2.0	2.9
生物素/(毫克/天)	0.0	0.0	0.1	0.1	0.1
叶酸/(毫克/天)	0.1	0.3	0.4	0.6	0.9
维生素 B_{12}/(微克/天)	8.0	14.4	19.7	20.2	14.7
胆碱/(克/天)	0.2	0.3	0.4	0.6	0.9
亚油酸/(克/天)	0.4	0.9	1.4	2.0	2.9

注：一型标准适用于瘦肉率52%±1.5%，达90千克体重时间175天左右的肉脂型猪。

表4-12　肉脂型生长育肥猪每千克饲粮养分含量

（二型标准，自由采食，88%干物质）

体重/千克	8～15	15～30	30～60	60～90
日增重/(千克/天)	0.34	0.45	0.55	0.65
采食量/(千克/天)	0.87	1.30	1.96	2.89
饲料/增重	2.55	2.90	3.55	4.45
饲粮消化能含量/(兆焦/千克)	13.30	12.25	12.25	12.25
粗蛋白/%	17.5	16.0	14.0	13.0
能量蛋白比/(千焦/%)	760	766	875	942
赖氨酸能量比/(克/兆焦)	0.74	0.65	0.53	0.46
氨基酸				
赖氨酸/%	0.99	0.80	0.65	0.56
蛋氨酸+胱氨酸/%	0.56	0.40	0.35	0.32
苏氨酸/%	0.64	0.48	0.41	0.37
色氨酸/%	0.18	0.12	0.11	0.10
异亮氨酸/%	0.54	0.45	0.40	0.34

续表

矿物质元素				
钙/%	0.72	0.62	0.53	0.44
总磷/%	0.58	0.53	0.44	0.35
非植酸磷/%	0.31	0.27	0.20	0.13
钠/%	0.14	0.09	0.09	0.09
氯/%	0.14	0.07	0.07	0.07
镁/%	0.04	0.04	0.04	0.04
钾/%	0.25	0.23	0.20	0.15
铜/(毫克/千克)	5.00	4.00	3.00	3.00
铁/(毫克/千克)	90.00	70.00	55.00	35.00
碘/(毫克/千克)	0.12	0.12	0.12	0.12
锰/(毫克/千克)	3.00	2.50	2.00	2.00
硒/(毫克/千克)	0.26	0.22	0.13	0.09
锌/(毫克/千克)	90	70.00	53.00	44.00
维生素和脂肪酸				
维生素 A/(国际单位/千克)	1900	1550	1150	1150
维生素 D_3/(国际单位/千克)	190	170	130	130
维生素 E/(国际单位/千克)	15	10	10	10
维生素 K/(毫克/千克)	0.45	0.45	0.45	0.45
硫胺素/(毫克/千克)	1.00	1.00	1.00	1.00
核黄素/(毫克/千克)	3.00	2.50	2.00	2.00
泛酸/(毫克/千克)	10.00	8.00	7.00	6.00
烟酸/(毫克/千克)	14.00	12.00	9.00	6.50
吡哆醇/(毫克/千克)	1.50	1.50	1.00	1.00
生物素/(毫克/千克)	0.05	0.04	0.04	0.04
叶酸/(毫克/千克)	0.30	0.30	0.30	0.30
维生素 B_{12}/(微克/千克)	15.00	13.00	10.00	5.00
胆碱/(克/千克)	0.40	0.30	0.30	0.30
亚油酸/%	0.10	0.10	0.10	0.10

注：适用于瘦肉率49%±1.5%，达90千克体重时间185天左右的肉脂型猪。5～8千克阶段的各种营养需要同一型标准。

表 4-13　肉脂型生长育肥猪每日每头养分需要量

（二型标准，自由采食，88%干物质）

体重/千克	8～15	15～30	30～60	60～90
日增重/(千克/天)	0.34	0.45	0.55	0.65
采食量/(千克/天)	0.87	1.30	1.96	2.89
饲料/增重	2.55	2.90	3.55	4.45
饲粮消化能含量/(兆焦/千克)	13.30	12.25	12.25	12.25
粗蛋白/%	152.3	208.0	274.4	375.7
氨基酸				
赖氨酸/(克/天)	8.6	10.4	12.7	16.2
蛋氨酸+胱氨酸/(克/天)	4.9	5.2	6.9	9.2
苏氨酸/(克/天)	5.6	6.2	8.0	10.7
色氨酸/(克/天)	1.6	1.6	2.2	2.9
异亮氨酸/(克/天)	4.7	5.9	7.8	9.8
矿物质元素				
钙/(克/天)	6.3	8.1	10.4	12.7
总磷/(克/天)	5.0	6.9	8.6	10.1
非植酸磷/(克/天)	2.7	3.5	3.9	3.8
钠/(克/天)	1.2	1.2	1.8	2.6
氯/(克/天)	1.2	0.9	1.4	2.0
镁/(克/天)	0.3	0.5	0.8	1.2
钾/(克/天)	2.2	3.0	3.9	4.3
铜/(毫克/天)	4.4	5.2	5.9	8.7
铁/(毫克/天)	78.3	91.0	107.8	101.2
碘/(毫克/天)	0.1	0.2	0.2	0.3
锰/(毫克/天)	2.6	3.3	3.9	5.8
硒/(毫克/天)	0.2	0.3	0.3	0.3
锌/(毫克/天)	78.3	91.0	103.9	127.2

续表

维生素和脂肪酸				
维生素 A/(国际单位/天)	1653	2015	2254	3324
维生素 D_3/(国际单位/天)	165	221	255	376
维生素 E/(国际单位/天)	13.1	13.0	19.6	28.9
维生素 K/(毫克/天)	0.4	0.6	0.9	1.3
硫胺素/(毫克/天)	0.9	1.3	2.0	2.9
核黄素/(毫克/天)	2.6	3.3	3.9	5.8
泛酸/(毫克/天)	8.7	10.4	13.7	17.3
烟酸/(毫克/天)	12.16	15.6	17.6	18.79
吡哆醇/(毫克/天)	1.3	2.0	2.0	2.9
生物素/(毫克/天)	0.0	0.1	0.1	0.1
叶酸/(毫克/天)	0.3	0.4	0.6	0.9
维生素 B_{12}/(微克/天)	13.1	16.9	19.6	14.5
胆碱/(克/天)	0.3	0.4	0.6	0.9
亚油酸/(克/天)	0.9	1.3	2.0	2.9

注：适用于瘦肉率 49%±1.5%，达 90 千克体重时间 185 天左右的肉脂型猪。5～8 千克阶段的营养需要同一型标准。

表 4-14　肉脂型生长育肥猪每千克饲粮中养分需要量

（三型标准，自由采食，88%干物质）

体重/千克	15～30	30～60	60～90
日增重/(千克/天)	0.40	0.50	0.59
采食量/(千克/天)	1.28	1.95	2.92
饲料/增重	3.20	3.90	4.95
饲粮消化能含量/(兆焦/千克)	11.70	11.70	11.70
粗蛋白/%	15.0	14.0	13.0
能量蛋白比/(千焦/%)	780	835	900
赖氨酸能量比/(克/兆焦)	0.67	0.50	0.43

续表

氨基酸			
赖氨酸/%	0.78	0.59	0.50
蛋氨酸+胱氨酸/%	0.40	0.31	0.28
苏氨酸/%	0.46	0.38	0.33
色氨酸/%	0.11	0.10	0.09
异亮氨酸/%	0.44	0.36	0.31
矿物质元素			
钙/(克/千克)	0.59	0.50	0.42
总磷/(克/千克)	0.50	0.42	0.34
非植酸磷(克/千克)	0.27	0.19	0.13
钠/(克/千克)	0.08	0.08	0.08
氯/(克/千克)	0.07	0.07	0.07
镁/(克/千克)	0.03	0.03	0.03
钾/(克/千克)	0.22	0.19	0.14
铜/(毫克/千克)	4.00	3.00	3.00
铁/(毫克/千克)	70.00	50.00	35.00
碘/(毫克/千克)	0.12	0.12	0.12
锰/(毫克/千克)	3.00	2.00	2.00
硒/(毫克/千克)	0.21	0.13	0.08
锌/(毫克/千克)	70.00	50.00	40.00
维生素和脂肪酸			
维生素 A/(国际单位/千克)	1470	1090	1090
维生素 D_3/(国际单位/千克)	168	126	126
维生素 E/(国际单位/千克)	9	9	9
维生素 K/(毫克/千克)	0.4	0.4	0.4
硫胺素/(毫克/千克)	1.00	1.00	1.00
核黄素/(毫克/千克)	2.50	2.00	2.00
泛酸/(毫克/千克)	8.00	7.00	6.00
烟酸/(毫克/千克)	12.00	9.00	6.50
吡哆醇/(毫克/千克)	1.50	1.00	1.00
生物素/(毫克/千克)	0.04	0.04	0.04
叶酸/(毫克/千克)	0.25	0.25	0.25
维生素 B_{12}/(微克/千克)	12.00	10.00	5.00
胆碱/(克/千克)	0.34	0.25	0.25
亚油酸/(克/千克)	0.10	0.10	0.10

注：适用于瘦肉率46%±1.5%，达90千克体重时间200天左右的肉脂型猪。5～8千克阶段的营养需要同一型标准。

表 4-15　肉脂型生长育肥猪每日每头养分需要量

（一型标准，自由采食，88%干物质）

体重/千克	15～30	30～60	60～90
日增重/(千克/天)	0.40	0.50	0.59
采食量/(千克/天)	1.28	1.95	2.92
饲料/增重	3.20	3.90	4.95
饲粮消化能含量/(兆焦/千克)	11.70	11.70	11.70
粗蛋白/%	192.0	273.0	379.6
氨基酸			
赖氨酸/(克/天)	10.0	11.5	14.6
蛋氨酸+胱氨酸/(克/天)	5.1	6.0	8.2
苏氨酸/(克/天)	5.9	7.4	9.6
色氨酸/(克/天)	1.4	2.0	2.6
异亮氨酸/(克/天)	5.6	7.0	9.1
矿物质元素			
钙/(克/天)	7.6	9.8	12.3
总磷/(克/天)	6.4	8.2	9.9
非植酸磷/(克/天)	3.5	3.7	3.8
钠/(克/天)	1.0	1.6	2.3
氯/(克/天)	0.9	1.4	2.0
镁/(克/天)	0.4	0.6	0.9
钾/(克/天)	2.8	3.7	4.4
铜/(毫克/天)	5.1	5.9	8.8
铁/(毫克/天)	89.6	97.5	102.2
碘/(毫克/天)	0.2	0.2	0.4
锰/(毫克/天)	3.8	3.9	5.8
硒/(毫克/天)	0.3	0.3	0.3
锌/(毫克/天)	89.6	97.5	116.8

续表

维生素和脂肪酸			
维生素 A/(国际单位/天)	1856.0	2145.0	3212.0
维生素 D_3/(国际单位/天)	217.6	243.8	365.0
维生素 E/(国际单位/天)	12.8	19.5	29.2
维生素 K/(毫克/天)	0.5	0.8	1.2
硫胺素/(毫克/天)	1.3	2.0	2.9
核黄素/(毫克/天)	3.2	3.9	5.8
泛酸/(毫克/天)	10.2	13.7	17.5
烟酸/(毫克/天)	15.36	17.55	18.98
吡哆醇/(毫克/天)	1.9	2.0	2.9
生物素/(毫克/天)	0.1	0.1	0.1
叶酸/(毫克/天)	0.3	0.5	0.7
维生素 B_{12}/(微克/天)	15.4	19.5	14.6
胆碱/(克/天)	0.4	0.5	0.7
亚油酸/(克/天)	1.3	2.0	2.9

注：适用于瘦肉率46%±1.5%，达90千克体重时间200天左右的肉脂型猪。5～8千克阶段的营养需要同一型标准。

(二) 母猪营养需要

母猪营养需要见表4-16、表4-17。

表4-16 肉脂型妊娠、哺乳母猪每千克饲粮养分含量(88%干物质)

项目	阶段	
	妊娠母猪	泌乳母猪
采食量/(千克/天)	2.10	5.10
饲粮消化能含量/(兆焦/千克)	11.70	13.60
粗蛋白/%	13.0	17.5
能量蛋白比/(千焦/%)	900	777
赖氨酸能量比/(克/兆焦)	0.37	0.58
氨基酸		
赖氨酸/(克/天)	0.43	0.79
蛋氨酸+胱氨酸/(克/天)	0.30	0.40
苏氨酸/(克/天)	0.35	0.52
色氨酸/(克/天)	0.08	0.14
异亮氨酸/(克/天)	0.25	0.45

续表

项目	阶段	
	妊娠母猪	泌乳母猪
矿物质元素		
钙/%	0.62	0.72
总磷/%	0.50	0.58
非植酸磷/%	0.30	0.34
钠/%	0.12	0.20
氯/%	0.10	0.16
镁/%	0.04	0.04
钾/%	0.16	0.20
铜/(毫克/千克)	4.00	5.00
碘/(毫克/千克)	0.12	0.14
铁/(毫克/千克)	70	80
锰/(毫克/千克)	16	20
硒/(毫克/千克)	0.15	0.15
锌/(毫克/千克)	50	50
维生素和脂肪酸		
维生素 A/(国际单位/千克)	3600	2000
维生素 D_3/(国际单位/千克)	180	200
维生素 E/(国际单位/千克)	36	44
维生素 K/(毫克/千克)	0.40	0.50
硫胺素/(毫克/千克)	1.00	1.00
核黄素/(毫克/千克)	3.20	3.75
泛酸/(毫克/千克)	10.00	12.00
烟酸/(毫克/千克)	8.00	10.00
吡哆醇/(毫克/千克)	1.00	1.00
生物素/(毫克/千克)	0.16	0.20
叶酸/(毫克/千克)	1.10	1.30
维生素 B_{12}/(微克/千克)	12.00	15.00
胆碱/(克/千克)	1.00	1.00
亚油酸/%	0.10	0.10

表 4-17　地方猪种后备母猪每千克饲粮养分含量（88%干物质）

体重/千克	10～20	20～40	40～70
预期日增重/(千克/天)	0.30	0.40	0.50
预期采食量/(千克/天)	0.63	1.08	1.65
饲料/增重	2.10	2.70	3.30
饲粮消化能含量/(兆焦/千克)	12.97	12.55	12.15
粗蛋白/%	18.0	16.0	14.0
能量蛋白比/(千焦/%)	721	784	868
赖氨酸能量比/(克/兆焦)	0.77	0.70	0.48
氨基酸			
赖氨酸/%	1.00	0.88	0.67
蛋氨酸+胱氨酸/%	0.50	0.44	0.36
苏氨酸/%	0.59	0.53	0.43
色氨酸/%	0.15	0.13	0.11
异亮氨酸/%	0.56	0.49	0.41
矿物质元素			
钙/%	0.74	0.62	0.53
总磷/%	0.60	0.53	0.44
有效磷/%	0.37	0.28	0.20

注：除钙、磷外的矿物质及维生素的需要，可参照肉脂型生长育肥猪的二型标准。

（三）种公猪营养需要

种公猪营养需要见表 4-18、表 4-19。

表 4-18　肉脂型种公猪每千克饲粮养分含量（88%干物质）

体重/千克	10～20	20～40	40～70
日增重/(千克/天)	0.35	0.45	0.50
采食量/(千克/天)	0.72	1.17	1.67
饲粮消化能含量/(兆焦/千克)	12.97	12.55	12.55
粗蛋白/%	18.8	17.5	14.6
能量蛋白比/(千焦/%)	690	717	860
赖氨酸能量比/(克/兆焦)	0.81	0.73	0.50

续表

氨基酸			
赖氨酸/%	1.05	0.92	0.73
蛋氨酸+胱氨酸/%	0.53	0.47	0.37
苏氨酸/%	0.62	0.55	0.47
色氨酸/%	0.16	0.13	0.12
异亮氨酸/%	0.59	0.52	0.45
矿物质元素			
钙/%	0.74	0.64	0.55
总磷/%	0.60	0.55	0.46
有效磷/%	0.37	0.29	0.21

注：除钙、磷外的矿物质及维生素的需要，可参照肉脂型生长育肥猪的一型标准。

表 4-19　肉脂型种公猪每日每头养分含量（88%干物质）

体重/千克	10～20	20～40	40～70
日增重/(千克/天)	0.35	0.45	0.50
采食量/(千克/天)	0.72	1.17	1.67
饲粮消化能含量/(兆焦/千克)	12.97	12.55	12.55
粗蛋白/%	135.4	204.8	243.8
氨基酸			
赖氨酸/(克/天)	7.6	10.8	12.2
蛋氨酸+胱氨酸/(克/天)	3.8	10.8	12.2
苏氨酸/(克/天)	4.5	10.8	12.2
色氨酸/(克/天)	1.2	10.8	12.2
异亮氨酸/(克/天)	4.2	10.8	12.2
矿物质元素			
钙/%	5.3	10.8	12.2
总磷/%	4.3	10.8	12.2
有效磷/%	2.7	10.8	12.2

注：除钙、磷外的矿物质及维生素的需要，可参照肉脂型生长育肥猪的一型标准。

第三节　猪的配合饲料

一、配合饲料分类

配合饲料是饲料工业的产品，它是在专门的工厂将饲料原料和添加剂按科学配方加工制成的营养全面而又平衡的商品饲料，可直接饲喂。猪配合饲料的种类有很多，一般有以下几种分类方法：

（一）按营养成分和用途特点

按营养成分和用途特点，可以分为添加剂预混料、浓缩饲料和全价配合饲料。

1. 添加剂预混料

添加剂预混料是全价配合饲料的核心部分，是由维生素、微量元素、氨基酸、抗菌药物等一种或多种饲料添加剂在加入配合饲料前，与适当比例的载体或稀释剂配制而成的均匀混合物。主要用于补充常规饲料含量少的矿物质、维生素和氨基酸等。添加剂预混料有许多种类，根据所含成分的不同，可分为以下三种：

（1）维生素预混料　俗称“多维”“复合维生素”，是由猪所需要的各种维生素按一定比例加上载体配制而成。维生素在贮存过程中容易被破坏，当猪处于应激或疾病情况下时，对维生素的需要会增加。因此，维生素预混料中的维生素的含量往往要高于饲养标准中的需求量。

（2）微量元素预混料　是由猪所需要的铁、铜、锰、锌、碘和硒等微量元素按一定比例加上载体配制而成。

（3）复合预混料　这种预混料具备了动物所需要的几乎所有添加剂的成分，一般包括维生素预混料、微量元素预混料及其他添加剂。

预混料是配合饲料的最初级产品，都不能直接单独饲喂动物。猪用预混料一般占配合饲料的4%，用量很小，但对动物生产性能的提高、饲料转化率的改善以及饲料的保存有很大作用，因此配制要精细，有的元素用量多了还对猪体有害，所以一般用户自己不能配，也没有必要去配制。

2. 浓缩饲料

浓缩饲料又称“料精”，是由添加剂预混料加上矿物质饲料中的钙、磷及食盐等和蛋白质饲料，按配方配制搅拌均匀的混合物。由于含有高浓度的蛋白质、矿物质以及维生素，所以称浓缩饲料。浓缩饲料是配合饲料的一种常用的半成品，也不能单独使用。用户买回加上能量饲料就可使用。一般在全价配合饲料中所占的比例为20%～40%，猪饲料的配合比为20%的浓缩饲料，80%的能量饲料。

3. 全价配合饲料

全价配合饲料即通常所说的全价料，根据猪的饲养标准配合而成的营养全面、不需要添加任何饲料或添加剂的饲料。这种饲料属于成品饲料，营养齐全，能满足生猪的各种营养需要，可直接喂猪。

（二）按饲料的外部形态

根据配合饲料的产品形状或剂型可分为粉料、颗粒饲料、碎粒料、膨化饲料和块状饲料5种料型。

1. 粉料

粉料是目前饲料厂生产的主要料型，与颗粒料相比更容易引起家畜的挑食，造成浪费，且容重相差较大的饲料原料混合而成的粉料易产生分级现象。粉料的颗粒大小应根据畜禽种类、年龄而定：哺乳仔猪，<1.0毫米；仔猪，1.0毫米；育肥猪，1.0毫米。

2. 颗粒饲料

颗粒饲料是以粉料为基础，经过蒸汽加压处理后制成的，其形态有圆筒状和角状。这种饲料容量大，能改善适口性，可增加畜禽的采食量，避免挑食，保证了饲料的营养全价性，饲料报酬高，特别适用于肉用型畜禽和做鱼饵用。颗粒饲料的直径依动物种类和年龄而异：仔猪，4～6毫米；育肥猪，8毫米；成年母猪，12毫米。

3. 碎粒料

碎粒料是用机械方法将颗粒饲料破碎、加工而成细度为2～4毫米的碎料，特点与颗粒饲料相同。

4. 膨化饲料

膨化饲料主要用于水产动物。

5. 块状饲料

块状饲料多见于草食动物的复合盐砖，主要含有各种常量元素和微量元素。

一般说来，颗粒饲料和膨化饲料都是全价饲料，预混料、浓缩饲料和精料补充料都是粉料。碎粒料多为颗粒饲料经破碎处理的一种料型。

（三）按喂养对象

按不同的生长阶段和生产性能分类，可分为母猪料、种公猪料、仔猪料、后备猪料和生长育肥猪料。母猪料又有妊娠前期、妊娠后期和哺乳期之分。种公猪料有配种期料、非配种期料。仔猪料又按生长需要分为体重 1～5 千克、5～10 千克、10～20 千克或1～20 千克。后备猪料多指体重 20～70 千克的青年猪。生长育肥猪料按生长阶段分为体重 20～35 千克、35～60 千克、60～90 千克或 20～55 千克和 55 千克以上。

二、饲料配合的原则

根据不同猪生长阶段的营养标准和各种原料的营养成分，进行各原料的合理搭配，使饲料原料多样化，适口性好，体积适中，营养全面。因此，必须掌握饲料配合的原则。饲料配合原则包括以下几个方面：

（一）营养适宜

注意营养水平的平衡，其中特别注意氨基酸的平衡和钙磷比例。一般饲料中，赖氨酸、蛋氨酸＋胱氨酸、苏氨酸的比例为 1∶1.6∶0.65，钙磷比为（1～2）∶1。

（二）体积适中

要注意猪的采食量与饲料体积的关系，体积过大吃不完，体积过小吃不饱。以饲料干物质含量来衡量饲料体积大小，按猪每 100 千克体重每天需要饲料干物质 2.5～4.5 千克计算，青饲料、粗饲料、精饲料的干物质比例应为 5∶3∶2。

（三）适口性好

要做到配合饲料的适口性好，容易消化。如果饲料中蛋白质和能量含量较多，粗纤维含量少，仔猪不超过 3%，生长猪不超过

6%，种猪不超过12%，这样的饲料适口性好，容易消化；反之则适口性差，难以消化。在配合猪饲料时，宜多采用青饲料，少用粗饲料，且所配合的粗饲料品质要好。

（四）根据不同猪群选用不同类型的饲料

根据猪的生长发育、生产性能、季节变化等情况，进行饲料配制。仔猪、种公猪、催肥阶段的育肥猪可选用精料型，即精饲料占日粮的50%以上；繁殖母猪、后备母猪可选用青料型，即青饲料占日粮的50%以上；架子猪可选用糠麸型，即糠麸型饲料占日粮的50%以上。

（五）注意防止饲料中毒

饲料要尽量进行精细加工，发霉变质和有毒性的饲料禁用。菜籽饼、棉籽饼要做好去毒处理，饲喂妊娠母猪时一般不超过饲料总量的5%。

（六）经济、优质、廉价

应根据生产需要，提高配合饲料的档次，并根据市场价格变化，随时调整配方，获得最佳经济效益。用于土种猪、二元杂交猪时，可以适当减少玉米、豆饼（粕）比例，用次粉、米糠等代替一部分玉米；用菜籽饼（粕）、棉籽饼（粕）等代替一部分豆粕，鱼粉要尽量少用，以降低饲养成本，应用大量青绿多汁饲料饲喂空怀母猪，可以促进发情，但公猪青绿多汁饲料不可饲喂过多，否则容易形成"草腹"，影响配种能力。

（七）饲料要多样化

合理搭配多种饲料，保证营养全面，喂猪的青饲料、粗饲料、精饲料只有合理搭配，才能发挥各种物质的互补作用，保证猪对各种营养的需要，提高饲料的利用率。

三、猪的饲料配合方法

常用的饲料配合的方法有试差法、对角线法和联立方程法等。

（一）试差法

试差法是最基本和使用最普及的计算方法。先根据经验大概编制一个配方，然后参照饲养标准减多补少，做出相应的调整，逐一计算，直到所有指标基本符合或接近饲养标准。该方法计算比较烦琐，但条件容易满足，不需要计算机等设备。

（二）对角线法

对角线法又称方块法、交叉法或四角法，适合于饲料原料品种少及营养指标单一的情况。当饲料品种和营养指标较多时，计算就要反复进行两两组合，且不容易使配合饲料同时满足多项营养指标，一般不采用这种方法。其具体方法是：

第一步，先画一方框，并把选定的营养素需要标准数据放在方框内两对角的交叉点上；

第二步，在方框左边两角外侧分别写上两种饲料的相应含量；

第三步，对角线交叉点上的数与左边角外侧的数相减（大数减小数），减后的结果数写在相应对角线的另一角外侧；

第四步，将右边两角外侧的数相加后分别去除这两个角外侧的数，结果便是对应于左边角外侧数据代表饲料的配合比例。

1. 两种饲料原料的配比

以玉米、豆饼为主要原料给体重20～35千克的瘦肉型生长育肥猪配制饲料。

第一步，确定饲养标准和原料营养成分数值。查瘦肉型生长育肥猪饲养标准，20～35千克生长猪要求饲料的粗蛋白水平为17.8%，查饲料成分及营养价值表可知玉米的粗蛋白含量为8.5%，豆饼的粗蛋白含量为44%。

第二步，画四边形。

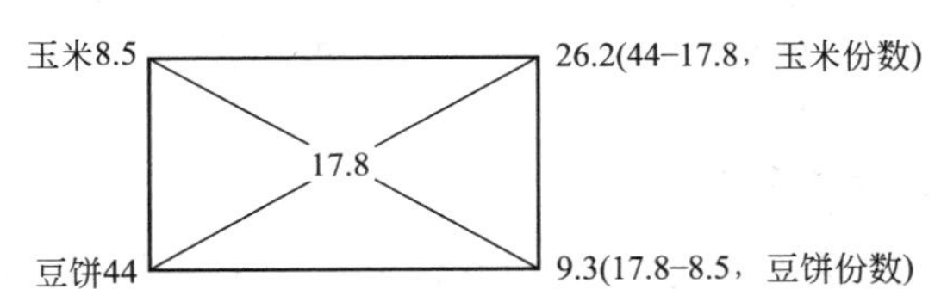

第三步，折算成百分比。

玉米：26.2÷(26.2＋9.3)×100％＝73.8％

豆饼：9.3÷(26.2＋9.3)×100％＝26.2％

所以，20～35 千克体重生长猪的混合饲料由 73.8％的玉米和 26.2％的豆饼组成。

2. 两种以上饲料原料的配比

以满足粗蛋白 13％的需要为准，用玉米、麦麸、菜籽饼设计 1 个 60～90 千克育肥猪的日粮配方。

第一步，饲料分组。把玉米和麦麸分为一组，菜籽饼为一组。

第二步，确定组内饲料配比。玉米和麦麸按 4∶1 配合（根据麦麸在日粮中以不超过 20％为宜），玉米粗蛋白含量为 9％，麦麸为 13％，玉米、麦麸以 4∶1 结合后的粗蛋白百分比：

(0.09×4＋0.13×1)÷(4＋1)＝0.098，即 9.8％

第三步，计算组间配合比例。按 1 的方法算两组饲料的配合比例。

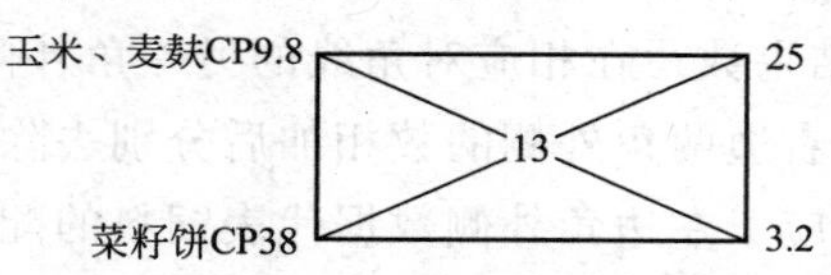

玉米、麦麸：25÷(25＋3.2)×100％＝88.65％

菜籽饼：3.2÷(25＋3.2)×100％＝11.35％

第四步：组内饲料配比分配。把玉米、麦麸 4∶1 的配合比换成在配方中的比例。

玉米＝0.8865÷(4＋1)×4×100％＝70.92％

麦麸＝0.8865÷(4＋1)×100％＝17.73％

最后配方比例		主要营养指标
玉米	70.92％	
麦麸	17.73％	粗蛋白 13％
菜籽饼	11.35％	

（三）联立方程法

这种方法是利用数学上联立方程求解法来计算饲料配方，原则上同对角线法，在给定部分饲料后（除能量饲料和蛋白质饲料），将所差能量和蛋白质指标作为目标，根据两种不同性质的单一饲料或混合饲料的能量和蛋白质含量分别建立方程式构成联立方程组，求解出满足欠缺指标量应给予的各种饲料原料数量。

用玉米、菜籽饼配合60～90千克育肥猪日粮。

第一步，选粗蛋白作为配合标准。60～90千克阶段猪的粗蛋白质需要选定为13%。

第二步，所用饲料中，玉米粗蛋白含量为9%，菜籽饼粗蛋白为38%。

第三步，列出二元一次方程组。

设玉米在配方中的比例为X，菜籽饼在配方中的比例为Y。

$$\begin{cases} 9X+38Y=13 \\ X+Y=1 \end{cases}$$

解出结果：$X=0.8621$；$Y=0.1379$

结果表明：玉米在配方中的比例占86.21%，菜籽饼占13.79%。

四、不同阶段猪的饲料配方

饲料配方决定养猪的经济效益和饲料利用率，不同阶段的猪对营养物质的需求有所差异，运用合理的饲料配方，不仅提高了饲料转化率，更重要的是为养殖户节约了养殖成本，增加了养殖户的经济效益。

小猪（10～20千克）配方：玉米粉57%、豆粕20%、鱼粉5%、米糠或麦麸15%、磷酸氢钙1%、贝壳粉0.65%、食盐0.35%、预混料（含微量元素、维生素、非营养性添加剂等）1%。此配方粗蛋白18.4%，消化能3230千焦/千克，粗纤维3.5%，钙0.73%，磷0.682%，赖氨酸0.92%，各项指标均满足小猪的日粮营养需要，而且不偏太高，是比较标准的小猪饲料营养配方。

中猪（20～60千克）配方：玉米粉62%、豆粕20%、米糠或麦麸15%、磷酸氢钙1%、贝壳粉0.65%、食盐0.35%、预混料1%。此配方粗蛋白16%，消化能3180千焦/千克，粗纤维3.8%，钙 0.656%，磷 0.577%，赖氨酸 0.74%，各项指标均能满足中猪的日粮营养需要，而且不偏太高，是比较标准的中猪饲料营养配方。由于去掉了鱼粉后，赖氨酸含量下降比较多，比饲养标准要求的 0.75%少了 0.01%，但相关不大，可以忽略。

大猪（60～90 千克以上）配方：玉米粉 70%、豆粕 15%、米糠或麦麸 12%、磷酸氢钙 1.0%、贝壳粉 0.65%、食盐 0.35%、预混料 1%。此配方粗蛋白 14%，消化能 3240 千焦/千克，粗纤维 3.7%，钙 0.60%、磷 0.535%，赖氨酸 0.65%，各项指标均能满足大猪的日粮营养需要，而且不偏太高，是比较标准的大猪饲料营养配方。

以湖北某养猪场饲料配方为例，供大家参考（表 4-20）。

表 4-20　湖北某养猪场饲料配方　　　单位：千克

原料	小猪宝	小猪料	中大猪料	哺乳料	空怀前期	公猪料	后备料	配种料
玉米	600	505	530	570	390	650	510	480
豆粕		215	230	195	150	120	180	170
次粉		150	130		210		200	200
小麦麸皮			50	75	200	50	50	50
膨化大豆		60		80				30
进口鱼粉						25		
油粉		10	20	20	10	30	20	30
发酵豆粕		20		20				
预混料	400	40	40	40	40	125	40	40（怀孕前期）
合计	1000	1000	1000	1000	1000	1000	1000	1000
肥而壮		80	120	80				
葡萄糖粉								40
脱霉剂				0.1	0.1	0.1	0.1	0.1
多氨酸	0.8	0.15		0.1		0.1		

注：公猪料鱼粉使用白鱼粉替代。

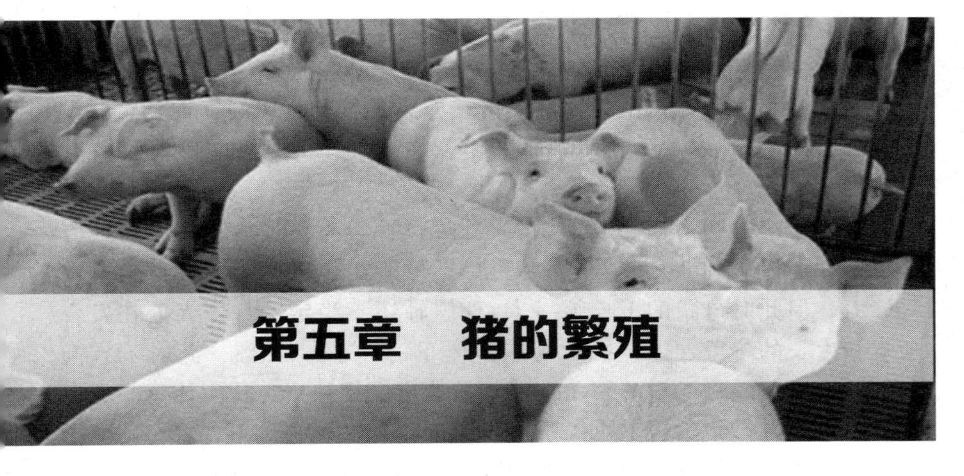

第五章　猪的繁殖

规模化养猪在全国迅速发展，自繁自养、周期性的生产是其主要的生产模式，繁殖是整个生产环节的重中之重，因此了解猪的生殖生理，掌握其繁殖技术（如同期发情、人工授精、精液常温保存技术等），最大限度地提高繁殖力水平，是规模化养猪生产的重要任务，也是企业成功的关键。

第一节　母猪的繁殖

一、母猪的发情与适时配种

（一）初情期

初情期是指青年母猪初次发情和排卵的时期，是性成熟的初级阶段，也是具有繁殖能力的开始。此时生殖器官同身体一起仍在继续生长发育。这个时期的最大的特点是母猪的下丘脑-垂体-性腺轴的正、负反馈机制基本建立。接近初情期时，卵泡生长加剧，卵泡的内膜细胞大量合成并分泌雌激素。通过正反馈作用，引起下丘脑分泌促性腺激素释放激素（GnRH）并作用于垂体，使垂体前叶分泌大量的促黄体素（LH），形成排卵所需要的LH峰。同时，雌激素与孕酮协同作用，使母猪表现出发情行为。有的母猪第一次发情，特别是引入的外国品种，易出现安静发情，即只排卵而没有发情征状。这可能是由于初次发情，卵巢中没有黄体的存在，因而没有孕酮的分泌，不能使中枢神经系统适应雌激素的刺激而引起发情。

母猪的初情期一般为5～8月龄，平均为6月龄。我国的地方猪种可以早到3月龄（如太湖猪）。母猪在初情期时已具备了繁殖力，但此时母猪的下丘脑-垂体-性腺轴还不稳定，身体尚处在发育和生长的阶段，体重一般为成年体重的60%～70%，此时不宜配种，以免影响以后的繁殖性能，易造成产仔数少、初生体重小、存活率低、母猪负担过重等不良影响。

影响青年母猪的初情期的因素主要有以下几个方面：

1. 品种

中国地方品种初情期早于培育猪种，培育猪种又早于国外引进品种。个体小的品种较个体大的品种初情期早，如北方猪种和大型猪种（民猪、内江猪、大围子猪）初情期较迟（平均数为125天），而小型猪种如太湖猪和姜曲海猪的初情期较早（平均为71天）。但都比培育猪种早2～3个月。

2. 气候

包括温度、湿度和光照等因素，这些因素对母猪的初情期都有影响。如南方的猪比北方的猪初情期早，热带的母猪比寒冷或温带的初情期早。

3. 营养

营养过低或过高对母猪的初情期都有影响。特别是过肥，将会延迟母猪初情期的出现或根本不发情。

（二）发情征状与发情周期

1. 母猪的发情征状

母猪的发情征状是由于雌激素与少量孕酮共同作用于大脑中枢神经系统和下丘脑，从而引起中枢兴奋的结果。母猪的发情征状表现在行为和阴户的变化上：发情初期，首先是阴门潮红肿胀，肿胀程度不一，有的明显、有的不明显。阴门开始肿胀时，母猪食欲减退，表现不安，阴道逐渐流出稀薄、白色的黏液，这时常会逃避公猪的爬跨。发情中期，食欲显著下降，甚至完全不吃。在圈内起卧不安，常伴有鸣叫，啃门拱地（国外引入品种不明显），爬跨其他母猪，或接受其他母猪爬跨。频繁排尿，饲养员清扫圈舍时，喜欢接近饲养员。阴门肿胀似“桃”，充血光亮，以后逐渐皱缩，并呈淡红或暗红色，黏液由少变多，由稀变浓。用两手指捻此黏液，可拉成丝状。用手按压背腰部，往往呆立不动，即“静立反射”，此时进入发情盛期，可及时配种。发情后期，阴门肿胀减退，用手触摸背部会有躲避反应，食欲逐渐恢复正常。个别母猪，特别是培育猪种和引入猪种，一般只表现阴门红肿和静立反射，其他征状不明显。此时可用公猪试情，观察是否安静接受公猪爬跨来鉴别母猪是否发情。

2. 发情周期

发情周期是指后备母猪或发情未配种的母猪在上一次排卵至下一次排卵的间隔时间，它是母猪发情未配时表现的特有性周期活动。

母猪正常发情周期的范围为18～23天，平均为21天，经产母猪较长，平均为22.2天，初产母猪稍短，平均为20.4天。品种之间有差异，如我国的小香猪发情周期平均为19天。猪是一年内多周期发情的动物，全年均可发情配种，这是家猪长期人工选择的结果，而野猪则仍然保持着明显的季节性繁殖的特征。

发情周期分为发情前期、发情持续期、发情后期、休情期四个阶段。

（1）发情前期　此阶段母猪卵泡加速生长，生殖腺活动加强，分泌物增加，生殖道上皮细胞增生，外阴部肿胀且阴道黏膜由浅红变深红，出现神经症状，如东张西望，早睡早起，在圈舍里不安走动，追人追猪，食欲下降。但不接受公猪爬跨。

（2）发情持续期　这是发情周期的高潮阶段。发情前期所表现出来的各种变化更为明显。卵巢中卵泡成熟并排卵。生殖道活动加强，分泌物增加，子宫颈松弛，外阴部肿胀到高峰，充血发红，阴道黏膜颜色呈深红色。追找公猪，精神呆滞，站立不动，接受公猪爬跨并允许交配。

(3) 发情后期　此阶段母猪性欲减退，爬跨其他母猪，但拒绝公猪的爬跨和交配，阴户开始紧缩，用手触摸背部有回避反应。

(4) 休情期　性器官的生理活动处于相对静止状态，黄体逐渐萎缩，新的卵泡开始发育，逐步过渡到下一个发情周期。

3. 适配月龄

后备母猪配种是养猪生产中较重要的环节，配种是母猪繁殖的开始。配种过早将影响以后的繁殖力，过晚将会错过情期，增加育成期的费用。在保证不影响母猪身体正常发育的情况下，并且获得后备猪初配后最好的繁殖成绩，必须选择好初次配种的时间，即适配月龄。后备猪的适配月龄受品种、气候、饲养管理条件的影响。最佳配种时间一般在初情后的第三个情期配种为宜，即初情期后的1.5～2个月。在正常的饲养管理下，我国本地品种一般在6～8月龄，体重在50～60千克时初配，培育品种和引入品种8～10月龄，体重120千克左右开始配种。有的因营养水平差，即使达到初配月龄，但体重未达到配种要求，应以体重为标准进行配种。当后备母猪达成年母猪体重40%～50%开始初配。

(三) 排卵与适时配种

1. 排卵

母猪排卵时，首先降低卵泡内压，在排卵前1～2小时，卵泡膜在酶的作用下，引起靠近卵泡顶部细胞层的溶解，同时使卵泡膜上的平滑肌活性降低，卵泡膜被软化松弛，这样卵泡液排出并同时排出卵子，部分液体留在卵泡腔中。这整个过程都是由于雌激素对下丘脑产生正反馈，引起GnRH释放增加，刺激垂体前叶释放LH，使LH达排卵高峰，LH和卵泡刺激素（FSH）与卵泡膜上的受体结合而引起。

排卵时间：母猪排卵一般在LH峰出现后40～42小时，由于母猪是多胎动物，在一个情期中多次排卵，排卵最多时是在母猪接受公猪交配后30～36小时，从外阴唇红肿算起，在发情38～40小时之后。

猪的排卵数有一定变化幅度，一般外种猪的排卵数最少为8

个，最多21个，平均14个。不同年龄之间有差异，经产平均为16.8个，初产及二胎平均为12.7个。我国地方猪初产的排卵数平均为15.52个，经产22.62个，最多的是二花脸猪，平均为初产20个，经产28个。

2. 适宜的配种时间

受胎是精子和卵子在输卵管内结合成受精卵，以后受精卵在子宫内着床发育的过程。所以配种必须在最佳时间使精子和卵子结合，才能达到最佳的受胎效果。在养猪生产中，配种员须掌握每头猪的特性，适时对发情母猪配种。

配种最佳时间受以下两方面因素的影响：一是精子在母猪生殖器官内的受精能力。在自然交配后的30分钟内，部分精子可达输卵管内。交配数小时后，大部分精子存在于子宫体、子宫角内，经15.6小时，大部分精子可在输卵管及子宫角的前端出现。精子在母猪生殖器官内最长存活时间是42小时，实际上精子受精力一般在交配后的25～30小时。二是卵子的受精能力。卵子保持受精能力的时间很短，一般为几小时，最长时间可达15.5小时。

适宜的配种时间：较确切的配种时间是在配种后，精子刚达到输卵管时排卵为最佳时间。但在生产中，这一时间较难掌握。配种时，可按以下规律进行：饲养员按压母猪背部，若开始出现静立反射，则在12小时以后及时配种；若母猪发情症状明显，轻轻按压母猪背部即出现静立反射，则已到发情盛期，立即配种。配种次数应在两次以上，第一次配种后8～12小时再配种一次，以确保较好的受胎率。据试验报道：母猪在开始接受公猪爬跨后25小时以内配种，受胎率良好，特别是在10～25.5小时可达100%。在以后的时间里配种，成绩较差。尤其应注意：断奶后发情越迟，发情持续期越短，输精应越早。断奶6天以内发情，出现静立反射后8小时首次输精。断奶后7天以上发情者，出现静立反射后立即输精，即所谓的"老配早，少配晚，不老不少配中间"。

3. 配种方式

给母猪配种一般有三种方式，即"单配" "复配"和"双重配”。

（1）单配　在母猪发情时，只交配一次。它的优点在于能减轻公猪的负担，可以少养公猪和提高公猪的利用率。但此方法可能降低受胎率和产仔数。

（2）复配　在母猪一个情期内，先后用同一头公猪配两次，即在母猪第一次接受爬跨后先配种一次，在间隔 8～12 小时后复配一次。其缺点是增加了饲养的公猪数，降低公猪利用率，优点是可提高母猪的受胎率和产仔数。有资料表明，发情母猪每间隔 12 小时再配 1 次，连配 3 次，可提高妊娠率 3.4%，平均每窝产活仔数提高 0.5～1.3 头。

（3）双重配　在规模化猪场，最好采用双重配的方式，可提高母猪的繁殖成绩。方法是在母猪受精时，用同一品种的两头公猪或它们的精液（人工授精）与其交配。当第一次用一头公猪直配或人工授精，间隔 12 小时以后，再用另一头公猪直配或人工授精。优点在于因第一次配种没掌握好适宜的配种时间或第一头公猪的精液品质欠佳引起的损失有所弥补，另可减轻公猪的负担，保证精子的活力，从而可提高母猪的受胎率和产仔数。

二、妊娠与分娩

在配种之后为及时掌握母猪是否妊娠、妊娠的时间、胎儿和生殖器官的异常情况，采用临床和实验室的方法进行检查，称为妊娠诊断。母猪的妊娠诊断是猪群繁殖工作中的一项重要技术措施，妊娠诊断的方法主要有外表观察法、激素诊断法、化学测定法和超声波测定法。

（一）妊娠诊断

1. 妊娠的建立及维持

母猪受精后，母体经由孕体发出的信号（激素）确认胎儿的存在称妊娠识别，经由妊娠识别后，孕体和母体的联系和相互作用通过激素的媒介和其他生理因素而固定下来，从而开始妊娠，称为妊娠建立。妊娠的维持则是在孕体发出激素信号后，作用于子宫和黄体，有维持、促进黄体和抗溶黄体的作用。抵消 PGF2α 溶黄体的作用，维持黄体的形态及内分泌机能，从而使妊娠得以维持。

2. 妊娠诊断的方法

妊娠诊断常有以下几种方法：

（1）观察法　母猪的发情周期平均为 21 天，若 21 天后母猪不再继续发情，可推断母猪基本已经妊娠。若在 40 天左右还没有发情，就可断定母猪已经妊娠。从行为上看，凡配种后表现安静、贪睡、食量逐渐增大，容易上膘，腹围逐渐增大的猪，都是已妊娠的特征。从乳头的变化来看，有些外种猪配种后 30 天，乳头开始变黑，轻轻拉长乳头，如果乳头基部呈现黑紫色的晕轮，则可认为已经妊娠。从母猪后面两后腿间，观察乳头的排列，可见乳头前端向外张开，乳头基部膨胀隆起，就可认为已妊娠。但有些外种猪的乳头及其基部周围常有晕状着色，乳头向外开张，好像已经妊娠。这种现象较多，生产上应注意区分。

（2）诱导发情诊断法　在母猪配种后的 16～17 天，注射 1 毫克人工合成的雌性激素制剂，注射剂量为耳根部皮下注射 3～5 毫升，若注射后发情的母猪为空怀母猪，在 5 天内不发情的母猪就可认为是妊娠母猪。因为妊娠母猪的卵巢上有黄体分泌孕酮，注射激素也不会出现发情征状。如果母猪没有妊娠，黄体在 18 天后消失，配种后 16 天注射雌激素就会出现发情征状。这种方法的准确率可达 90％～95％以上。使用激素应注意不要乱用，以免引起母猪体内激素分泌紊乱，引起生殖系统疾病，所以非专业人员禁止使用。

（3）超声波测定法　超声波早孕诊断技术成熟可靠、方便易行，可有效地降低母猪空怀率。超声波测定仪的种类较多，现将较实用的 PREG-TONEⅡ型手握式诊断仪的使用方法介绍如下：

将诊断仪探头放在诊断母猪的右侧，乳头基线上 5 厘米，小口前缘处，诊断仪主轴的方向分别向猪体前和猪体左倾斜 45°，探头可左右移动 10°。测定前用食用油或润滑油涂抹在乳头和测定部位，使探头和皮肤接触良好，以确保测定的准确性。当妊娠诊断仪发出电话占线声“嘟、嘟、嘟、嘟”时，表示未妊娠，当发出

"嘟——"的通话声时，表示已妊娠。

（4）雌激素测定法 母猪妊娠后尿中雌激素含量增加。孕酮与硫酸接触会出现豆绿色荧光化合物，此种反应随妊娠期延长而增强。其操作方法是将母猪尿15毫升放入大试管中，加浓硫酸5毫升，加温至100℃，保持10分钟，冷却至室温，加入苯18毫升，加塞后振荡，分离出有激素的层，加浓硫酸10毫升，再加塞振荡，并加热至80℃，经25分钟，借日光灯观察，若在硫酸层出现荧光，则是阳性反应。母猪配种后25～30天，每100毫升尿液中含有孕酮5微克，即为阳性反应。

妊娠诊断的方法较多，除上述几种以外，还可用X光照相法、阴道黏膜组织抹片镜检法、阴道和子宫颈管黏液检测法等。

（二）预产期的推算

正确推算母猪的预产期，有利于饲养员做好产前准备和接产的工作。母猪的妊娠期平均为114天，范围110～120天。预产期的推算方法一般有三种，现介绍如下：

1."三、三、三"的方法

即在配种日期上加上3个月3周又3天。如一头母猪的配种日期是6月7日，其预产期则是6＋3＝9（月），7＋(3×7)＋3＝31（日）（以30天为1个月），故为10月1日。

2."进四减六"的推算方法

即配种月份加上4，日期减去6。如一头母猪的配种日期是7月8日，其预产期推算方法则为：7＋4＝11（月），8－6＝2（日），该头母猪的预产期为11月2日。

3."减八减八"的推算方法

即配种月减8为分娩月，配种日减8为分娩日。如11月25日配种，则预产月为11－8＝3（月），预产日为25－8＝17（日），即预产期为3月17日。若配种日期小于或等于8时，则先在配种日加30后，再减8，同时在配种月上减去1。如11月1日配种，则预产日为1＋30－8＝23，预产月为11－8－1＝2，即为2月23日分娩。若配种月小于或等于8时，则先在配种月加12后再减8即可。如5

月 24 日配种，则预产日为 24－8＝16，预产月为 5＋12－8＝9，即 9 月 16 日分娩。

4. 查预产期推算表

此方法简单易行，适用于规模化养猪场（表 5-1）。例如某头母猪 5 月 3 日配种，于表中第一行中查到 5 月，再在左侧第一列中查到 3 日，两者交叉处的 8.25（8 月 25 日）即为分娩日期。

表 5-1　母猪预产期推算表

配种	1 月	2 月	3 月	4 月	5 月	6 月	7 月	8 月	9 月	10 月	11 月	12 月
1 日	4.25	5.26	6.23	7.24	8.23	9.23	10.23	11.23	12.24	1.23	2.23	3.25
2 日	4.26	5.27	6.24	7.25	8.24	9.24	10.24	11.24	12.25	1.24	2.24	3.26
3 日	4.27	5.28	6.25	7.26	8.25	9.25	10.25	11.25	12.26	1.25	2.25	3.27
4 日	4.28	5.29	6.26	7.27	8.26	9.26	10.26	11.26	12.27	1.26	2.26	3.28
5 日	4.29	5.30	6.27	7.28	8.27	9.27	10.27	11.27	12.28	1.27	2.27	3.29
6 日	4.30	5.31	6.28	7.29	8.28	9.28	10.28	11.28	12.29	1.28	2.28	3.30
7 日	5.1	6.1	6.29	7.30	8.29	9.29	10.29	11.29	12.30	1.29	3.1	3.31
8 日	5.2	6.2	6.30	7.31	8.30	9.30	10.30	11.30	12.31	1.30	3.2	4.1
9 日	5.3	6.3	7.1	8.1	8.31	10.1	10.31	12.1	1.1	1.31	3.3	4.2
10 日	5.4	6.4	7.2	8.2	9.1	10.2	11.1	12.2	1.2	2.1	3.4	4.3
11 日	5.5	6.5	7.3	8.3	9.2	10.3	11.2	12.3	1.3	2.2	3.5	4.4
12 日	5.6	6.6	7.4	8.4	9.3	10.4	11.3	12.4	1.4	2.3	3.6	4.5
13 日	5.7	6.7	7.5	8.5	9.4	10.5	11.4	12.5	1.5	2.4	3.7	4.6
14 日	5.8	6.8	7.6	8.6	9.5	10.6	11.5	12.6	1.6	2.5	3.8	4.7
15 日	5.9	6.9	7.7	8.7	9.6	10.7	11.6	12.7	1.7	2.6	3.9	4.8
16 日	5.10	6.10	7.8	8.8	9.7	10.8	11.7	12.8	1.8	2.7	3.10	4.9
17 日	5.11	6.11	7.9	8.9	9.8	10.9	11.8	12.9	1.9	2.8	3.11	4.10
18 日	5.12	6.12	7.10	8.10	9.9	10.10	11.9	12.10	1.10	2.9	3.12	4.11
19 日	5.13	6.13	7.11	8.11	9.10	10.11	11.10	12.11	1.11	2.10	3.13	4.12
20 日	5.14	6.14	7.12	8.12	9.11	10.12	11.11	12.12	1.12	2.11	3.14	4.13
21 日	5.15	6.15	7.13	8.13	9.12	10.13	11.12	12.13	1.13	2.12	3.15	4.14
22 日	5.16	6.16	7.14	8.14	9.13	10.14	11.13	12.14	1.14	2.13	3.16	4.15
23 日	5.17	6.17	7.15	8.15	9.14	10.15	11.14	12.15	1.15	2.14	3.17	4.16
24 日	5.18	6.18	7.16	8.16	9.15	10.16	11.15	12.16	1.16	2.15	3.18	4.17

续表

配种	1月	2月	3月	4月	5月	6月	7月	8月	9月	10月	11月	12月
25日	5.19	6.19	7.17	8.17	9.16	10.17	11.16	12.17	1.17	2.16	3.19	4.18
26日	5.20	6.20	7.18	8.18	9.17	10.18	11.17	12.18	1.18	2.17	3.20	4.19
27日	5.21	6.21	7.19	8.19	9.18	10.19	11.18	12.19	1.19	2.18	3.21	4.20
28日	5.22	6.22	7.20	8.20	9.19	10.20	11.19	12.20	1.20	2.19	3.22	4.21
29日	5.23	—	7.21	8.21	9.20	10.21	11.20	12.21	1.21	2.20	3.23	4.22
30日	5.24	—	7.22	8.22	9.21	10.22	11.21	12.22	1.22	2.21	3.24	4.23
31日	5.25	—	7.23	—	9.22	—	11.22	12.23	—	2.22	—	4.24

(三) 分娩

1. 母猪临分娩前的预兆

母猪多数在怀孕114天后产仔，为了及时给母猪接产，保证母猪的产仔安全，提高仔猪的成活率，必须掌握母猪产前的一些预兆。

(1) 乳房　母猪在分娩前15～20天，乳房开始膨胀，乳根与腹部界限明显，到产前一周左右，乳房肿胀，乳头向外开张成“八”字形，色红发亮。产前2～3天，部分乳头可挤出乳汁。一般来说，当前部的乳头能挤出乳汁时，产仔时间不超出一天，当最后一对乳头能挤出乳汁时，约在6小时内即可产仔。母猪体况差的，乳头变化不明显。

(2) 外阴　分娩前数天，阴唇逐渐柔软、肿胀、增大，阴唇皮肤上的皱襞展开，皮肤稍变红。阴道黏膜潮红，黏液由黏稠变为稀薄滑润。

(3) 骨盆　骨盆部韧带在分娩前的数天内，变得柔软松弛，表现在尾根部两侧开始逐渐下陷，俗称“松胯”或“塌胯”，膘情较好的母猪不明显。原因在于妊娠末期，骨盆管内的血量增多，静脉淤血，促使毛细血管壁扩张，血液中的部分液体渗出管壁，浸润周围的组织，使得尾根两侧的荐坐韧带后缘由硬变得松软，荐髂韧带也变得松软，因此荐骨的活性增大，从而出现以上现象。

(4) 行为　在产前6～8小时，食欲减退或停食，频繁排尿，精神极度不安，由于膈肌受到压迫，呼吸次数明显增加。若挥尾，则数小时就要产仔。如母猪躺卧，四肢伸直，阵痛开始，且时间越来越短，全身用力“努责”，阴户流出羊水，则很快就会产出第一头小猪。

当母猪出现上述征状时，就要做好产前的准备工作，随时准备接产。

2. 诱发分娩

诱发分娩是在母猪妊娠末期的一定时间内，注射某种激素，诱发妊娠母猪在比较确定的时间内提前分娩，产出正常的仔猪。它的意义在于可将分娩控制在工作日和上班时间内，避开假日和夜间，便于安排人员进行护理，为下一次同时断奶和同期发情奠定好基础，便于规模化猪场进行周期性的生产管理。

猪诱发分娩的方法：①促肾上腺皮质激素作用于胎儿；②对胎儿或母体施用皮质激素类药物；③向母体施用PGF2α或类似物；④临产前12小时内向母猪注射催产素。诱发分娩时应注意有效诱发分娩处理时间不能早于妊娠111～112天之前，适宜时间比预产期提前1～2天。投药处理后，其控制妊娠母猪分娩的时间准确度是在30小时内分娩。但实践中因很难控制在较准确的时间内生产，所以仍需安排饲养员昼夜值班。且此项技术尚有一定副作用，对母猪和仔猪产生某些不良的影响甚至会造成一定程度的损失，如产死胎、新生仔猪死亡、成活率低、体重轻等，所以应当慎用。

三、影响母猪繁殖成绩的因素

1. 遗传力的影响

遗传力对猪的繁殖成绩起重要作用，虽然许多繁殖性状都是低遗传力，但对每一个具体的品种来说，存在较大的差异。如产仔数，品种间的均值差异可达3～4头。太湖猪是世界上著名的高产仔数品种，其平均产仔数可达15头，最高可接近20头。外国品种比我国本地品种窝平均少产仔2～3头。实验证明，过度的近交会引起繁殖性能下降，而杂交能提高繁殖性能，产仔数的杂种优势率可达20%以上。

2. 繁殖障碍

母猪从正常生殖细胞开始，经过配种、受精、胚泡附植、妊娠、分娩及泌乳，其中任何一个环节出现问题，均可导致母猪的繁殖障碍。母猪的繁殖障碍主要表现为以下几方面：

（1）乏情　指后备猪达初情期时不发情，主要是因卵巢无周期性的功能活动，处于相对静止状态。病理性乏情是繁殖障碍的主要表现，它主要是由卵巢和子宫的疾患引起。对乏情的母猪可注射催情药如雌激素类药，可诱发发情。对达初情期的后备母猪，可通过运动刺激母猪发情。

（2）受精障碍　它可能是由于卵子或精子的结构和机能异常，配子不能正常运行到受精部位，或者是由于精子进入以前卵子死亡。受精障碍主要表现为不受精或异常受精。不受精主要由于卵子或精子异常、配种时间过迟、母猪的生殖道缺陷，妨碍精子和卵子达受精部位。生殖道疾病影响精子的存活和受精。异常受精是指在受精过程中出现异常受精的现象，如多精子受精、含有两个雌性原核卵的单精子受精，雌核发育或雄核发育等。异常受精可能由于配子的衰老或环境温度的升高而发生。

（3）生前死亡　一般包括早期胚胎死亡、自发流产、胎儿干尸化和胎儿出生时死亡。猪的胚胎死亡一般在受精后16～25天，死亡率可达25%以上。

3. 营养的影响

营养不足会延迟后备母猪的初情期的到来，对成年母猪造成发情抑制、发情无规律性、断乳后再次发情时间延长、排卵率低、乳腺发育迟缓，严重者将会增加早期胚胎死亡、死产和初生仔猪的死亡率。营养过度会造成母猪偏肥，引起母猪不发情。

4. 环境的影响

环境是影响母猪繁殖成绩的重要因素。特别是高温、舍内有害气体（氨气、一氧化碳、硫化氢等），当舍内有害气体浓度过高时，会造成母猪的胚胎死亡率增高，妊娠前两周的母猪尤其敏感。它还会降低泌乳母猪的采食量，引起母猪泌乳力降低，增加仔猪的死亡率。

5. 疾病的影响

某些病原性微生物是损害母猪繁殖力的重要原因，如猪的细小病毒病、猪伪狂犬病、猪乙型脑炎、猪繁殖与呼吸障碍综合征、钩端螺旋体病、脑心肌炎、布氏杆菌病、猪瘟等都会引起母猪的流产或死胎。

第二节　公猪的生殖机理及其合理利用

一、公猪的生殖机理

（一）生殖的调节

大脑与公猪的生殖调控有密切的关系，与繁殖及性行为控制有关的许多激素是在大脑中的下丘脑和垂体前、后叶中产生的。下丘脑是嗅觉、视觉和听觉的协调中心，并且分泌促性腺激素释放激素（GnRH）。与母猪相比公猪的内分泌调节要简单得多。首先，在公猪的下丘脑中不存在周期中枢，其性活动不具有周期性，只有一个“紧张中枢”（或持续中枢）通过雄性激素的负反馈作用调节着GnRH的分泌；其次，公猪垂体前叶分泌的促性腺激素除了对GnRH有直接通过短反馈调节其分泌量，从而达到调节自身浓度的作用外，这些促性腺激素主要作用于睾丸。其中FSH作用于营养细胞，促进精子的发生，并产生多肽类的抑制素，它通过对下丘脑的长反馈作用调节GnRH以及垂体促性腺激素，某种程度也调节着精子的发生。而垂体前叶的LH作用于睾丸间质细胞产生雄性激素，雄性激素除了有促进长骨和肌肉生长的作用外，还可促进公猪的第二性征的形成，提高性欲和促进争斗行为的出现，促使性器官的生长、发育和成熟。

（二）精子的发生

精子的发生是在曲精细管中经过一系列的特殊细胞分裂而完成

的。公猪精子形成需 7 周时间。

正常精子的发生和成熟，需要在比体温低的环境中完成，公猪睾丸和附睾的温度为 35～36.5℃，大约低于直肠温度 2.5℃左右。这也就是猪睾丸和附睾位于体壁阴囊中的原因。当环境温度升高时，公猪睾丸提肌放松，增加阴囊皱褶以扩大散热面积，降低睾丸和附睾的温度；而当温度下降时，睾丸提肌收缩，使睾丸和附睾更贴近身体，以提高睾丸温度。此外，睾丸血管网在睾丸表面经过降温后回到体壁时，与动脉血管接触，也降低了动脉血温，这种温度的调节保证了产生正常精子所需的温度条件。

（三）初情期

初情期是指公猪射精后，其射出的精液中精子活力达 10%且每 1 毫升精液中有效精子数为 5000 万个时的年龄，而不能理解为公猪的第一次射精。一般说来，公猪的初情期略晚于母猪，不同品种差异很大，一般为 6～7 月龄。影响公猪初情期的因素很多，如遗传、营养及环境因素等。

（四）适配年龄

公猪的适配年龄不像母猪那样容易确定，由于品种及个体的差异，公猪的适配年龄不能简单地根据年龄来推算，而应该根据精液品质来确定，只有精液品质达到交配或输精的要求，才能确定其适配年龄。有资料表明公猪 7～12 月龄时，精液体积和精子数量都有很大的提高，但小于 7 月龄时精液品质较差，而公猪在 2～3 岁时精液的品质最好。由此可见，公猪的适配年龄至少不应小于 7 月龄，并且注意使用强度不应过大。

二、公猪的合理利用

正确合理地利用公猪将有助于延长其种用寿命，利用不当不仅缩短种用年限，也会提高种猪的培育成本。要最大限度地发挥优良种公猪的作用，因此合理利用至关重要。

（一）初配年龄和体重

适宜的配种期，有利于提高公猪的种用价值，过早使用会影响种公猪本身的生长发育、缩短利用年限；过晚配种会引起公猪性欲减退，影响正常配种，甚至失去配种能力，且优良公猪不能及时利用。适宜的初配期一般以品种、体重和年龄来确定。我国地方猪种性成熟早于国外引进品种和培育品种，初配年龄为5～6月龄，体重60千克以上，引进品种和培育品种以7～8月龄，体重120千克以上为宜。

（二）性行为与调教

公猪在性成熟后，就会出现性行为，主要表现在求偶与交配方面。求偶行为的表现是：特有的动作，如拱、推、磨牙、口吐白沫、嗅等；特有的声音，如在动作的同时发出不连贯的有节奏的、低柔的哼哼声；释放气味，如由包皮排出的外激素物质，具有刺鼻的气味，以刺激母猪嗅觉。交配行为爬跨与射精，交配是动物的一种本能行为，也有一部分是经过训练的。青年公猪初次配种缺乏经验，交配行为不正确，如有的公猪配种爬跨到母猪前部，对这种猪应予以调教。可使初配公猪与发情旺盛期的经产母猪交配，容易成功；或将配种场地暂移公猪舍前，让青年公猪能够观摩到有经验公猪的正确配种行为。配种时应给予一定的人工协助，如纠正爬跨姿势、帮助青年公猪将阴茎插入母猪阴道等。经过一段时间的学习后，交配行为会逐渐完善。

由于调教、饲养管理等，有时会产生一些异常性行为，如公猪的自淫，交配时爬跨行为正常，但又爬下，然后坐在地上射精。对于自淫的公猪给予定期交配或采精，在交配时给予人工辅助，或保证每天运动可望使公猪自淫得到纠正，若经反复调教得不到纠正，应予淘汰。

调教初期应尽量使用处于发情旺盛期的小母猪来训练小公猪爬跨，调教应在固定、平坦的场地，早、晚空腹进行，每次以10～15分钟为宜。

（三）使用强度

使用强度要根据年龄和体质强弱合理安排，如果利用过度就会出现体质虚弱、降低配种能力和缩短使用年限；相反，如果利用不够，会出现身体肥胖笨重，同样导致配种能力低下。老龄公猪应及时淘汰更换。夏季配种时间应安排在早、晚凉爽时进行，要避开炎热的中午；冬天安排在上午和下午天气暖和时进行，要避开寒冷的早、晚。配种前、后1小时内不要喂食，不要用冷水冲洗猪身，以免危害猪体健康。在非配种季节或配种任务少的时候，要定期（7～15天）采精，以维持公猪旺盛的性欲。

（四）公、母猪比例

根据不同的配种方式，每头公猪一年负担的母猪头数也不相同。在母猪采用季节产仔的集中配种情况下，以母猪年产2窝，每次情期交配2次计，在采用本交的情况下，1头公猪可负担25～30头母猪的配种任务，其中青年公猪负担要少些。若采用常年分娩、常年配种制度，每头公猪负担的母猪头数可增加1倍左右。采用人工授精，每头公猪每次射精量约为200毫升，根据精子密度决定稀释倍数，一般可稀释1倍以上，在集中配种的情况下，可以负担400头母猪；常年配种则可负担千头以上。公、母猪比例不当，会造成公猪的负担过重或过轻，负担过重的公猪会降低受胎率和繁殖率，负担过轻的公猪，由于长期得不到使用，性欲降低，也会影响繁殖力。

（五）使用年限

公猪的一般使用年限为3～4年（4～5岁），2～3岁正值壮年，为配种的最佳时期，每年更新率在30%左右。在一般的繁殖场如果使用合理，饲养管理良好，体质健康结实，膘情良好，可适当延长使用年限到5～6岁；而在育种场为缩短世代间隔，加快育种进展，使用年限较短约1～2年，对特别优秀的种公猪可采用世代重叠，延长利用年限。

（六）配种场地

配种场地应固定。一般配种场地宜靠近母猪舍而不宜靠近公猪舍，因为配种时所产生的气味有利于母猪的发情，但会引起不配公猪的不安。配种场地应平坦、无杂物，以免伤害公猪的肢蹄，影响配种。实行人工授精的猪场，一般建有专门的场地，与精液检查室相连。

三、公猪的生殖障碍

猪的繁殖障碍是养猪生产中最难解决和直接影响养猪效益的难题。公猪在猪群中数量虽少，但影响面大，特别是在集约化饲养条件下，更应引起高度重视。公猪常见繁殖障碍有以下几种：

（一）遗传缺陷

1. 阴茎的缺陷

阴茎偏向一侧或射精的开口位置不正。这些公猪虽然可以表现正常的性行为，但往往因为阴茎有关肌肉在交配时扭曲而不能插入，或插入后不能拔出，因此不能正常射精，出现不育或低繁殖率的现象。这类缺陷可以通过手术得到改善，但一般这类公猪应淘汰。另一类情况是由于交配时阴茎受损而导致不育或繁殖率低下。

2. 隐睾

睾丸未下降到阴囊，致使睾丸在体内高温下受损，细精管上皮细胞受到破坏，造成无精症。这种损伤不可逆，隐睾有时是单侧有时是双侧。双侧隐睾尽管公猪也表现完整的性行为，但无精子产生。单侧隐睾虽可育但精液产量明显减少，往往造成繁殖力低下。公猪隐睾如果外观不能确定可通过触摸进行检查，公猪隐睾一般高于其他家畜，而且多数为双侧，故应引起注意，这样的公猪发现后应立即淘汰。在寒冷季节检查时应特别注意，因为这时公猪睾丸的位置有所提高。

3. 间性

间性是猪不育的重要原因之一。间性猪卵巢和睾丸可能是单侧的，有的甚至可以发情排卵，还可以产生后代，但产仔很少。间性母猪可能有较小的阴道、突出的阴蒂、较大的包皮鞘，有的还有阴囊发育、明显的獠牙，这样的猪应淘汰。

（二）环境应激

1. 非生理性的暂时不育

营养不良或缺乏，过冷或过热，严重的应激等因素都有可能造成暂时性的不育，如果限制条件得到改善，可以得到恢复。如果限制条件不能尽快改善，时间太长后，有的暂时性不育会变为永久性不育。如某些营养缺乏症对成年公猪来说是暂时的，但对青年公猪往往会造成永久性不育。

2. 低繁殖力

其造成的原因与暂时性不育相似，但损伤程度要轻些。

（1）热应激　尽管公猪对热有一定的耐受能力，但高温往往引起体温上升，使肾上腺皮质激素的分泌增加，从而抑制了促性腺激素的分泌；高温还会造成细精管上皮细胞受损，特别是当气温达到29℃以上时往往造成精液量和质量明显下降，精子浓度下降，头部异常精子增加，而当热应激解除后，一般需要2～3周的时间才能恢复，这就是在夏季猪群受胎率低的一个重要原因。

（2）使用频率　公猪的采精或交配频率也是影响公猪繁殖力的重要因素，青年猪每周2～3次，成年公猪每周3～4次。由于公猪间个体差异较大，公猪的使用应与精液品质的监测结合起来，一般发现畸形精子或未成熟精子数量增加时，应立即停止使用。

（3）营养水平　营养水平也是影响繁殖力的重要因素，如公猪对铜、锌、锰、硒和铁等矿物质缺乏十分敏感，而且维生素A和维生素E对维持公猪的繁殖机能有重要的作用。

（三）传染病感染

猪繁殖与呼吸综合征、猪乙型脑炎、猪细小病毒病、猪伪狂犬病等都可以通过精液传播，是引起繁殖障碍的疾病。这些疾病导致精液品质下降，受胎率降低，死胎、流产、木乃伊、弱仔大大增加。

目前对这些疾病还无有效疗法，应引起高度重视。在引种时应严格检疫、隔离，在确诊后用疫苗进行预防注射，平时应注意搞好猪场的消毒、隔离，猪舍内外卫生，灭蚊和灭鼠等。

第三节　猪的人工授精

猪的人工授精是指用器械采取公猪的精液，经过检查、处理和保存，再用器械将合格的精液输入到发情母猪的生殖器官内以代替自然交配的一种配种方法。

一、人工授精概述

随着养猪生产的发展和产业化进程的推进，人们对猪人工授精的重要性的认识越来越深刻，在现代养猪生产和育种工作中，人工授精正成为一种非常重要的工具。

（一）人工授精的历史

人工授精始于1780年意大利生理学家Spallanzani首次用狗成功地进行了人工授精试验。到20世纪30年代，初步形成了一套较完整的操作方法，并从试验阶段进入实用阶段，成为家畜生产和改良的重要手段。

20世纪40～60年代，世界许多国家如英国、丹麦、荷兰、瑞典、美国、加拿大、日本和苏联等国都十分重视人工授精的研究与运用，到70年代全世界人工授精猪的数量达1000万头，可见人工授精的发展已达到相当的水平。近年来，由于大规模的、高度集约化的现代化畜牧业的出现，更进一步促进了人工授精的应用和发展。在此期间，人们对冷冻精液进行了深入的研究，并开始应用于生产和育种实践。我国常温精液保存与应用，在20世纪70～80年代已在各省区普及，推广应用效果良好。广西畜牧研究所、广东畜牧研究所、北京畜牧站等单位先后进行了猪冷冻精液的试验研究，受胎率尚可，但产仔数偏低，要在生产中加以应用还需要进一步完善。

（二）人工授精的优缺点

1. 人工授精的优点

人工授精之所以被人们接受和广泛采用，是因为它同自然交配相比，具有以下优势：

（1）减少公猪的饲养数量和降低生产成本　一头公猪的一次射精量可以供多头母猪受精，根据精子的密度不同而异，一般可供10头左右的母猪使用。因此，采用人工授精，猪场中公猪的比例可由自然交配的1∶20左右降低到1∶50左右，明显降低饲养公猪所需的猪舍、饲料和劳动力。在小型猪场（母猪数少于10头），购买公猪精液进行人工授精与自己饲养公猪相比，可以显著降低成本。

（2）迅速改良猪群的遗传潜力　最优秀的公猪数量有限，在自然交配方式下众多猪场共同使用一头公猪是不可能的，但在人工授精方式下引进优秀公猪的精液，是迅速提高猪群性能水平的有效措施。

（3）提高猪场的生物安全性，减少疾病的传播　众所周知，猪场疾病传播的一条重要途径就是从外面引进后备猪。要保证猪场的安全，需采取严格的隔离、消毒措施，耗费大量的人力和物力，而采用人工授精可以大大减少引种猪的数量，减少引入疾病的可能。另外，采用人工授精也减少了猪只之间接触的机会。人工授精也不是万无一失，有些疾病还是可以通过精液传播。

（4）降低劳动力成本　给母猪实行人工授精的时间通常比自然交配和人工辅助交配所花的平均时间少。因此，配种时所需的劳动力投入减少。不过，采用人工授精在精液处理需要较多的人力投入，人工授精对劳动力的投入主要取决于每次采精配种母猪的头数，如果输精母猪的头数增加，那么每次输精的时间就减少，数量越多，节约的时间和劳动力就越多，在大型猪场中，人工授精对劳动力的节约更为明显。

（5）降低母猪的应激水平　自然交配对母猪尤其是初配小母猪

来说，是一个应激程度相当高的刺激，与此相反，人工授精的应激程度要低得多。因此，人工授精在降低应激程度方面比自然交配有较大的优势。

（6）鉴别不育公猪，提高受胎率　在人工授精中，所采用的精液可以通过检查评定鉴别出质量的优劣，而自然交配做不到这一点，所以从理论上讲，通过人工授精可以淘汰品质差的精液。不过，精液品质的精确评定需要专门的设备，在实际应用中不可能每次都对采集的精液进行准确的评定。

（7）克服公、母猪之间体格大小的差异带来的不利影响，充分利用良种公猪的杂交优势　一般情况下，成年公猪体重可达300～350千克，小母猪体重只有120～130千克，如果采取自然交配，公、母猪体重差别过大，母猪难以承受，容易造成配种失败。利用人工授精技术，只要母猪发情稳定，就可以忽略公、母猪体形大小的差异所带来的配种困难，根据需要适时配种，这样有利于优质种猪的利用和杂种优势的充分发挥。

2. 人工授精的缺点

人工授精和其他任何事物一样，除具有优点外，也有不足之处，现总结如下：

（1）培训技术人员　人工授精需要有专门的、熟练的专业技术人员才能达到满意的效果，任何一个环节的疏忽都会影响繁殖成绩。

（2）长期保存稀释精液有一定的难度　现在最好的猪常温保存精液仅能保存7天左右，冷冻保存技术还有待进一步研究才能在生产中应用。

（3）增加实验室设备和试剂成本　必须具备常用的设备如显微镜、消毒设施、各种器皿及试剂等。

（4）如果使用感染了疾病的公猪的精液，疾病传播的速度要比自然交配方式快得多　这是由于许多疾病可以通过精液传染，人工授精配种的母猪数量比自然交配要大得多，如果某头公猪感染疾病而监测不力，就可能造成疾病迅速扩散。

二、精液的生理特性

精液主要由精子、精清和胶质组成，其每次射精量一般为200～400毫升，精子密度$250\times10^6\sim350\times10^6$个/毫升，每次射精的总精子数400亿～500亿个。正常精液应为乳白色或灰白色，有较强的气味，刚采集的新鲜精液在显微镜下观察为云雾状。

新采出的精液偏碱性（pH值7.5，7.3～7.9），以后由于外界温度、精子代谢程度等因素的影响，pH值趋于下降，当精液有微生物污染或大量精子死亡时，由于氨气的增加而使pH值上升。

据观测，公猪的精液量与体重没有明显的关系，而总精子数与睾丸大小有关。睾丸大，则总精子数一般较多。公猪精液量和品质受品种、年龄、气候、采精方法、营养、体况、交配或采精频率等许多因素的影响。交配或采精频率越高，则精液量下降，未成熟精子的比例越高，精液品质下降。高温季节公猪的精液量和品质下降较寒冷季节快。

三、人工授精技术

（一）人工采精

采精是人工授精的重要环节，掌握好采精技术，是提高采精量和精液品质的关键。

1. 采精前的准备

采精一般在采精室进行。当公猪被牵引或驱赶到采精室时，能引起公猪的性兴奋。采精室应平坦、开阔、干净，少噪声，光线充足。采精人员最好固定，以免产生不良刺激而导致采精失败，要尽可能使公猪建立良好的条件反射。设立假母猪供公猪爬跨采精，假母猪可用钢材、木材制作，高60～70厘米、宽30～40厘米、长60～70厘米，假母猪台上可包一张加工过的猪皮。

（1）公猪的调教　对于初次采用假母猪采精的公猪必须进行调教，方法是：①在假母猪台后驱涂抹发情母猪的阴道黏液或尿液，也可用公猪的尿液或唾液，引起公猪的性欲而爬跨假母猪；②在假母猪旁边放一头发情母猪，引起公猪的性欲和爬跨后，不让交配而把公猪拉下，爬上去，拉下来，反复多次，待公猪性欲冲动至高峰时，迅速牵走或用木板隔开母猪，引诱公猪直接爬跨假母猪采精；③将待调教的公猪拴系在假母猪附近，让其目睹另一头已调教好的公猪爬跨假母猪，然后诱使其爬跨。总之，调教要有耐心，反复训练，切不可操之过急，忌强迫、抽打、恐吓。

（2）物品准备　应准备好集精杯（袋），以及进行镜检、稀释所需的各种物品，若采用重复使用的器材，在每次使用前应彻底冲洗消毒，然后放入高温干燥箱内消毒，亦可蒸煮消毒。

（3）采精人员的准备　采精人员的指甲必须剪短磨光，充分洗涤消毒，以消毒毛巾擦干，然后用75%的酒精消毒，待酒精挥发后即可进行操作。

2. 采精方法

猪人工采精的方法有电刺激法、假阴道法和徒手法，分别介绍如下：

（1）电刺激法　是将两极的探棒插入公猪的直肠并以低电压脉冲刺激生殖道的肌肉，诱发射精，即使阴茎没有完全伸直也可获得精液。这种方法对精子无害，但所得的精液比自然交配时要稀，且成功率不高，所以使用不多。该法可用于因腿伤不能爬跨而种用价值较高的公猪采精。

（2）假阴道法　采用仿母猪阴道条件的人工假阴道，诱导公猪在其中射精而获取公猪精液的方法。

假阴道的准备：假阴道由外壳、内胎、集精杯（瓶）、活塞（气嘴）、固定胶圈等部件构成。假阴道经正确安装后，通过注水、消毒、涂抹润滑剂、调压、测温等调试，具有适宜的温度、适当的压力和一定的润滑度。猪的假阴道长度为35～38厘米，内径为7～8厘米。使用前先将内胎和集精杯彻底洗净，然后安装内胎，消毒、冲洗，用漏斗从装气嘴的入水孔注入假阴道容积2/3的温水并保持其温度（38～40℃），同时借助注水和空气调节假阴道的压力，通过气嘴送气，使内胎壁口微呈三角的Y形为止。在假阴道内胎从里向外长2/3处涂上均匀的消毒过的润滑剂液体石蜡和凡士林。

采精时，采精员站在假母猪的右后侧，当公猪爬跨假母猪时将假阴道与公猪阴茎伸出方向成一直线，紧靠在假母猪臀部右后侧，迅速将阴茎导入假阴道内，让阴茎在假阴道内抽动而射精。射精时将假阴道由集精杯一端向下倾斜，以使精液流入集精杯内。公猪射精完毕从假母猪上滑下，假阴道随着公猪阴茎后移，同时将假阴道空气排出，阴茎自行软缩而退出假阴道。

利用假阴道采精的注意事项：①公猪射精只有在阴茎龟头被假阴道夹住时，才能使公猪安静；②假阴道要有压力，并且通过双连球有节奏地调节压力，以增加公猪的快感；③公猪射精时间长达5～7分钟，要调节假阴道的角度，防止精液倒流。

这种方法比较方便，但是由于公猪射精时间比较长，尿液和细菌容易通过包皮污染阴茎，从而污染精液，加之假阴道使用前后需要进行洗涤和消毒，费时费力，故现在很少使用。

（3）徒手采精法　是目前采集公猪精液使用广泛的一种方法。该法与假阴道法相似，采精员戴上消毒手套，蹲在假母猪左侧，等公猪爬上后，用0.1%的高锰酸钾溶液将公猪包皮附近洗净消毒，当公猪阴茎伸出时，导入空拳掌心内，让其转动片刻，用手指由轻至紧，握紧阴茎龟头不让其转动，待阴茎充分勃起时，顺势向前牵引，手指有弹性、有节奏地调节压力，公猪即可射精。另一只手持带有过滤纱布的集精瓶收集精液，公猪第一次射精完成，按原姿势稍等不动，即可进行第二、第三或第四次射精，直至射完为止。采集的精液应迅速放入30℃的保温瓶中，由于猪精子对低温十分敏感，特别是当新鲜精液在短时间内剧烈降温至10℃以下时，精子将产生不可逆的损伤，这种损伤称为冷休克。因此，在冬季采精时应注意精液的保温，以避免精子受到冷休克的打击不利于保存。集精瓶应该经过严格消毒、干燥，最好为棕色，以减少光线直接照射精液而使精子受损。由于公猪射精时总精子数不受爬跨时间、次数的影响，所以没有必要在采精前让公猪反复爬跨母猪或假母猪提高其性兴奋程度。

（二）精液品质检查

采得精液后，要迅速置于30℃左右的恒温水浴中，以防止温度突然下降对精子造成低温打击，要求动作迅速，取样具有代表性，评定结果力求准确，操作过程中不应使精液品质受到危害，对精液品质标准要进行综合全面的分析，确定精子是否可以用于保存或输精。

1. 感官检查

精液的感官评定非常重要，主要包括气味、颜色和体积。判定精液是否有异味，如混有大量尿液则会有尿味，有异味的精液不能用于输精，应及时淘汰。公猪精液正常的颜色应当是淡白或浅灰白色，精液乳白程度越高，精子越多。如色泽异常，说明生殖器官有疾病。如精液中出现异物、毛、血等，则说明精液已被污染，这样的精液也不能用于输精或保存，带血往往是由于在采精时伤及公猪的生殖器官或生殖器官疾患而引起的，而出现尿液则说明采精时温度不适当。公猪的平均射精量为250毫升，范围为150～500毫升，发现射精量过少，必须查明原因，只有都符合正常要求的精液才能做进一步的检查和处理。

2. 镜检

其主要内容包括精子活力、密度及精子形态的检查。

（1）精子活力的测定　精子的活力是指原精液在37℃下呈直线运动的精子占全部精子总数的百分率。测定方法是将一滴原精液滴在一张加热的显微镜载玻片上，显微镜工作台的温度应保存在37℃，采用五级评分法或十级评分法。五级评分法是：

五级：在视野中80％以上的精子呈直线前进运动，非常活跃，这样的精子评为五级，用“5”表示。

四级：在视野中有60％～80％的精子呈现比较活跃的直线前进运动，这样的精子评为四级，用“4”表示。

三级：在视野中有40％～60％的精子呈现活跃的直线前进运动，这样的精子评为三级，用“3”表示。

二级：在视野中有20％～40％的精子呈直线前进运动，这样的精子评为二级，用“2”表示。

一级：在视野中有不多于20%的精子呈直线前进运动，这样的精子评为一级，用“1”表示。

在视野中无前进运动的精子，则不分级，用“0”表示。

至于十级评分法，分为0～0.9分。视野中90%以上的精子作直线前进运动评为0.9分，80%作直线前进运动评为0.8分，其余的以此类推。好的精液在90%以上。十级评分法简明易掌握，应用较普遍。

由于精子的活力受环境条件的影响很大，为了得到客观、准确的结果，在评定时应注意如下方面：①检查活力时应保存在恒温条件下进行；②不要让阳光直接照射到精液样品上；③远离易挥发的化学物质或消毒剂；④要多看几个视野，把各个视野的评定分数加在一起，求出平均数；⑤在评定活力时一定要采用原精液，因为稀释后的精液会因使用不同的稀释液或稀释倍数而对精子的活力产生影响，得出错误的结果。

(2) 密度的测定　最常用的方法是白细胞计数器。用白细胞吸管吸精液至刻度“05”(稀释20倍) 或者“0”(稀释10倍)，然后再吸3%的氯化钠溶液至刻度“11”，用拇指及食指分别按住吸管的两端，使精液和3%的氯化钠溶液充分混合，然后弃去吸管前端数滴，将吸管尖端放在计算板与盖玻片的空隙边缘，使吸管中的精子流入计算室，充满其中。计算板的面积为1毫米^2，由刻度分成25个正方形大格，共由400个小方格组成。在计数板上根据均匀分布的原理，计数五个大格 (80小方格) 内的精子数，计算时以精子的头部为准，采用的是“计左不计右，计上不计下”的原则。选择的五个大方格应位于一条对角线上或四角各取一个，再加上中央一个。求出五个大方格的精子数目后，根据下列计算公式计算出1毫升精液中精子的数目。

1毫升原精液内的精子数＝5个大方格内的精子数×5(整个计算板25个大方格内精子总数)×10(1毫米^{3}内精子数，计算板的高度为1/10毫米)×1000(1毫升精液内的精子数，1000毫米^{3}为

1毫升)×稀释倍数

为了减少误差，应连续检查两个样品，如果所得结果相差较大，应再做第三次检查。

计算板法虽然比较准确，但费工费时，在生产条件下不便采精后都做检查，现在已经有了自动化程度很高的专门仪器，将分光光度计、电脑处理机、数字显示或打印机匹配，只要将一滴精液加入分光光度计中，就可以很快得到所需的精子密度和精子总数。

正常精液精子密度平均为2.5亿个/毫升（1亿～3亿个/毫升之间），镜检看精子密度高的精液往往呈云雾状。

（3）精子形态检查　正常的精子形态像蝌蚪，形态异常的活力不高。为了保证受胎率，必须检查精子的形态。

精子畸形一般分为四类：①头部异常，头部巨大、瘦小、细长、圆形、轮廓不明显、皱缩、缺损、双头等；②颈部异常，颈部膨大、纤细、曲折、不全、带有原生质滴、不鲜明、双颈等；③尾部异常，弯曲、曲折、回旋、短小、长大、缺损，带有原生质滴、双尾等；④顶体异常，顶体不完全、异型等。在正常的精液中，总的畸形率应低于25%，其中，头部畸形率不超过5%，顶体畸形率也低于5%，精子体部畸形率（原生质滴）为10%，尾部的畸形率为5%。

计算精子的畸形率，方法是取少量精液，迅速做成抹片，用红蓝墨水染色3分钟，在高倍镜（>600倍）下进行检查，观察精子总数不少于500个，并计算出畸形精子的百分率。

公式为：畸形精子百分率=畸形精子总数/500×100%

精液中大量畸形精子出现时，表明：①精子的生成过程受到破坏；②副性腺及尿道分泌物的病理变化；③由精液射出起至检查过程中，没有遵守技术操作规程，精子遭到外界的不良影响。具体说来，造成卷尾、双尾等尾部异常的精子是由于遗传因素所致，对这类的猪只应予于淘汰。尾部曲折是由于精子受到温度（冷或热）、酸碱度突然改变的打击所致，无尾精子是由于机械应激或渗透压的突然改变，出现这类问题应对整个采精及其操作过程进行分析。原生质滴位于精子头尾交界处，是由于精子的成熟度不够或公猪使用过度造成的。

（三）精液的稀释和保存

精液经检查合格后，尚需经过稀释、分装、保存和运输等过程，最后用于输精。精液稀释是在精液里加一些配制好的、适宜于精子存活的并保存精子受精能力的溶液。在早期的人工授精中，精液稀释的目的是单纯为了增加精液的容量，以便为更多的母猪输精，从而提高公猪的配种效能。现代的人工授精，精液稀释不仅要增加精液的容量，还应能使精液短期，甚至较长期地保存起来继续使用，更便于长途运输，从而大大提高了优秀公猪的繁殖率。一头公猪每次射精所获得的精子数远远大于授精所要求的精子数，大约多15～30倍。

1. 稀释液的成分

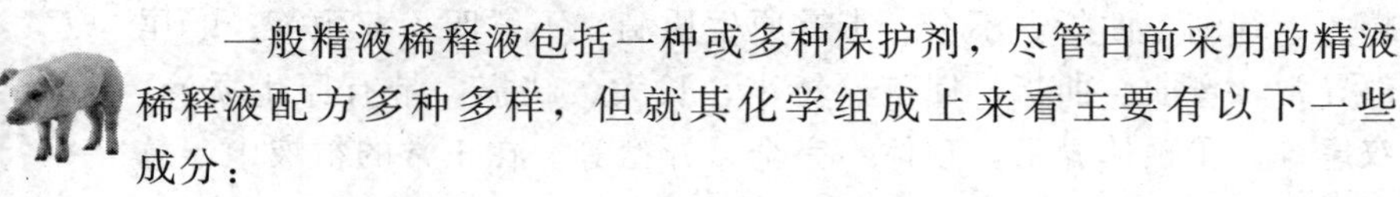

一般精液稀释液包括一种或多种保护剂，尽管目前采用的精液稀释液配方多种多样，但就其化学组成上来看主要有以下一些成分：

（1）营养剂　减少精子自身能量消耗，以便延长精子寿命，一般为糖类，如葡萄糖、果糖。

（2）稀释剂　主要扩大精液容量，这类物质必须与精液具有相同的渗透压，一般采用等渗的氯化钠、葡萄糖、果糖、蔗糖以及某些盐类溶液。同时，应维持较固定的温度。

（3）保护剂　降低精液中的电解质浓度，起缓冲作用，一般用于缓冲的物质有柠檬酸钠、磷酸二氢钠、磷酸二氢钾等。

（4）抗生素　阻止细菌生长，常用抗生素有青霉素、链霉素、庆大霉素、林肯霉素、氨苯磺胺等。

2. 稀释液的配制

猪精液常温保存常用的稀释液种类很多，如EDTA、Gueiph、BTS、Zorpva、Reading等。

可以根据保存期的长短要求选择配方，配制时各种成分称量务必准确，如果不能保证称量准确，最好采用配制好的商品稀释液，在室温条件下保存期达 6 天，精子活力 0.5 级以上。

稀释液在溶解后 1 小时内，其 pH 出现明显的波动，到约 1 小时后才达到平衡，且 pH 的变化会对精子造成不利的影响，建议稀释液宜在使用前 1 小时配制好。

3. 精液的稀释和稀释倍数

在公猪的一次性射精的精液中，包含的精子数远远多于一头母猪受精所需的数量。可将精液稀释多倍，供多头母猪输精用。如果已测得精子密度，那么可按比例稀释，以要求稀释后每毫升稀释精液含 1 亿个精子为原则进行稀释。如果密度没有测定，稀释倍数一般以 2～4 倍为宜。

精液稀释应在精液采出后尽快进行，因为新鲜精液不经稀释不利于精子存活，特别是当室温较低时，精子容易受到低温刺激，甚至出现温度性休克。所以在采出精液后，应注意保温，使集精瓶的温度在采精后维持在 30℃左右，精液与稀释液的温度必须调整到一致，一般是将精液与稀释液置于同一温度（30℃）中，温度相同后即可进行稀释。方法是将一定量的稀释液沿杯壁缓慢倒入精液杯中，轻轻摇匀，如果稀释倍数大，先进行低倍稀释，防止精子所处的环境的突然改变，造成稀释打击。

4. 精液的保存

精液稀释后即进行保存。按保存的温度，可分为常温（15～25℃）保存、低温（0～5℃）和冷冻（－196～－79℃）保存三种。前两者的保存温度均在 0℃以上，以液态的形式保存，故称液态精液，后者远远低于 0℃，精液冻结，故称冷冻精液。无论哪种保存方式，都是以抑制精子的代谢活动、延长精子的存活时间而不丧失授精能力为目的。不过，到目前为止，只有牛的冷冻精液得到普及应用，猪的冷冻精液受胎率仍然偏低，还不能在生产中广泛应用。再者，冷冻精液必须具备成套设备，投资较大，而公猪精液的低温保存不如常温保存效果好。因此，精液常温保存在生产上具有很大的实用价值。

精液常温保存的原理是利用酸抑制精子的代谢活动，而不是通

过温度达到这一目的。因为在中性和弱酸性的环境中，精子代谢正常，当降低到一定的酸度后，精子的活动受到抑制，在一定 pH 范围内，这种抑制是可逆的。当 pH 恢复到 7 左右时，精子可以复苏；如果 pH 继续降低，超出此范围，则出现不可逆抑制。研究结果表明，不同的酸类对精子发生抑制的 pH 区是不同的。一般认为，有机酸较无机酸为好，容易产生抑制，而且可逆性抑制区较宽阔。

加入稀释剂混合均匀后，即可存放、备用，直至稀释剂失效期为止。常温保存的温度虽然允许有所变化，但以 16℃左右为最佳，可保存较长的时间。在精液存放阶段，精子多沉淀在容器的底部，因此，通常每天要将容器倒置 1～2 次，以保证精子均匀地分布在稀释液中。

总之，在精液稀释和保存过程中，以温度、pH 值、渗透压等变化最小为好。

(四) 精液的运输

精液运输时应该注意以下事项：

① 运输的精液应附有详细的说明书，标明站名、公猪的品种和编号、采精日期、精液剂量、稀释倍数、精子活力和密度等。

② 运输过程中应防止剧烈的震荡和温度变化过大。

③ 低温保存的精液，应加冰维持低温运输；常温保存的精液，也应维持较固定的温度。

(五) 输精

输精是人工授精的最后一个环节，也是最重要的技术之一。能否及时、准确地把精液输送到母猪生殖道的适当部位，是保证受胎的关键。输精前应做好各方面的准备，确保输精的正常实施。

1. 输精前的准备

(1) 母猪的准备　母猪经发情鉴定后，确定已到输精时间，将其牵入保定栏内保定，尾拉向一侧，阴门及其附近用温肥皂水擦洗干净，再用消毒液消毒，最后用温水或生理盐水冲洗擦干。

（2）器械的准备　输精器械经清洗消毒后，再用稀释液冲洗干净才能使用。每头母猪准备一个输精管。

（3）精液的准备　新鲜精液经稀释后进行品质检查，符合标准方可使用。常温和低温保存精液需轻轻振荡后升温至35℃，镜检精子活力不低于0.6；冷冻精液经解冻后精子活力不低于0.3方可使用。

2. 输精时间

母猪发情后24～30小时开始排卵，排出的卵子在输卵管内保持受精能力的时间为8～12小时，交配后的精子到达输精管上端需要2～5小时，精子在母猪生殖道内保持受精能力的时间为25～30小时。

输精时间应在排卵之前6小时为宜。在实际工作中常用发情鉴定来判定适宜输精时间。母猪在发情高峰过后的稳定时期，接受压背试验时，或从发情开始后第二天输精为宜。根据老母猪发情期短，年轻母猪发情期略长的情况，宜"老配早，少配晚，不老不少配中间"。

3. 输精方法

先在输精管涂以少许稀释液使之润滑，一手把阴唇分开，把输精管插入阴道，略向上推进，然后平直地慢慢推进，边旋转输精管边插入，经抽送2～3次，直至不能前进为止，初产母猪进深为15～20厘米，经产母猪为25～30厘米。借助压力或推力缓慢注入精液，当有阻力或精液倒流，可将输精管抽送、旋转后再注入精液。一般输精时间为3～5分钟，输精完毕，缓慢抽出输精管，并用手掌按压母猪腰荐结合部，防止精液倒流。为提高猪的繁殖率，间隔8～12小时后再输精一次。

4. 输精量和精子数

每头母猪每次输精量为20～40毫升，有效精子数达20亿～30亿个以上，可以保证良好的受胎率。

第六章　猪的饲养管理

发展养猪业，必须加强对各种类型猪的饲养管理，依据种公猪、妊娠母猪、空怀母猪、后备猪和仔猪的不同生理特点、生长和生产的需要，在生长发育阶段对客观条件的要求，实行科学饲养管理，才能把猪养好。

第一节　种公猪的饲养管理

养好种公猪，做好母猪的配种，是集约化养猪场的一个重要生产环节。养好种公猪就是使其健康、活泼、强壮、保持旺盛的性欲，以获得最好的精液品质，提高猪的配种能力。种公猪的品种与质量好坏对整个猪场内猪群生产性能影响很大，对每窝仔猪数的多少和优劣也起着相当大的作用。优良种公猪能将其优良的生产性能（日增重、胴体瘦肉率等）遗传给后代，对提高整个猪群的生产水平起着重要作用。种公猪的饲养管理包括后备公猪的饲养管理与调教和种公猪的饲养管理两个方面。

一、后备公猪的饲养管理与调教

随着养猪业的发展，猪的经济杂交与人工授精技术得到广泛的推广应用，由于采用人工授精，增加了良种公猪的利用率，加速了猪种改良，提高了生产力，有力地促进了商品猪生产的发展。在生产实践中，一些群众因缺乏一定的专业技术知识，往往忽视种公猪特别是后备公猪的饲养管理与合理的调教使用，如营养供给不足、饲养管理不当、早配、良种本交等，从而使母猪受胎率、窝产仔数、仔猪初生重及仔猪品质等生产性能下降，严重影响了正常生产，因而加强后备公猪的饲养管理，对保证其顺利调教与适龄初配、提高配种效率和繁殖率、延长种用年限等十分重要。

（一）养好后备公猪的重要性

后备公猪是指出生4月龄至初配前的生长公猪。后备公猪是发展生猪生产的后备力量，担负着替换老化、生产性能低下的配种公猪的任务，为了得到发育良好、体格健壮、具有典型品种特征和高度种用价值的种公猪，养好后备公猪具有十分重要的意义。

后备公猪正处在生长发育阶段，性成熟后，其性欲的强弱与年龄、体重、体质体况等因素有很密切的关系。如果这些因素不协调统一，就会影响后备公猪的顺利调教，达不到适龄初配的要求，从而延缓了投产时间，增加了生产成本。俗话说“母猪好，好一窝；公猪好，好一坡。”这句话高度概括了养好后备公猪的重要性。

（二）后备公猪的饲养管理

1. 合理的营养

后备公猪生长发育快，培育品种一般4月龄可达35～40千克，主要是生长肌肉和骨骼，对蛋白质、矿物质和维生素的需要比较多。因此，对后备公猪应给以丰富而全面的营养，对其迅速生长和性早熟很有利，日粮中除应给以足够的能量饲料，如玉米、稻谷、米糠等外，还要供给富含蛋白质的饲料，如豆饼、菜籽饼、鱼粉、麦麸等，并供给一定量的青绿饲料，以保证维生素A、维生素D和维生素E的获得。另外，还应加入适量的骨粉、食盐等以补充矿物质。值得注意的是，在后备公猪调教前的1～2个月更应保证高蛋白质饲料及维生素青料的充足供应，但青饲料及粗饲料的喂给要适量，如长期过多地喂给会使公猪形成草腹大肚，妨碍将来采精配种。

2. 后备公猪的饲养

体重30～60千克，投喂后备生长猪饲料，自由采食；体重

60～100 千克，投喂后备种猪饲料，自由采食；100 千克后，饲料限量饲喂，每天 2.5 千克左右，另外每天供应 1～2 千克青饲料；禁止投喂发霉变质的饲料和棉籽饼粕、菜籽饼粕。

3. 后备公猪的管理

① 5 月龄以前实行群养，培育正常性行为和协调配种反应；5～10 月龄实行单栏饲养，公猪舍面积每栏不少于 7～8 米²。适当增加与性成熟母猪的接触次数。

② 猪舍适宜温度为 15～22℃，最高不得超过 28℃。相对湿度控制在 60%～75%。

③ 猪舍内地面应防滑，坡度 2%；应设置运动场，采取泥地运动，每天运动 1 小时左右，行程不少于 1 千米。夏季在清晨和傍晚进行，冬季在午后进行。运动场要求地势平坦。

④ 后备公猪达到 200 日龄后开始调教，让其观察成年公猪配种全过程，与经产母猪进行爬跨训练，反复调教。

⑤ 免疫与保健：3 月底前免疫乙型脑炎疫苗（蚊虫出来之前），同时做好猪瘟、伪狂犬病、蓝耳病、圆环病毒病、口蹄疫病、细小病毒病等疫苗的免疫，免疫后进行抗体监测。

⑥ 驱虫、皮肤病防治及皮肤刷拭：后备公猪体重达到 30～35 千克应进行第一次驱虫，以后可酌情再驱虫 1～2 次。有些后备公猪患有严重的皮肤病及外寄生虫病，应及时加以防治，并对圈舍进行严格的消毒，调教前应将皮肤病治好。要经常刷拭公猪皮肤，每天定时刷拭 1～2 次，热天结合淋浴冲洗，以保持皮肤清洁，促进血液循环，并能加强性活动，提高性欲。还可以培养公猪与人接近的习惯，使之保持性情温顺，以利于将来顺利调教，同时还要训练公猪形成吃食、睡觉、排便三点定位的良好习惯。

（三）后备公猪适宜的调教时间

公猪的性成熟与许多因素有关，如品种、饲养管理条件等，地方品种 2～3 月龄即有性欲表现并可产生精子，而培育品种约 4～5 月龄达到性成熟，刚达到性成熟的后备公猪还不宜用作种用，与配母猪虽有可能受胎，但由于后备公猪正处在生长发育的旺盛期，早配会妨碍其自身发育，缩短公猪的利用年限，授配母猪所产仔猪往往少而弱小，生长缓慢，对生产不利。如调教过晚，公猪体格偏大，性情粗暴容易伤人，给调教工作带来困难。适宜的调教时间是大型晚熟品种（如培育品种苏白猪、大白猪等）应在7月龄左右，体重达到110千克以上；小型早熟品种（如地方猪种坪地黑猪）应在5月龄，体重达到50千克以上时开始调教。

（四）后备公猪的调教

1. 调教前的准备

（1）制作采精架　可用圆木料制成，然后安装固定在采精室里，采精架不宜安得过高，其制作规格如图6-1所示。

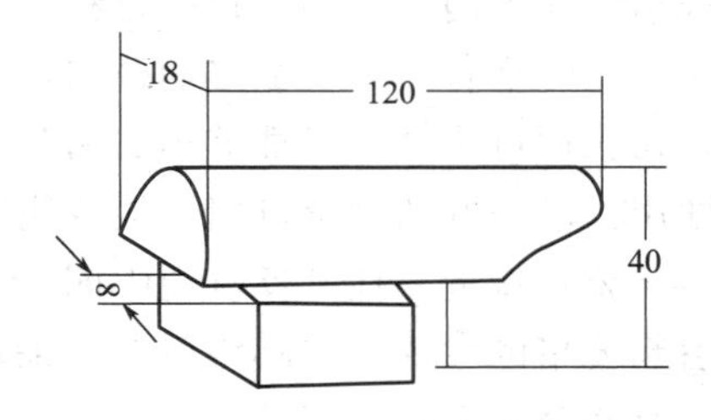

图6-1　种公猪采精架构造图（单位：厘米）

（2）修建采精室　采精室的大小应以3米×3米为宜，太小不利于公猪转身，影响采精操作；过大不仅浪费空间，而且空旷的房间还会使公猪产生不安全感，神经紧张，精力分散，降低性冲动强度而不爬跨，同时公猪可能乱走乱拱难以走近假母猪，影响公猪爬跨射精。

（3）采精架的安置　安置采精架时，前端应抵墙或距墙20厘米左右，右侧距墙40厘米，左侧供采精员操作（指右手操作者），后端可对着采精室的进门，然后将采精架固定牢固，使之不能摇动。以水泥固定较好，这样公猪只能在后端爬跨，身体也不容易随意转动，调教时只要稍加强迫即可爬上采精架。为了减轻公猪爬跨时后肢对体重的负担，减少体力消耗，保护蹄部，采精架两侧应钉上踏板或其他支撑物，使两前肢能踏在上面。

采精室修好后应固定下来，采精架一旦安装就不宜经常变动，便于公猪建立条件反射，同时应注意采精室要保持安静的环境，修建前均应加以考虑。

2. 训练爬跨和采精

训练公猪爬跨采精的方法很多，多年来笔者均采用鲜猪皮诱导爬跨调教。具体方法是：临调教前，剥一块带尾巴的猪皮（用20千克左右的小猪剥皮亦可），底面擦上食盐或生石灰以防腐臭，然后钉在采精架上使之变成母猪仿真形态即成为假母猪，前部可用麻袋盖上只露出尾部，并准备好发情母猪尿液或阴道分泌物，必要时用以诱导爬跨。

将公猪赶入采精室关上门，让其接近假母猪，经过嗅闻，人为刺激公猪阴部等一系列性准备后，性欲强的公猪，即会很快引起兴奋而爬跨假母猪，初次便可采精。对性欲稍弱的公猪，可能一时无性欲表现，可随即用已准备好的发情母猪尿液或阴道分泌物涂在假母猪的臀部，然后让公猪接近，任其反复地嗅闻，此时要反复揉摸公猪阴部，也能引起公猪的性欲，并爬跨射精。采精完毕后，应让公猪嗅闻副性腺，有些公猪还吞食副性腺，之后立即将公猪赶回圈舍休息，不要让公猪再爬跨假母猪。初次调教采精后要连续采精五天，停止采精休息一天再采精，通过几天的巩固后，公猪的调教即告成功，以后便可投入正常的配种。

3. 调教公猪应注意的几个问题

① 调教人员必须具有熟练的采精操作技术，力求一次调教成功。

② 为使调教更易成功，调教前后备公猪最好不予本交，使之无交配史，调教前2～3天还可用激素药物对后备公猪催情，以进一步提高其性机能，药物催情对性欲稍弱的公猪尤为适用。

③ 调教成功后，采精时间应该固定，每天采精最好在上午8～9时喂料前采精，以便使公猪形成固定的条件反射。

④ 调教用鲜猪皮要现剥现用，调教使用数天后，猪皮要腐败变臭，此时可取下后只盖麻袋，只要将发情母猪尿液或阴道分泌物涂

在假母猪臀部或用纱布沾湿后钉在下面，也能诱导公猪兴奋爬跨。

⑤ 调教时不要用木棍抽打公猪，公猪生病需要治疗时，采精人员不宜亲自动手，以免造成公猪恐惧，影响以后正常采精。

二、种公猪的饲养管理

在采用人工授精技术的情况下，公猪淘汰的首要影响因素是精子质量和年龄（频繁的公猪更换是为了加速遗传改良的步伐），肢蹄病以及性欲的降低也是考虑的重要的因素。营养过剩必然引起体重过重，其结果是公猪容易发生肢蹄病以及性欲降低，缩短使用年限。

生产实践中发现，公猪年龄在 24～29 月龄时，其精液量、精子密度最大；12～35 月龄时，其精子的产量相对稳定；年龄小于 9 月龄时，精子产量较少。为了保证公猪在使用期内精子产生的数量和质量，以及保证公猪旺盛的性欲，减少肢蹄病引起的淘汰率，延长其使用寿命，日粮营养的合理供给值得养猪业主用心关注。

成年种公猪在正常情况下每次配种射精量平均为 250 毫升，最高者可达 700 毫升以上，射精量高于其他种公畜。种公猪交配时间长，一次爬跨配种时间一般为 5～10 分钟，时间长的可达 20 分钟以上，比其他家畜配种时间长得多。因此，种公猪在交配过程中消耗体力和精力很大，精液中蛋白质比例也大，占干物质的 60%以上。蛋白质、氨基酸是精液和精子的物质基础。蛋白质、氨基酸不足将会影响公猪产生的精子数量和质量以及其性欲（以射精持续时间的长短及发动射精所需的时间长短作为衡量是否性欲旺盛的标准）。一般认为，种公猪要保持良好的状态，其日粮营养水平应至少达到：日粮粗蛋白占 14%～14.5%，赖氨酸 0.68%，蛋氨酸+胱氨酸 0.44%。常年配种的公猪，应经常保持较高的营养水平，以保持其旺盛的配种能力；实行季节性配种的公猪，于配种前一个月就应逐渐增加营养。配种旺季还要另外加蛋白质，特别是动物性蛋白质，以保证种猪的体质。配种季节过后，可逐步降低营养水平，但应保持满足其维持种用体况的营养需要。

维生素与种公猪健康及其精液品质关系密切。日粮中如缺乏维生素A，种公猪性欲不强，精液品质不好，甚至不形成精子，生殖机能减退或完全丧失。如缺乏维生素D，会影响猪对钙、磷的吸收利用，间接影响精液品质。如缺乏维生素E，则睾丸发育不良，产生弱精子和畸形精子，受精力减退。缺乏维生素B_1和维生素B_2时，将引起睾丸萎缩，性欲减退。优质青绿多汁饲料如胡萝卜、南瓜、青玉米、鲜瓜秧等含丰富的维生素A、维生素E、维生素D，发芽大麦等含有大量B族维生素。种公猪日粮中每日补充适量的青绿多汁饲料或添加复合维生素饲料，就不会缺乏维生素。冬、春季节，如果每天结合公猪驱赶运动，给公猪晒太阳，阳光中的紫外线可使皮下的7-脱氢胆固醇转化成维生素D_3，这样种公猪就不会缺乏维生素D。

矿物质对种公猪健康与精液品质也有较大影响。日粮中缺乏钙，精子发育不全，活力不强；缺乏磷会导致生殖力衰退；缺乏锰会产生异常精子；缺乏锌会使睾丸发育不良，精子不能形成；缺乏硒会引起贫血、心脏水肿、精液品质下降、睾丸萎缩退化。青绿饲料与各种青干草中含钙较多，糠麸类饲料中含磷较多。除在配合饲料中加入一部分外，日粮中还要加入一定数量的骨粉、蛋壳粉和碳酸钙等矿物饲料。

猪圈中垫土或进行放牧时，一般不易缺乏微量元素等营养。水泥地面的猪舍圈养种公猪，又不垫土，日粮中就应补足复合微量元素添加剂，以免种公猪缺乏矿物质元素导致配种质量下降，甚至衰弱死亡。

种公猪日粮应使用多种饲料，并且适口性要好，容积不能过大，防止吃多后产生垂腹现象，影响配种。饲喂种公猪应定时、定量，防止一次喂量过多，应用生料干喂或颗粒料撒喂，也可用生拌料稠喂方法，供给充足饮水，每日饲喂3次。

1. 种公猪的管理

经常保持猪舍的清洁干燥，阳光充足，空气流通，冬暖夏凉，使其有良好的生活环境，还要做好以下几方面工作：

（1）加强运动　适当合理的驱赶运动可以促进公猪食欲，增强体质，增进繁殖机能。在非配种季节要加强运动，配种季节适当运动。一般上、下午各运动一次，每次1小时，速度不可太快。有条件的可结合放牧运动，夏天在早、晚进行，冬、春季节宜在中午进行，严寒或酷热天气应停止运动。

（2）定期刷拭　经常刷拭也能使种公猪性情温顺，便于采精和防疫注射等。最好每日用硬毛刷或竹扫帚对猪身体刷拭1～2次，去除体表污物，防止皮肤病和体外寄生虫病（如猪虱、疥癣）。重要的是通过刷拭皮肤，可促进血液循环和新陈代谢。炎热夏天，每日可让种公猪在浅水洗浴1～2次或用水喷淋降温一次。

（3）定期修蹄和称重　注意整修种公猪的蹄子，以利配种，还可防止爬跨配种时划伤母猪。每半个月或1个月对种公猪称重一次，通过称重了解体重变化，以便调整日粮营养水平，保持其中等的良好种用体况。对体重过大的大型种公猪，为防止自然交配时造成压伤，要建立配种架，人工辅助配种。

（4）定期检查种公猪精液质量　无论是自然交配还是人工授精，对配种的种公猪都要定期检查精液品质，包括精子密度、活力和精液量、色、味等。在配种期和准备配种期，每3～5天检查一次，发现异常的死精、弱精的种公猪应淘汰不用，加强饲养管理，也为调整营养、运动和配种强度提供依据，使之健康成长，充分发挥其良好的配种效果。

（5）实行单圈饲养，防止跳栏打斗及自淫现象　成年种公猪单圈饲养，距母猪圈要远，圈墙要高而坚固，栏门要严密结实，这样也可防止发情母猪逗引和其他种猪配种对其干扰，使种公猪安静休息，采食正常，预防公猪咬斗事故和公猪自淫现象的发生。在出圈运动和配种时，要防止两公猪或公母猪圈外相遇，尽量减少种公猪咬斗事故发生，以利配种繁殖工作。

（6）日常管理规范　对种公猪要建立一个正常的日常饲养管理规范，以此来有条不紊地安排好种公猪的饲喂、饮水、运动、刷拭、采精、休息等，使种公猪养成良好的生活规律，保持良好的健康状况，提高配种能力，延长种公猪的利用年限。

2. 种公猪的合理利用

种公猪利用好坏不仅关系到它的配种能力、配种效果，还影响其利用年限。

（1）适宜配种年龄与体重　小公猪配种年龄因品种、气候和饲养管理条件不同而有区别。地方品种为8～10个月，体重60～80千克；国外引进品种和培育品种初配年龄在10～12个月，体重90～100千克时配种较好。配种过早、过度都会使公猪本身生长发育迟缓，利用年限缩短，同时也影响到后代的质量。配种过晚的种公猪体重大，配种不便，性欲也不旺盛。

（2）种猪配种强度与利用年限　过度配种，如一天配3次或2次以上，种公猪利用过度，体力消耗大，会显著降低精液品质，使受胎率下降。反之，长期不配种的公猪其运动不停，性欲减退，精液品质也差，造成母猪不易受孕。一般初配种公猪每周配种2～3次为宜，成年种公猪每天配种一次。如行重复配种，对同一母猪每天上、下午各配一次，两次配种间隔在8小时左右。连续配种1周，则要休息一天。合理配种的公猪一般可利用2～3年，优秀良种公猪可利用4～5年。

（3）公、母猪比例　养猪场中，公、母猪的比例要适应猪场规模和性质。猪场中母猪比例过大，可造成公猪负担过重，影响公猪体质和配种力；反之，比例过小则造成公猪浪费。实行季节性产仔的自繁复配猪场，公、母猪比例以1∶20为佳；分散产仔的猪场，公母猪比例以1∶30为佳。大规模的良种猪场实行人工授精技术，一头良种公猪每年可负担1000头母猪的人工授精配种任务。一个猪场有2～3头种公猪，进行双重交配，其母猪准胎率将比1头种猪单配要好。

（4）公猪配种期的管理　配种场地要平坦，远离猪舍和人群，环境安静，不受干扰，使种公猪集中精力，及时准确配种。种公猪配种后，不要立即饮冷水和洗浴，以防激发疾病。饲喂前后1小时内不宜配种。初配种猪应在人工辅助下选择性情温顺的母猪配种，可以训练种公猪的配种能力。在配种后要做好配种记录，保证母猪准胎和鉴定公猪的配种能力。

第二节　后备母猪的饲养管理

仔猪育成结束至首次配种阶段是后备母猪的培育阶段。猪场要取得良好的经济效益，对后备母猪的选育及能繁母猪科学的饲养管理是非常重要的。只有体格健壮且母性好的母猪，才能在增加产活仔数的同时，哺乳出好的断奶仔猪，提高仔猪成活率，增加经济收入。

一、后备母猪的选留

（一）从本场自繁自养的后备母猪中选留

① 从繁殖性能高的母猪的后代中选留，同胎至少 9 头以上，身体健康，本身及同胞无遗传缺陷（如脐疝、锁肛等）。

② 符合品种特征，体形匀称良好，肢体健壮，背线平直，面目清秀。

③ 外生殖器发育良好。

④ 至少有 6 对发育良好、分布匀称的有效乳头，无瞎乳头、翻乳头及无效乳头等，其中 3 对要在脐部以前。

⑤ 无特定病原体（如萎缩性鼻炎、猪的繁殖与呼吸综合征、气喘病）。

（二）引进后备母猪的处理

① 引种前应将隔离圈舍进行彻底清洗、消毒，并且空圈至少 1 周。进猪前应准备一些常用药品，如安乃近、安钠咖、电解多维等。

② 要在无疫区和无疫病的猪场选购。装猪前，先用 0.2％火碱溶液对运输车辆进行彻底消毒，再用适量清水冲洗，以防火碱溶液烧伤猪皮肤。

③ 猪进场后，应对猪及运输车辆进行消毒，然后进入隔离舍，进行隔离饲养 30 天。

④ 猪只下车后，应休息 1 小时后再适量供给加入电解多维的饮用水。2 小时后，可少量喂料。5～7 天内不能过量饲喂，待猪只完全适应环境后再恢复正常饲喂。为防止应激引发的疾病，可在饲粮中添加预防药物，如（呼诺玢 1 千克＋土霉素 200 克)/吨，连续饲喂 1～2 周，同时添加抗应激药物。

⑤ 猪只到场 10 天后，应按本场内的免疫情况注射伪狂犬、猪瘟、乙型脑炎、细小病毒、口蹄疫等疫苗。两种疫苗的免疫一般间隔 4～7 天，以防造成免疫应激和疫苗之间互相干扰造成免疫失败。

二、后备母猪的培育

后备母猪培育应根据各品种后备母猪的生长发育规律和目标要求定向培育。在 3～5 月龄前要注意饲料营养中蛋白质的水平与质量，给予良好饲养与饲料，使其骨骼和肌肉均能得到充分发育。在 5 月龄后则可以适当降低精料量，并增加青粗饲料的供给，而总的饲料营养水平不可降得过多。于 6 月龄后性成熟初配前，再给予较高的营养水平。可施行“短期优饲”的饲养方式，使后备母猪既得到充分生长发育，又不致过肥，而体质健壮结实。应当避免用育肥猪“吊架子”的方法，即生长前期饲料供应少、蛋白质水平低，生长后期为达体重指标增加营养。这样做虽然达到预期体重，但骨骼、肌肉发育差，结果育成体躯短粗、肥胖、体质不良的肥猪体形，则失去种用价值。因此，培育后备母猪必须多喂优质青绿多汁饲料及优质干草粉，促进肌肉、骨骼发育，增大母猪胃肠容积，为将来哺乳期增大采食量、满足哺乳期营养需要打下基础。

三、后备母猪的饲养

30～60 千克投喂后备母猪前期饲料，60～140 千克投喂后备母猪后期饲料。100 千克以前实行自由采食，100 千克后限量饲喂，日投喂 2.3～3 千克，分 2 次投喂，日投喂青饲料 1.5～2 千克。需要特别注意的是，后备母猪在第一个发情期应开始挂牌记录，要安排喂催情料，比规定料量多1/3，配种后料量立减到1.8～2.2千克。限食期间日粮增加大容积原料（如麸皮），粗纤维7%～9%。禁止使用变质和发霉饲料，饲料中应添加防霉剂。后期应控制母猪膘情，以七八成膘为宜，防止过肥或过瘦。

四、后备母猪的管理要点

① 后备母猪体重未达到100千克前实行群养，每栏4～6头，每头占地面积2米^{2}左右。体重达100千克后转入配种栏单栏饲养。

② 猪舍适宜温度为15～22℃，最高不超过28℃。相对湿度控制在60%～75%。

③ 母猪舍地面要求干燥、平整、防滑。

④ 仔细观察初次发情期，以便在第2～3次发情时及时配种，并做好记录。

⑤ 凡进入配种区超过60天不发情的后备母猪应淘汰。

⑥ 对患有气喘病、胃肠炎、肢蹄病的后备母猪，应隔离单独饲养在一个栏内；此栏应位于猪舍的最下风向，观察治疗两个疗程仍未见好转者，应及时淘汰。

⑦ 进入配种区的后备母猪每天用公猪试情检查。

⑧ 监测抗体，做好乙型脑炎、细小病毒、伪狂犬、蓝耳病、圆环病毒、口蹄疫等疫苗免疫接种工作。

⑨ 引进后备母猪2～3周后进行1次驱虫，转入配种舍后再进行1次驱虫。

⑩ 定期进行猪群保健。

⑪ 以下方法可刺激母猪发情：调圈、混群；加强光照；与不同的公猪接触；进行适当的运动；加喂适量青绿饲料。

五、后备母猪的初配年龄和体重

后备母猪生长发育到一定年龄和体重，便有了性行为和性功能，称为性成熟。后备母猪到达性成熟后虽具备了繁殖能力，但猪体各组织器官还远未完善，如过早配种，不仅影响第一胎的繁殖成绩，还将影响猪体自身的生长发育，继而影响以后各胎的繁殖性能，缩短母猪的利用年限。但也不宜配种过晚，配种过晚，体重过大，后备母猪易发生肥胖，同时会增加后备猪的培育费用。

后备母猪适宜的初配年龄和体重因品种和饲养管理条件不同而异。一般说来，早熟的地方品种应在6～7月龄，体重50～70千克即可配种；晚熟的培育品种应在7～9月龄，体重110～130千克开始配种利用。如果后备母猪的饲养管理条件较差，虽然月龄达到初配种时期而体重较小，最好适当推迟初配年龄；如果饲养管理条件较好，虽然体重达到初配体重要求，而月龄尚小，可通过调整日粮营养水平和饲喂量来控制体重，等猪的月龄达到要求后再实施配种。最理想的是使年龄和体重同时达到初配的标准要求。

第三节　空怀母猪的饲养管理

一、饲养管理目标

空怀母猪包括配种前2～3周的后备母猪和断奶后至再次发情配种的经产母猪。后备母猪处于生长发育阶段，经产母猪常年处于紧张的生长状态，都应供给全面平衡的日粮，使之保持适度的膘情。实践证明，空怀母猪八成膘，容易怀胎、产仔较多。母猪太瘦或太胖都会导致不发情或发情不明显，排卵少或不排卵，卵子活力弱，不易受孕等后果。因此，空怀母猪的饲养管理重点就是要控制膘情，促使其及时发情、多排好卵、容易配种。

二、空怀母猪的饲养

在集约化、工厂化养猪生产中，为了提高母猪的年产仔数，一般实行早期断奶。因此，仔猪在断奶的前几天，母猪仍能分泌较多的乳汁，为了防止断奶后母猪患乳房炎，在断奶前、后各3天要减少配合饲料喂量，适当多给一些青粗饲料，以促进母猪尽快干乳。母猪断奶3天后，多给营养丰富的饲料，保证充分休息，可使母猪迅速恢复体况。此时，日粮的营养水平和饲喂量要与妊娠后期相同。如果能增喂动物性饲料和优质青绿饲料更好，可促进空怀母猪发情排卵。

对于那些带仔多、泌乳力高的母猪，由于泌乳期间消耗营养物质较多，所以在哺乳后期往往过度消瘦，在断奶前已经相当消瘦，且奶量不足，一般不会发生乳房炎。断奶前后可以少减料或不减料，干乳后适当多增加营养，使其尽快恢复体况，以便及时发情配种。

有些母猪在泌乳期间减重少，断奶前膘情依然相当好。这类母猪大多是由于泌乳期间食欲好、带仔头数少或泌乳力差所致。对这类母猪，除断奶前后少喂配合饲料、多喂青粗饲料外，还要加强运动，使其尽快达到适度膘情，及时发情配种。

三、空怀母猪的一般管理

空怀母猪一般实行群养，每个栏舍内4～6头，尽可能令将近断奶的母猪养在同一栏舍内，可以自由运动，最好在栏舍外设有运动场，这种饲养方式便于母猪四肢恢复力量，减少疾病。实践证明，群养空怀母猪由于相互爬跨和外激素的刺激，可诱导其他空怀母猪发情，也便于饲养人员观察和发现发情母猪。

四、发情诊断

母猪性成熟以后，卵巢中规律性地进行着卵泡成熟和排卵过程，并周期性地重演。我们把这次发情排卵到下次发情排卵的这段时间称为发情周期。猪的发情周期约为21天。发情周期分为发情前期、发情持续期、发情后期和休情期四个阶段。

（1）发情前期　此阶段母猪卵泡加速生长，生殖腺活动加强，分泌物增加，生殖道上皮细胞增生，外阴部肿胀且阴道黏膜由浅红变深红，出现神经症状，如东张西望，早睡早起，在圈舍里不安地走动，追人追猪，食欲下降，但不接受公猪爬跨。

（2）发情持续期　这是发情周期的高潮阶段。发情前期所表现出来的各种变化更为明显。卵巢中卵泡成熟并排卵。生殖道活动加强，分泌物增加，子宫颈松弛，外阴部肿胀到高峰，充血发红，阴道黏膜颜色呈深红色。追找公猪，精神呆滞，站立不动，接受公猪爬跨并允许交配。

（3）发情后期　此阶段母猪性欲减退，爬跨其他母猪，但拒绝公猪的爬跨和交配，阴户开始紧缩，用手触摸背部有回避反应。

（4）休情期　性器官的生理活动处于相对静止状态，黄体逐渐萎缩，新的卵泡开始发育，逐步过渡到下一个发情周期。

五、促进母猪发情的方法

1. 公猪诱导法

经常用试情公猪去爬跨不发情的空怀母猪，通过公猪分泌的外激素气味和接触刺激，促使母猪发情排卵。

2. 合群并圈

把不发情的空怀母猪合并到有发情母猪的圈内饲养，通过爬跨等刺激，促进空怀母猪发情排卵。

3. 并窝

把产仔少和泌乳力差的母猪所生的仔猪待吃完初乳后全部寄养给同期产仔的其他母猪哺育，这样母猪可以提前回奶，提早发情配种。

4. 利用激素催情

可用绒毛膜促性腺激素或孕马血清促性腺激素。

六、适时配种

理论上的适时配种时间是在母猪排卵前2～3小时或发情开始后的24～36小时。在实践操作中，应根据母猪的发情表现来决定配种时间，母猪的发情表现包括：外阴膨大呈核桃形，阴户内黏膜潮红，红肿刚刚消退，有透明黏液流出时，此为最佳配种时机。外阴肿胀不明显的母猪，其阴户松弛、阴户中缝线弯曲、阴唇颜色变深、有丝状黏液流出时也是适宜配种时机。

断奶后发情越迟，发情持续期越短，输精应越早。断奶6天以内发情，出现静立反射后8小时首次输精。断奶后7天以上发情者，出现静立反射后立即输精，做到“老配早，少配晚，不老不少配中间”。

第四节　妊娠母猪的饲养管理

一、妊娠母猪的饲养管理目标

① 发情期受胎率大于或等于90%，分娩率大于或等于85%，孕检后分娩率98%以上。

② 窝平均产仔数10～12头，初生重1.3～1.5千克，断奶重个体重均差小于0.5千克。

③ 病、伤、死年淘汰率小于10%。

④ 平均使用年限等于或大于7胎次。

⑤ 无显性或隐性乳房水肿，无生殖道感染以及肢蹄损伤。

二、妊娠母猪的生理特点

母猪妊娠后新陈代谢旺盛，对饲料的利用率提高，蛋白质的合成及脂肪沉积增强，特别容易肥胖。在等量的饲料喂养下，妊娠母猪与空怀母猪相比，不仅可以生产一窝仔猪，还可以增加体重。这种生理现象叫作“妊娠合成代谢”。

妊娠母猪营养物质的储备和蓄积量，主要取决于饲养水平的高低。成年妊娠母猪所获得的营养物质，除满足胎儿生长发育和恢复体力之外，将多余的部分储存在体内。青年妊娠母猪所获得的营养物质，第一保证胎儿生长发育的需要，第二是满足自身的生长，第三才是储存。饲料的营养水平和饲喂量应按饲养标准供给，使妊娠母猪保持良好而适应的膘情。有试验证明，在妊娠的前期，由于胎

儿小，所需的营养物质少，母猪本身体重增加较多；而妊娠后期，胎儿增重快，需要的营养物质多，母猪本身的增重减少，若饲料中的营养物质不能满足胎儿生长发育需要，则母猪就会动用本身储存的营养物质供给胎儿生长发育。

三、妊娠母猪的饲养

（一）妊娠母猪的营养需要

目前，在养猪水平较高、饲料条件较好的地区，多采用低妊娠高泌乳的饲养方式，即在母猪的妊娠期适量饲喂，哺乳期充分饲喂。供给妊娠母猪的营养物质，除保证胎儿的正常发育及母猪本身的需要外，还应适当增加母体重量，以补充泌乳不足的需要。如果妊娠期内营养水平过高，母猪增重过多，导致过于肥胖，这首先是造成饲料浪费，因饲料中的营养物质经猪体消化吸收变成体脂等储存于体内的过程会消耗一部分，而泌乳时再由体脂等转化为猪乳营养又会消耗一部分，两次的损失超过哺乳母猪将饲料中营养物质直接转化为猪乳的一次性损失，所以，造成饲料浪费。其次，母猪妊娠期过于肥胖会造成难产，产后出现食欲不振、仔猪生后体弱、乳量少等不良后果。

（二）饲喂方式及饲喂量

母猪配种后日喂饲料 1.8～2.0 千克至妊娠 70 天；71～90 天投喂饲料 2.8～3.0 千克；妊娠 90 天至临产日喂量 3.0～3.2 千克；分 2 次投喂；分娩当天停喂。

母猪群体在 500 头以上可以实施分胎饲养技术。

四、妊娠母猪的一般管理

① 妊娠前期由于是受精卵着床附植时期，如果气温过高又不注意通风换气会造成胚胎死亡，因此做好防暑降温工作很重要。

② 妊娠母猪要适当加强运动，以增强体质，避免难产。

③ 妊娠舍要保持安静。

④ 每天要注意观察妊娠母猪的吃食、饮水、粪尿和精神状态，做到防病治病，特别注意消灭体内外的寄生虫病，以防仔猪感染。

⑤ 没有特殊情况，妊娠 35 天内停止使用有强烈刺激的疫苗免疫。

⑥ 母猪流产、早产要做抗感染处理；消除母猪便秘。

⑦ 母猪产前 3 周进行体内外寄生虫驱除工作。

⑧ 母猪舍每周消毒 2～3 次，消毒药物进行轮换。

⑨ 妊娠母猪注意防止厌氧梭菌感染，饲料添加微生态制剂。

第五节　分娩母猪的饲养管理

一、产前的准备工作

① 空栏彻底清洗，检修产房设备，用 4%～5%火碱溶液消毒一次，彻底晾干后用清水冲洗一次，再熏蒸消毒一次。

② 产房的工具必须固定使用，原则上不能拿出猪舍或借入其他舍使用。借入或借出的工具必须严格消毒，交回时也必须消毒。

③ 产房温度最好控制在 22～23℃，相对湿度 65%～75%。

④ 查清预产期，母猪的妊娠期平均为 114 天。

⑤ 临产母猪提前一周上产床，上产床前清洗消毒、驱体内外寄生虫一次。

⑥ 产前 3 天母猪减料，产猪当天停喂一顿，产后 3 天正常采食。

⑦ 准备好碘酊、0.1%高锰酸钾、消毒水、毛巾、拖把、抗生素、缩宫素、保温灯等药品、工具。分娩前用 0.1%高锰酸钾消毒水清洗母猪的外阴和乳房（乳房里的奶挤出一点弃掉）。

二、临产诊断

① 阴户红肿，频频排尿。

② 乳房有光泽、两侧乳房外张，用手挤压有乳汁排出，一般

初乳出现后 12～24 小时内分娩。

③ 由于膈肌受到压迫，呼吸次数明显增加。

三、安全接产

① 接产人员发现新生仔猪产出后，迅速接产，整个产程都不要远离现场。将双手消毒、清洗干净后接产。

② 母猪胎衣破裂，血水、羊水流出，经过几次阵缩和努责后产出小猪。一般 5～25 分钟产生一头仔猪，整个分娩过程一般为 1～4 小时，超过 4 小时为难产，要根据具体情况助产。

③ 仔猪出生后，先将其口、鼻的黏液清除干净，用产布或干燥粉将全身黏液擦净（减少仔猪机体热量丢失）。如发现假死猪只，用手指轻压脐带基部仍在跳动时，应立即抢救，用注射器吸出呼吸道内的黏液，将仔猪四肢朝上，一手托肩部，一手托臀部，一屈一伸，反复进行人工呼吸，或抓住仔猪后肢倒向拍打。

④ 保持产房的安静环境，避免刺激正常分娩母猪，以免中断分娩，造成死胎。

⑤ 断脐、剪牙、断尾。黏液擦净后将脐带的血向仔猪腹部回捋，在离腹部 4～6 厘米处剪断脐带，脐带头用碘酊消毒，如脐带流血，应用消毒（用碘酊浸泡）的结扎线结扎，或用手捏住，直到不流血为止。用消过毒的断尾钳对仔猪进行断尾，一般尾巴留 2.5～3 厘米长，即母猪可以盖住阴户，公猪到阴囊中部即可。断尾后用碘酊涂伤口。24 小时后，用消过毒的打牙钳在接近牙床面处剪去上、下颌各 4 枚犬齿，犬齿断牙要求平整不留斜面，切勿伤到牙龈。

⑥ 放奶。新生仔猪应尽早吃上初乳，吃初乳前将每个乳头的前几滴乳汁挤掉。对体质弱小的仔猪辅助其采食初乳。对于不会吃奶的仔猪要帮助它吃奶，将奶水挤入仔猪口中，慢慢调教，让仔猪吃好初乳。当仔猪较多时，分批吃奶，让一半先吃奶，另一半后吃奶。

⑦ 仔猪出生后，先放入保温灯下保温。保温灯下温度应达到

30～32℃。以后渐渐减到断奶时的24～25℃。称重并记录完好。

⑧ 母猪产时无力，不努责，并且确定产道内有胎儿时，给母猪肌内注射催产素。

⑨ 确定母猪难产时，进行助产（人工助产或药物助产），检查排出胎衣数量（脐带断端数与仔猪数是否相符）和母猪是否仍有努责，确认产程是否结束。记录分娩不正常的母猪。

⑩ 注意分娩前母猪体温、呼吸状况，体温达到39.5℃时，必须对母猪进行检查并治疗，持续高烧将导致母猪产后死亡或无乳症的发生。

四、难产的处理

① 有难产史的母猪临产前1天肌内注射氯前列烯醇，或预产期当日注射缩宫素。

② 临产母猪子宫收缩无力或产仔间隔超过半小时者可注射缩宫素，但要注意在子宫颈口开张时使用。

③ 注射催产素仍无效或由于胎儿过大、胎位不正、骨盆狭窄等原因造成难产，应立即进行人工助产。

④ 人工助产时，先将助产人员的指甲剪掉磨光，洗净手臂，戴上助产手套，并涂上润滑剂，同时应将母猪外阴、肛门周围用0.1%高锰酸钾溶液洗净，然后助产人员五指并拢成锥形、掌心向上，慢慢地伸入产道，触摸到仔猪后随母猪的努责将其拉出。拉出仔猪后应帮助仔猪呼吸（假死仔猪的处理：将其前后躯以肺部为轴向内侧并拢、放开，重复数次）。产后阴道内注入抗生素，以防止发生子宫、阴道发炎。

⑤ 胎衣的收集及现场的清理，产仔完成后胎衣排出要及时收集并清点脐带头数，以判断胎衣的排出情况。产仔结束后应清洁干净床面、地面及母猪的后躯、外阴，将收集的胎衣从现场拿走。

⑥ 产仔完毕后填写完整的产仔记录。

⑦ 对难产的母猪，应在母猪卡上注明发生难产的原因，以便下一产次的正确处理或作为淘汰鉴定的依据。

五、产后护理和饲养

① 哺乳母猪每天喂 2～3 次，产前 3 天开始减料，渐减至日常量的 1/3～1/2，产仔当天停料一次，产后 3 天恢复至正常，直至断奶前 3 天。喂料时若母猪不愿站立吃料，应赶起。

② 哺乳期内注意环境安静，圈舍清洁、干燥，做到冬暖夏凉。随时观察母猪的采食量和泌乳量的变化，以便针对具体情况采取相应措施。

③ 仔猪初生后 3 天内注射铁剂 1 毫升，预防贫血；口服抗生素如庆大霉素 2 毫升，以预防下痢；口服百球清 1 毫升，以预防球虫病。无乳母猪采用催乳中药拌料。

④ 新生仔猪在 72 小时内完成打耳号、剪牙、断尾等工作。断脐以留下 3～5 厘米为宜，断端用碘酊消毒；打耳号时，尽量避开血管处，缺口处用碘酊消毒；剪牙钳用碘酊消毒后齐牙根处剪掉上下两侧犬齿，弱仔不剪牙；断尾时，尾根部留下 3 厘米处剪断，用碘酊消毒。

⑤ 仔猪吃过初乳后做适当寄养调整，尽量使仔猪数与母猪的有效乳头数相等，防止未使用的乳头萎缩，从而影响下一胎的泌乳性能。寄养时用寄养母猪的奶汁擦抹待寄仔猪的全身，然后将其和寄养母猪的仔猪混群，一般寄养仔猪的原则是“寄大不寄小，寄强不寄弱”，寄养的另一原则是“寄前不寄后”，即将先产的仔猪寄于后分娩母猪的产床上。

⑥ 7 日龄左右小猪去势，去势时要彻底，切口不宜过大且要竖直开口，术后用碘酊消毒（有阴囊疝的仔猪不去势）。

⑦ 保温箱温度：初生 30～32℃，一周至二周 27～30℃，二周至三周 24～27℃。

⑧ 产房要保持干燥，产栏内只要有小猪，便不能用水冲洗，预防仔猪下痢。

⑨ 出生后 4～6 日龄开始诱补料，即将小猪料用水拌成糊状用手抹至小猪嘴中或抹于母猪乳头上让其自由采食。保持料槽清洁，

饲料新鲜，勤添少添，及时更换。

⑩ 产房人员不得擅自离岗，有其他工作不得已离岗时每次不得超过 1 小时。

⑪ 仔猪平均 21～25 日龄断奶，全进全出（一次性断奶，不换圈，不换料）。

⑫ 在哺乳期因失重过多而瘦弱的母猪要适当提前断奶，断奶前 3 天需适当限料。

第六节 母猪产后的饲养管理

一、预防产道炎症

由于母猪产后能量损失过多，并易发生产道炎症，可采取静脉注射葡萄糖生理盐水＋维生素 B＋复合维生素 C＋鱼腥草来防止产道炎症，同时应配合使用抗菌药物。

二、检查母猪的疾病

① 乳房是否变硬发热。如果出现这种情况，表明发生了乳房炎，可用青霉素、安痛定、地塞米松全身治疗或用普鲁卡因青霉素对乳房封闭治疗。

② 母猪是否便秘拉稀。如果便秘可注射一些清凉解毒药物，并赶母猪出栏运动，如果不能拉便必须灌肠通便，方法是用灌肠器从直肠灌入温肥皂水，直到通便。

③ 阴道是否有异常物流出。正常母猪恶露出现在产后 3 天内，如果 3 天后还有异常分泌物是不正常的现象，产后有脓状、血水状物都是不正常的表现。此时应进行治疗。方法是注射催产素，15 分钟后用 5％浓盐水配合广谱抗生素，注入子宫进行冲洗。

④ 食欲是否正常。不正常时要进行必要的治疗。

⑤ 是否发烧不安。母猪产后经常出现发烧，对喘气大，精神

不振，采食不正常的母猪要及时检查治疗。

⑥ 母猪是否拒绝哺乳。出现母猪拒绝哺乳这种现象往往是由于母猪乳房炎，仔猪牙齿锋利，母性不好，母猪发烧烦躁，可对症治疗；或打氯丙嗪或用绳子缚住母猪给仔猪吃奶 1～3 天即可。

三、母猪产后饲养管理

分娩后 2～3 天内，由于母猪体质较弱，代谢机能较差，饲料不宜喂得过多，应逐渐增加，这时应喂容易消化的调成稀粥状的饲料，经 5～7 天后才按哺乳母猪的标准喂给。具体操作为：产后第 1 天喂 0.5 千克，第 2 天喂 1 千克，第 3 天喂 2 千克，第 4 天喂 3 千克，第 5 天喂 3.5 千克，以后每天增加 0.5 千克直到 6～8 千克。保持产房安静，让母猪有充分的休息时间。

第七节　哺乳母猪的饲养管理

一、饲养管理目标

① 提高泌乳量。

② 控制母猪减重，以便在仔猪断奶后能正常发情、排卵，并延长利用年限。

二、母猪的泌乳规律

（一）母猪乳腺结构

母猪的乳房没有乳池，不能随时放乳，仔猪也就不可能在任何时间吃到母乳。

（二）不同乳头的泌乳量

一般是靠近前边胸部的几对乳头泌乳量较后边的高。

（三）泌乳次数与泌乳间隔时间

一般母猪日泌乳次数平均为 25 次左右，平均泌乳间隔时间为

50～60 分钟。

（四）影响母猪泌乳量的因素

1. 品种

不同品种或品系的泌乳量不同。

2. 年龄（胎次）

一般情况下，初产母猪的泌乳量低于经产母猪。从第二胎开始泌乳量上升，6～7 产次后有下降趋势。

3. 带仔数

带仔数多的泌乳量高。

4. 饲养管理的影响

哺乳母猪饲料的营养水平、饲喂量、环境条件、管理措施等均影响泌乳量。

三、哺乳母猪的饲养

（一）饲养技术

母猪产后几天，体质较弱，消化力不强，所以，应给予稀料。2～3 天后，饲料喂量逐渐增多。5～7 天后改为湿拌料，日喂 3 次。泌乳母猪的给料量，一般在妊娠给料的基础上，每带 1 头仔猪，外加 1.4 千克料。对于带仔多、泌乳量高的母猪，要多喂勤添，保证母猪在断奶时有良好的繁殖体况。断奶前 3～5 天逐渐减少饲喂量。对于在哺乳期泌乳量不足的母猪可以采取人工催乳，催乳的基本途径是全面分析原因，在改进饲养管理的基础上，增喂含蛋白质丰富又易于消化的饲料。常用的有豆粉、鱼粉、小鱼小虾、青绿饲料等，也可采用催产素催乳，或喂给煮熟的胎衣。

（二）哺乳母猪的一般管理

① 创造良好的环境条件。

② 保护母猪的乳房及乳头。

③ 加强观察。

④ 合理运动。

第八节 哺乳仔猪的饲养管理

一、哺乳仔猪的生理特点

① 生长发育快，代谢机能旺盛，利用养分的能力强。

② 消化器官不发达，消化腺机能不完善。

③ 缺乏先天免疫力，容易得病。

④ 调节体温能力差，怕冷。

二、哺乳仔猪的饲养管理

（一）抓乳食，过好初生关

1. 固定乳头，使仔猪尽快吃足初乳

初乳是母猪分娩后3天内分泌的淡黄色乳汁。初乳中含有丰富的营养物质和免疫抗体，对初生仔猪较常乳有特殊的生理作用，可增强体质和抗病能力，提高对环境的适应能力，初乳中含有较多镁盐，具有轻泻性，可促进胎便的排出；初乳酸度较高，可促进消化道的活动。

仔猪有固定乳头吃乳的特性，一经认定至断乳不变。一般让弱小仔猪固定在中等泌乳量的乳头上哺乳，既能吃饱又不浪费，较强的乳猪固定在乳量较差的两个乳头上以满足需要，中等强的乳猪固定在靠前边乳量多的乳头上，这样可使全窝乳猪得到充分发育。

2. 加强保温，防冻防压

防冻措施：用红外线灯、电热板、取暖器等。

防压措施：可设母猪限位架；保持环境安静，减少应激反应；加强护理。

（二）仔猪哺乳期补料

母猪的泌乳量一般在第3周以后开始逐渐下降，而仔猪的生长

发育很快，随着日龄的增长，仔猪的体重增加，每日需要的营养物质也越来越多，仅仅依靠母乳已不能满足仔猪的营养需要，如不给仔猪补料，必然会影响其生长发育。

1. 开食

第一次训练仔猪吃料称为开食，一般在仔猪出生后5～7天开始。具体方法为：先将仔猪饲槽或饲喂器搬到仔猪补饲栏内并打扫干净。投放30～50克的仔猪开食料，然后把仔猪赶到补饲栏内。饲养员蹲下，用手抚摸抓挠1～2头仔猪，待仔猪安稳后将仔猪料慢慢地塞到仔猪嘴里，每天练习4～6次。经过3天左右的训练，仔猪便学会采食饲料，其他仔猪仿效便可学会。生产上多在开食前2～3天固定抓挠1～2头仔猪，每天4～6次，每次5分钟左右，到开食当天一边抚摸抓挠，一边向仔猪嘴里塞料，同样训练3天左右。

2. 补料

一般在仔猪15～20日龄时，每天给仔猪补料6次，开始时每次每头20～50克。根据情况以不剩下过多饲料为宜。所剩饲料不卫生时，应将剩余饲料清除干净，喂母猪时应重新投料。

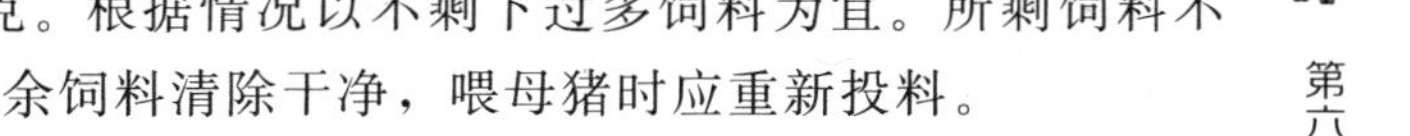

第九节　保育仔猪的饲养管理

一、仔猪的早期断乳

（一）早期断乳的优点

① 提高母猪的利用强度。

② 提高饲料利用效率。

③ 有利于仔猪的生长发育。

④ 提高分娩猪舍和设备的利用率。

（二）断乳方法

生产操作中多采用一次性断乳法，具体操作是当仔猪达到预定的断乳日期时，断然将母猪与仔猪分开（母猪赶走，仔猪继续待在原来栏舍3～5天后再转群）。由于突然断乳，仔猪因应激反应，会造成消化不良，增重缓慢或生长受阻。

二、保育仔猪的饲养

转栏后的一周左右要使用乳猪料做好饲料的过渡，按照乳猪料与保育仔猪料比例第一天60%，第二天40%，第四天全部过渡完成，防止仔猪换料应激，这一阶段需要特别细心的照顾；自由采食，喂料时参考喂料标准，以每餐喂八九成饱、不剩料为原则。可在仔猪饲料中添加一些抗应激因子，如电解多维和维生素C，再另外添加一些抗生素或抗菌药物防治拉稀。

三、保育仔猪的管理

① 仔猪转进后第一周保育舍的温度应控制在28～30℃，以后每周递减2℃直至温度降至22～24℃。

② 转入猪前，空栏要彻底冲洗消毒，空栏时间不少于5天，以7～10天为宜。

③ 做好接收断奶仔猪的转栏工作，接收前要切实抓好栏舍的清洗和消毒工作。

④ 转入、转出猪群按实际生产情况而定，猪栏的猪群批次要清楚明了。

⑤ 及时调整猪群的强、弱、大、小，保持合理的饲养密度，病猪及时隔离饲养。

⑥ 保持圈舍卫生，加强猪群调教，训练猪群吃料、睡觉、排便“三点定位”。

⑦ 清理卫生时注意观察猪群排粪情况；喂料时观察食欲情况；休息时检查呼吸情况。发现病猪，对症治疗。严重病猪隔离饲养，统一用药。

⑧ 按季节温度的变化，调整好通风控温设备，经常检查饮水器，做好防暑降温等工作。

⑨ 分群、合群时，为减少咬架而产生应激，应遵守“留弱不留强”“拆多不拆少”“夜并昼不并”的原则，可对并圈的猪喷洒药液（如来苏儿）清除气味差异，并后饲养员要多加观察。

⑩ 每周常规消毒二次，每周消毒药更换一次。

⑪ 按免疫程序做好仔猪的免疫工作和体内外的驱虫工作。

四、僵猪形成的原因及应对措施

（一）僵猪形成的原因

① 断奶和饲喂方法不合理，补料不及时形成僵猪。

② 营养性失衡导致僵猪。

③ 不重视祛除隐形疾病、消耗性疾病造成僵猪。

④ 管理粗放导致僵猪。

（二）应对措施

① 在断奶前5～6天逐渐减少给仔猪的哺乳次数，直至完全断奶。

② 应及时补充全价的营养性饲料。

③ 按计划及时地免疫及保健。

④ 创造适宜的环境条件，并做好“三点定位”的调教工作。

第十节　生长育肥猪的饲养管理

一、饲养管理目标

用最少的劳力和饲料，在最短的时间内获得成本低、数量多、质量好的猪肉等产品。

饲养操作标准（供参考）：育成阶段成活率≥98%；饲料转化率（25～90千克阶段）≤2.8∶1；日增重（25～90千克阶段）≥750千克；生长育肥阶段（25～100千克）饲养日龄≤105天；全期饲养日龄≤175天。

二、猪的生长发育规律

（一）体重增长的规律

生长育肥猪的增长速度，一般以生长育肥期平均日增重来度量，表现为不规则的抛物线，即随着体重的增大，平均日增重上升，到一定体重阶段出现增重高峰，然后下降。从幼龄的高速生长减慢下降的过程出现一个转折点，大致在成年体重的40%左右，相当于母猪的初配年龄或生长育肥猪的屠宰体重。当生长速度由递增转变为递减时，增长的内容变更，且饲料利用率下降。生长转折点出现的早晚，取决于品种和环境条件。因此，在育肥猪生产上要抓住转折点以前的饲养，充分发挥这一阶段（通常指6月龄以前的阶段）的生长优势，这一阶段增重速度快，饲料利用率高，即每增重1千克体重所消耗的饲料量最少。

（二）猪体部位与体组织增长规律

猪在生长发育期间，体组织的生长率不同，致使身体各部位生长早晚的顺序不一和体形出现年龄变化，随着年龄的增长，骨骼最先发育，也最早停止发育，肌肉处于中间，脂肪是最晚发育的组织。生长育肥猪的骨骼在生后2～3月龄、体重30～40千克，是其强烈生长时期，此时肌纤维开始生长。3～4月龄、体重50～60千克，肌纤维进入发育期，骨骼和肌腱发育完成。其后，到出栏前进入肉质的改善期，最后到达成熟期。幼龄期沉积脂肪不多，后期加快，能量浓度越高，脂肪沉积越多，直到成年。

（三）猪体化学成分变化规律

随着猪体组织及体重的增长，猪体化学成分也呈规律性的变化，即随着年龄和体重的增长，体内水分和蛋白质、灰分等含量相对下降，但蛋白质和灰分含量在4月龄后趋于稳定，而脂肪则迅速增长。从增重成分看，年龄越大，则增重部分所含水分越少，脂肪越多。同时，随着脂肪含量的增加，饱和脂肪酸的含量也增加，而不饱和脂肪酸的含量则逐渐减少。

三、生长育肥猪的饲养

（一）饲料使用

1. 小猪

① 15～35 千克使用小猪料。

② 采取自由采食。

③ 最好每晚 20～21 时补料一次。

④ 本阶段日喂量约 500 克。

2. 生长猪

① 35～65 千克使用中猪料。

② 采取自由采食。

③ 本阶段日喂量约 1.5 千克。

3. 大猪

① 65～80 千克使用大猪料。采用自由采食，其日喂量 2.0～2.8 千克。

② 80～110 千克使用大猪料，实行适当控制，其日喂量 2.3～2.8 千克。

③ 市场销路较好，可以不控料。一般可喂最大采食量的 85%～90%。

（二）饲喂

育成猪只消化机能日渐成熟稳定，采食量逐步增加，为了满足猪只正常生长，育成前期一般采取自由采食方式饲喂即不限制猪只采食。但为了减少饲料浪费，保证饲料新鲜，调节猪只食欲，采取每周一、三、五断料即清干料槽一次的饲喂方式。要保证机械设备的正常运转和每个料槽上相对应的饲料。了解猪只的生活习性，猪群一般在 7:30～9:00 和 14:00～15:30 活动最为频繁，喂料和清粪等工作宜安排在此时段进行。

四、生长育肥猪的管理

（一）合理分群

分群合群时，为减少咬架而产生应激，应遵守“留弱不留强”“拆多不拆少”“夜并昼不并”的原则，可对并圈的猪喷洒药液（如来苏儿）清除气味差异，并后饲养员要多加观察。

（二）适宜的饲养密度

每头按 0.8～1.2 米^2 计算。

（三）选喂优良的杂种猪

杂种猪具有杂交优势，主要体现在日增重、饲料利用率和胴体瘦肉率上。

（四）做好去势、防疫和驱虫工作

1. 去势

应在仔猪出生后的 5～7 天进行，去势后的仔猪随着性机能的消失，体内新陈代谢和氧化作用及神经兴奋性降低，同化过程加强，异化过程减弱，将所吸收的营养更多地利用到增重上。去势后的猪肉品质明显提高。

2. 防疫

制定合理的免疫程序及预防接种。

3. 驱虫

整个育肥期中要进行两次驱虫，第一次在仔猪断奶后；第二次在体重 60 千克左右。

（五）其他管理措施

1. 供水

提供充足清洁的饮水。

2. 卫生

保持圈舍卫生，加强猪群调教，训练猪群吃料、睡觉、排便“三定位”。

3. 观察

清理卫生时注意观察猪群排粪情况；喂料时观察食欲情况；休息时检查呼吸情况，发现病猪，对症治疗。严重病猪隔离饲养，统一用药。

4. 环境控制

育肥猪的适宜生长温度为15～23℃，相对湿度在65%～75%。应按季节温度的变化，调整好通风降温、保暖等设备，做好防暑降温、保暖等工作。

5. 消毒

每周常规消毒一次，每周消毒药更换一次。

第七章　猪场建设与设备

猪场建设最主要的构成部分是猪舍和设备。猪舍是猪只的生活空间和活动场所，也是对猪只健康、生长发育和生产性能产生固定环境效应的场所。在猪场建设上，以现代规模养猪即集约化养猪技术为支撑，以因地制宜和经济实用为原则。现就现代养猪生产特点、工艺技术和猪场建设及设备等做以下介绍。

第一节　猪场建设基本参数

猪场建设主要参数包括猪场占地与建筑面积、每头猪占栏时间及面积、耗水量、耗电量、饲料消耗量、粪尿及污水排放量、猪舍建筑设计参数等。

一、猪场占地与建筑面积

猪场根据性质和规模的不同，占地面积不尽相同。不同规模猪场占地面积和猪舍建筑面积参数见表 7-1 和表 7-2。

表 7-1　不同规模猪场占地面积参数表

项目	生产规模/(万头/年)	建筑面积/米^2	占地面积/米^2
自繁自养	0.3	4000	10000～15000
	0.5	5000	18000～23000
	1.0	10000	41000～48000
	1.5	15000	62000

续表

项目	生产规模/(万头/年)	建筑面积/米^2	占地面积/米^2
自繁自养	2.0	20000	85000
	2.5	25000	101900
	3.0	30000	121000

表 7-2　不同规模猪场各猪舍建筑面积参数表　单位：米^2

猪舍类型	基础母猪规模		
	100 头	300 头	600 头
种公猪舍	64	192	384
后备公猪舍	12	24	48
后备母猪舍	24	72	144
空怀、妊娠母猪舍	420	1260	2520
哺乳母猪舍	226	679	1358
保育猪舍	160	480	960
生长育肥猪舍	768	2304	4608
合计	1674	5011	10022

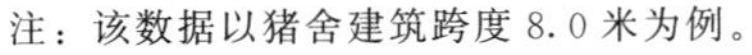
注：该数据以猪舍建筑跨度 8.0 米为例。

二、每头猪占栏时间及面积

各类猪只在不同饲养期内，其占栏时间及面积各不相同。设计过程中要根据猪只类别来确定其占栏时间及占栏面积，可参考表 7-3。

表 7-3　各类猪只占栏时间及面积参数表

指标	饲养天数	占栏时间/天	占栏面积/米^2	备注
种公猪	常年饲养	365	7～12	
空怀母猪	34	41	2～3.5	
妊娠前期	59	63	2～3.5	
妊娠后期	27	34	1.31	限位栏
哺乳仔猪	35	42	0.3～0.4	
育成猪	35	42	0.6～0.7	
育肥猪	110	117	0.9～1.4	

三、耗水量

水是动物第一大营养素，水摄入不足会严重影响其生产性能的发挥。猪的最低需水量是指猪为平衡水损失、产奶、形成新组织所需的饮水量。水温也会影响饮水量，饮用低于体温的水时，猪需要额外的能量来温暖水。一般来说，饮水量与采食量、体重呈正相关。但由于饥饿，生长猪会表现饮水过量的行为。环境温度为20℃时，不同猪群每头猪平均日耗水量和规模猪场提供水量参数见表 7-4 和表 7-5。

表 7-4　不同猪群每头猪平均日耗水量参数表

猪群类型	总耗水量/[升/(头·天)]	饮用水量/[升/(头·天)]	饮水器水流量/(千克/分钟)
空怀及妊娠母猪	25.0	13.0～17.0	1.5
哺乳母猪	40.0	18.0～23.0	2.0
保育仔猪	6.0	1.7～3.5	0.3
育成猪	8.0	2.5～3.8	0.5
育肥猪	10.0	3.8～7.5	1.0
后备猪	15.0	8.0	1.0
种公猪	40.0	22.0	1.5

注：总耗水量包括猪饮水总量、猪舍清洗用水和饲养调制用水量、炎热地区和干燥地区耗水量参数可增加25%～30%。

表 7-5　规模猪场提供水量参数表　　单位：吨/天

供水量	基础母猪规模		
	100 头	300 头	600 头
猪场供水总量	20	60	120
猪群饮水总量	5	15	30

注：炎热和干燥地区的供水量可增加25%。采用干清粪生产工艺的规模猪场，供水总量不低于表中数值。

四、耗电量

猪场的日常运营过程中，电量主要耗费在生活区日常用电、猪舍内部照明、降温用电及乳仔猪保温、饲料加工等方面。一般情况下，600 头基础母猪自繁自养养殖场需要配备 150 千瓦变压器（非自动投料用电）。

五、饲料消耗量

饲料消耗量见表 7-6 和表 7-7。

表 7-6 500 头母猪规模猪场年饲料用量参数表

猪别	每头耗料量/千克	头数/头	饲料量/千克	所占比例/%
哺乳母猪	250	500	125000	4.3
空怀母猪	80	500	40000	1.4
妊娠母猪	620	500	310000	10.5
哺乳仔猪	2	10700	21400	0.7
保育仔猪	12	10300	123600	4.2
小猪	33	10100	333300	11.4
中猪	80	10100	808000	27.5
大猪	125	10000	1150000	39.2
公猪	900	20	18000	0.6
后备	240	160	4800	0.2
合计			2934100	100

表 7-7 肉猪耗料参数表

阶段	日龄	饲养天数/天	体重/千克	料型	每天耗料/千克	阶段耗料/千克	所占比例/%
哺乳期	1～28	28	7	乳猪料	0.1	2	1
保育期	29～49	21	14	仔猪料	0.6	12	5
小猪期	50～79	30	30	小猪料	1.1	33	14
中猪期	80～119	40	60	中猪料	2.0	80	33
大猪期	120～160	41	90	大猪料	2.8	115	47
合计		160				242	100

六、粪、尿、污水排放量

粪、尿、污水排放量见表 7-8 和表 7-9。

表 7-8　不同猪群粪尿排泄参数表

猪别	饲养期/天	每头日排泄量/千克			污染物指标及含量		
		粪量	尿量	合计	指标	粪中	尿中
种公猪	365	2.0～3.0	4.0～7.0	6.0～10.0	COD_{Cr}/(毫克/升)	209152.0	17824.0
哺乳母猪	365	2.5～4.2	4.0～7.0	6.5～11.2	BOD_5/(毫克/升)	94118.4	8020.8
后备母猪	180	2.1～2.8	3.0～6.0	5.1～8.8	SS/(毫克/升)	134640.0	2100.0
出栏猪(大)	88	(2.17)	(3.5)	(5.67)	总氮 TN/(克/升)	30.7	6.4
出栏猪(小)	90	(1.3)	(2.0)	(3.3)	磷 P_2O_5/(克/升)	115.8	
断奶仔猪	35	0.8～1.2	1.0～1.3	1.8～2.5			

注：括号内数字为平均值。

表 7-9　不同清粪工艺的猪场污水水质和水量参数表

清粪工艺		水冲清粪	水泡清粪	干清粪		
水量	平均每头/(升/天)	35～40	20～25	10～15		
	万头猪场/(米^3/天)	210～240	120～150	60～90		
水质指标/(毫克/升)	BOD_5	5000～60000	8000～10000	302	1000	—
	COD_{Cr}	11000～13000	8000～24000	989	1476	1255
	SS	17000～20000	28000～35000	340	—	132

注：1. 水冲和水泡清粪的污水水质按每日每头排放 COD_{Cr}量为 448 克，BOD_5 量为 200 克，悬浮固体为 700 克计算得出。

2. 干清粪的三组数据为三个猪场的实测结果。

七、猪舍建筑设计参数

（一）猪舍建筑的基本要求

1. 猪舍跨度

猪舍跨度是由猪栏的长度、饲喂通道宽度和清粪道宽度决定的。猪栏长度既可以是固定不变的，又可以是随机应变的。当采购设备厂家的定型产品时，猪栏长度是不变的。猪舍跨度：单列式 5.0～5.5 米，双列式 7.5～8.5 米，四列式 13.5～14 米，一般不超过 15 米，通常是 8～12 米，开敞式自然通风猪舍的跨度不应大于 15 米。

2. 猪舍长度

猪舍长度主要考虑方便排污，各种猪舍长短不要相差太大，有利于充分利用土地，猪舍长度根据养猪数量而定，一般不超过 75 米。

3. 猪舍朝向

确定猪舍朝向时，必须调查分析现场自然环境和气候特点，以最有利于采光、通风、防暑或保温等环境需要作为决定猪舍朝向的依据。我国冬季吹干冷东北风或西北风，夏季吹温暖潮湿的东南风或南风，一年之中阳光照射到建筑物东南端南墙的时间最长，且冬季太阳高度角小，阳光可直接辐射到建筑物深处，而夏季太阳高度角大，阳光被屋檐遮挡，不能直接辐射到建筑物内。因此，从采光、通风、防暑或保温等方面的环境卫生出发，猪舍选择南向为最佳朝向，如选择南偏西或南偏东朝向，角度应控制在 15°～30°。

4. 猪舍间距

主要考虑日照间距、通风间距、防疫间距和防火间距。自然通风的自然养猪猪舍间距一般取 5 倍屋檐高度以上，机械通风猪舍间距应取 3 倍以上屋檐高度，即可满足日照、通风、防疫和防火的要求。但在确定间距过程中，防疫间距极为重要，实际所取的间距要比理论值大。我国一般猪舍间距为 10～14 米，上限用于多列式猪舍或炎热地区双列式猪舍，其他情况一般 10～12 米。

（二）通道设计

饲喂通道和清粪通道的宽度和条数是由生产工艺决定的。猪舍的饲喂道一般宽 1.0～1.2 米，除单列式外，应两列共用一条，并尽量不与清粪、转群通道混用。管理通道为清粪、接产等设置，宽度一般在 0.9～1.0 米，其中粪尿沟 0.3 米，长度较大的猪舍在两端或中央设横向通道，垂直于其他通道，宽度 1.2～1.5 米。

目前国内采用双列布置，即双列三走道：一条饲喂通道（净道），两条清粪通道（污道）。南方一些地区采取水泡粪或水冲粪工艺，则不需要污道，只设一条饲喂通道。

（三）猪舍环境参数

猪对环境的适应能力一定，因而不良环境会造成应激，将会给生产带来不利影响。因而，生产过程中尽量给猪创造一个适宜的环境。猪场猪舍环境参数见表 7-10。猪舍空气温度和相对湿度、通风、采光、卫生要求见表 7-11～表 7-14。

表 7-10　猪场猪舍环境参数

猪舍类型		空怀母猪舍	种公猪舍	妊娠母猪舍	哺乳母猪舍	哺乳仔猪舍	断奶仔猪舍	后备猪舍	育成猪舍	育肥猪舍
温度/℃		14～16	14～16	16～20	16～18	30～32	20～24	15～18	14～20	12～18
湿度/%		60～85	60～85	60～80	60～80	60～80	60～80	60～80	60～85	60～85
换气量/(米³/分)	冬季	0.35	0.45	0.35	0.35	0.35	0.35	0.45	0.35	0.35
	春、秋季	0.45	0.6	0.45	0.45	0.45	0.45	0.55	0.45	0.45
	夏季	0.6	0.7	0.6	0.6	0.6	0.6	0.6	0.6	0.6
风速/(米/秒)	冬季	0.3	0.2	0.2	0.15	0.15	0.2	0.3	0.2	0.2
	春、秋季	0.3	0.2	0.2	0.15	0.15	0.2	0.3	0.2	0.2
	夏季	≤1	≤1	≤1	≤1	≤1	≤1	≤1	≤1	≤1
气体浓度/(毫克/千克)	CO_2	≤1500								
	NH_3	≤26								
	H_2S	≤10								

表 7-11　猪舍空气温度和相对湿度

猪舍类别	空气湿度/℃			相对湿度/%		
	舒适范围	高临界	低临界	舒适范围	高临界	低临界
种公猪舍	15～20	25	13	60～70	85	50
空怀、妊娠母猪舍	15～20	27	13	60～70	85	50
哺乳母猪舍	18～22	27	16	60～70	80	50
哺乳仔猪保温箱	28～32	35	27	60～70	80	50
保育猪舍	20～25	28	16	60～70	80	50
生长育肥猪舍	15～23	27	13	60～75	85	50

注：1. 表中的温度和湿度范围为生产临界范围，高于该范围的上限值或低于其下限值时，猪的生产力可能会受到明显的影响；成年猪舍、育肥猪舍的温度，在最热月份平均气温≤28℃的地区，允许将上限提高 1～3℃，最冷月份平均气温低于−5℃的地区，允许将下限降低 1～5℃。

2. 表中哺乳仔猪的温度标准是指一周龄以内的生产临界范围，2、3、4 周龄时下限温度可分别降至 26℃、24℃和 22℃。

3. 表中数值均指猪床床面以上 1 米高处的温度或湿度。

表 7-12 猪舍通风

猪群类别	通风量/[米³/(小时·千克)]			风速/(米/秒)	
	冬季	春、秋季	夏季	冬季	夏季
种公猪	0.45	0.60	0.70	0.20	1.00
成年母猪	0.35	0.45	0.60	0.30	1.00
哺乳母猪	0.35	0.45	0.60	0.15	0.40
哺乳仔猪	0.35	0.45	0.60	0.15	0.40
保育仔猪	0.35	0.45	0.60	0.20	0.60
育肥猪	0.35	0.45	0.65	0.30	1.00

注：表中风速指猪所在位置猪体高度的夏季适宜值和冬季最大值。在最热月份平均温度≤28℃的地区，猪舍夏季风速可酌情加大，但不宜超过 2 米/秒，哺乳仔猪不得超过 1 米/秒。

表 7-13 猪舍采光

猪群类别	自然光照		人工光照	
	窗地比	辅助照明/勒克斯	光照照明/勒克斯	光照时间/小时
种公猪	1∶(10～12)	50～75	50～100	14～18
成年母猪	1∶(12～15)	50～75	50～100	14～18
哺乳母猪	1∶(10～12)	50～75	0～100	14～18
哺乳仔猪	1∶(10～12)	50～75	50～100	14～18
保育仔猪	1∶10	50～75	50～100	14～18
育肥猪	1∶(12～15)	50～75	30～50	8～12

注：窗地比是以猪舍门窗等透光面积为 1，与舍内地面积之比；辅助照明是指自然光照猪舍设置人工照明以备夜晚工作照明用；人工照明一般用于无窗猪舍。

表 7-14 猪舍空气卫生要求

猪群类别	氨/(毫克/米³)	硫化氢/(毫克/米³)	二氧化碳/%	二氧化碳/(升/米³)	粉尘/(毫克/米³)
种公猪	26	10	0.2	≤6	≤1.5
成年母猪	26	10	0.2	≤10	≤1.5
哺乳母猪	15	10	0.2	≤5	≤1.5
哺乳仔猪	15	10	0.2	≤5	≤1.5
保育仔猪	26	10	0.2	≤5	≤1.5
育肥猪	26	10	0.2	≤5	≤1.5

八、猪场设备

（一）采食宽度及料槽高度

在养猪过程中，为保证猪优良的生产性能得以良好发挥，须保证其采食宽度，同时需保证其饮食高度。采食宽度及料槽高度、自动食槽的主要尺寸参数见表 7-15、表 7-16。

表 7-15　猪食槽基本参数　　　　单位：毫米

形式	适用猪群	高度	采食间隙	前缘高度
水泥定量饲喂食槽	公猪、妊娠母猪	350	300	250
铸铁半圆弧食槽	分娩母猪	500	310	250
长方体金属食槽	哺乳仔猪	100	100	70
长方形金属食槽	保育猪	700	140～150	100～120
自动落料食槽	生长育肥猪	900	220～250	160～190

表 7-16　自动食槽主要尺寸参数　　　　单位：厘米

项目	高	宽	采食间隙	前缘高度
仔猪	40	40	14	10
幼猪	60	60	18	12
生长猪	70	60	23	15
育肥前期至 60 千克	85	80	27	18
育肥后期至 100 千克	85	80	33	18

（二）猪栏高度和间距

见表 7-17。

表 7-17　猪栏基本参数　　　　单位：毫米

猪栏种类	栏高	栏长	栏宽	栅格间隙
公猪栏	1200	3000～4000	2700～3200	100
配种栏	1200	3000～4000	2700～3200	100
空怀、妊娠母猪栏	1000	3000～3300	2900～3100	90
分娩母猪栏	1000	2200～2250	600～650	310～340

续表

猪栏种类	栏高	栏长	栏宽	栅格间隙
保育猪栏	700	1900～2200	1700～1900	55
生长育肥猪栏	900	3000～3300	2900～3100	85

注：分娩母猪栏的栅格间隙指上下间距，其他猪栏为左右间隙。

(三) 漏缝地板的漏缝宽度

现代化猪场为了保持栏内清洁卫生，改善环境条件，减少人工清扫，普遍采用在粪尿沟上设漏缝地板。漏缝地板有钢筋混凝土板条、钢筋编织网、钢筋焊接网、塑料板块、陶瓷板块等。对漏缝地板的要求是耐腐蚀、不变形、表面平而不滑、导热性小、坚固耐用、漏粪效果好、易冲洗消毒，适应各种日龄猪的行走站立，不卡猪蹄。

钢筋混凝土板块、板条，其规格可根据猪栏及粪沟设计要求而定，漏缝断面呈梯形，上宽下窄，便于漏粪。其主要结构参数见表 7-18。

表 7-18　不同材料漏缝地板的结构与尺寸　　单位：毫米

猪群	铸铁		钢筋混凝土	
	板条宽	缝隙宽	板条宽	缝隙宽
幼猪	35～40	14～18	120	18～20
育肥猪	35～40	20～25	120	22～25
妊娠猪	35～40	20～25	120	22～25

金属编织网地板网由直径为 5 毫米的冷拔圆钢编织成 10 毫米×40 毫米、10 毫米×50 毫米的缝隙片与角钢、扁钢焊合，再经防腐处理而成。这种漏缝地板网具有漏粪效果好、易冲洗、栏内清洁、干燥、猪只行走不打滑、使用效果好等特点，适宜分娩母猪和保育猪使用。

塑料漏缝地板由工程塑料模压而成，可将小块连接组合成大面积，具有易冲洗消毒、保温好、防腐蚀、防滑、坚固耐用、漏粪效果好等特点，适用于分娩母猪栏和保育猪栏。

（四）饮水高度

自动饮水器的安装高度见表 7-19。

表 7-19　自动饮水器的安装高度　　　单位：毫米

猪群类别	鸭嘴式	杯式	乳头式
公猪	750～800	250～300	800～850
母猪	650～750	150～250	700～800
后备母猪	600～650	150～250	700～800
仔猪	150～250	100～150	250～300
保育猪	300～400	150～200	300～450
生长猪	450～550	150～250	500～600
育肥猪	550～600	150～250	700～800
备注	安装时阀体斜面向上，最好与地面成 45°夹角	杯口平面与地面平行	与地面呈 45°～75°夹角

（五）猪栏数量

见表 7-20。

表 7-20　不同规模猪场猪群栏位需要量

猪群类别	不同规模猪场猪群栏位数/个					
	100 头基础母猪	200 头基础母猪	300 头基础母猪	400 头基础母猪	500 头基础母猪	600 头基础母猪
种公猪	4	8	11	15	19	22
待配后备母猪	10	19	28	37	46	55
空怀母猪	16	31	46	62	77	92
妊娠母猪	66	131	196	261	326	391
哺乳母猪	31	62	92	123	154	184
哺乳仔猪	31	62	92	123	154	184
断奶仔猪	27	54	80	107	134	160
生长育肥猪	51	102	152	203	254	304

第二节　猪场选址与规划设计

一、场址选择原则

（一）地形地势

地形指场地形状、大小和地物情况。猪场地形要求开阔整齐、有足够面积、地物较少，减少费用；猪场面积根据猪场性质、规模、饲养管理方式、集约化程度及原料供应情况等因素来确定，尽量不占或少占农田。

地势指场地的高低起伏状况。猪场地势要求较高、干燥、平坦、背风向阳、有缓坡且坡度不大于25°。地势高低起伏过大，易造成通风不良；地势高、干燥，有利于保持舍内地面干燥，降低舍内湿度，减少建造过程中防水处理费用；地势有缓坡，利于自然排水，依靠重力排水就可以有效地解决排水、排污问题。中国冬季多为北风或西北风，夏季多为南风或东南风，有缓坡场地应选择向阳坡，冬季可避免冷风的侵袭，夏季则可有效地通风、降温防暑。坡度大于25°可考虑将猪场布局设计成“梯田”模式。

（二）土壤特性

土壤直接影响场区空气质量、水质、植被的化学、物理及生物学特性，选址时应选取土质较好的地块。猪场土壤要求透气性好，易渗水，热容量大，可抑制微生物、寄生虫和蚊蝇的滋生，并使场区昼夜温差较小。一般情况下，沙壤土和壤土更适宜于建设猪舍。

（三）水源水质

猪场水源要求水量充足，水质良好，便于取用和进行卫生防护，并易于净化和消毒。水源水量必须满足场内生活用水、猪只饮水及饲养管理用水的要求。

（四）周围环境

选择场址时要求交通方便、电气等能源供应良好，避开地方病和疫情区，与交通干线保持适当距离。一般来说，猪场距铁路及国家一、二级公路应不少于300～500米，距三级公路应不少于150～200米，距四级公路不少于50～100米。

二、猪场规划设计

（一）区域划分

我国规模化猪场一般分为管理区、生产区和隔离区三个功能区。

1. 管理区

管理区应设有值班室、消毒室、更衣室、办公室和技术服务室，还包括宿舍、食堂、活动室、车库等，应建在高处、上地势。大门口应设置消毒池和消毒通道，消毒通道安装喷雾消毒设施和紫外线消毒灯，并设置缓冲间。

2. 生产区

生产区应设有猪舍、饲料库房和饲养员值班室等。

3. 隔离区

隔离区应设有兽医室、病猪隔离室、病死猪无害化处理间和粪污无害化处理场，距生产区100米，并用围墙或绿化带隔开。场内道路应将行人、饲料、产品的运输与运输粪便、病猪和废弃设备的道路分开，避免交叉感染。

（二）场内道路和给排水

1. 场内道路

场内道路是为了将猪场所需要的饲料等原料运进场，将猪处理后的粪便等运出场，方便与外界联系，便于场内各生产环节的联系而修成的道路。它与猪场的生产、防疫有着重要关系。对猪场道路的要求是：道路直而线路短，利于场内各生产环节最方便的联系；有足够的强度保证车辆的正常行驶；路面不积水、不透水；路面向一侧或两侧有1%～3%的坡度，以利排水；道路一侧或两侧要有排水沟；道路的设置不应妨碍场内排水。

在生活区、隔离区，常与外界联系，应分别修建与外界联系的道路，有载重汽车通过，因此要求道路强度较高，路面应宽些以便于会车，路面宽 5～7 米。

在生产区不宜修建与外界联系的道路，生产区的道路应窄些，一般为 2～3.5 米，一般不通行载重汽车，分设运输饲料的净道和运输粪尿、病猪、死猪的污道，净道和污道互不交叉，以保证场内的卫生防疫。

猪场道路可修建成柏油路、混凝土路、石板路等。

2. 给排水

场内给水管路要求按照环形设计的原则设计，采用集中式供水方式。管道埋深应考虑到管道材质及当地气候，非冰冻区金属管一般≥0.7 米，非金属管≥1.0 米；冰冻区则需要考虑冻土深度，要求管线埋置深度在冻土层以下。

场区排水的主要目的是为了保证场区内部场地干燥、卫生、保证区域环境优化。一般情况下，猪场雨水排放设施在道路两侧设明沟。场地坡度大的场，可根据实际情况采取地面自由排水和沟排相结合的方式，不能与舍内排水系统共用，防止造成污染。

（三）绿化设计

绿化是猪场改善环境最有效的手段之一，它不但对猪场环境的美化和生态平衡有益，而且对工作、生产会有很大的促进。绿化规划设计前，对猪场自然条件、生产性质、规模、污染状况等进行充分调查，猪场建设总规划同时进行绿化规划。绿化时不能影响地下、地上管线和车间生产的采光。树种的选择，除需满足绿化设计功能、易生长、抗病害等因素外，还需具有较强的抗污染和净化空气的功能，同时亦可结合猪场生产种植一些经济植物。

场区林带设计为场界周边种植乔木、灌木混合林或规划种植水果类植物带；场区隔离带设计为四周都设置隔离林带、种植绿篱植物或栽种刺笆植物；场区道路绿化以乔木为主、乔灌木搭配种植；遮阳林为运动场东、南、西三侧设 1～2 行，选择枝叶开阔、生长强势的植物；车间及仓库周围绿化是重点，应针对性选择对有害气体抗性较强及吸附粉尘、隔音效果较好的树种，猪舍周围应多种植低矮的花卉或草坪，利于通风和有害气体扩散；生活区绿化可适当进行园林式规划，提升企业形象和优美员工生活环境，可种植易繁殖、栽培和管理的花卉灌木。

（四）环保设计

保证猪场不受外界污染，同时不污染外界环境。猪场投资方应按照环保要求，保证处理后的污染可以达标排放，固体粪污可以安全使用，避免污染周围环境。

第三节 猪舍建筑设计

猪舍设计包括工艺设计和建筑设计，建筑设计是猪舍设计中的一个重要方面。建筑设计是否合理，直接关系到建筑的安全和建筑物的使用年限，同时影响建筑物内部的小气候。

一、猪舍类型

猪舍的形式多种多样，按照屋顶形式的不同可划分为单坡式、双坡式等，按围护结构和有无窗户分为开放式、半开放式和封闭式，按猪栏排列形式分为单列式、双列式和多列式。

猪舍的外围护结构是指猪舍外墙、门、窗、屋顶、地面及内外装修等构成的猪舍外壳。猪舍通过这些外围结构使得舍内小环境有别于外部气候，猪舍内部状况很大程度取决于外围护结构的设计。

二、猪舍主要结构

根据猪舍结构的形式和材料，猪舍可分为砖结构、木结构、混合结构、钢结构等。一栋完整的猪舍主要由地面、墙壁、屋顶、门窗、猪栏、粪尿沟等部分构成。

（一）地面

地面应具备坚固、耐久、抗机械作用力，以及保温、防潮、不滑、不透水、易于清扫与消毒等特点。地面应斜向排水沟，坡度为2%～3%。大多数采用混凝土地面，为克服水泥地面潮湿和传热快的缺点，地面层选用导热系数低的材料，垫层可采用炉灰渣、空心砖等保温防潮材料。采用部分或全部漏缝地板。

（二）墙壁

墙壁必须具备坚固、耐久、耐水、耐酸、防火能力，便于清扫、消毒；同时应有良好的保温与隔热性能。猪舍主墙壁厚在25～30 厘米，隔墙厚度 15 厘米。

（三）屋顶

屋顶应具有防水、保温、承重、结构轻便的特性。猪舍天棚、屋面应净高 4 米以上，规模猪场用石棉或彩钢瓦双坡式房顶。

（四）门窗

猪舍门一律要向外开，门上不应有尖锐突出物，不应有门槛、台阶。双列猪舍中间道为双扇门，一般要求宽度不小于 1.4 米，高度 2 米，饲喂通道侧圈门高 0.8～1 米，宽 0.6～0.8 米。开放式的种公猪运动场前墙应设有门，高 0.8～1.0 米，宽 0.8 米。窗户距地面高 1.2～1.5 米，窗顶距屋檐 40 厘米，两窗间隔距离为其宽度的 1 倍。

（五）猪栏

材料要就地取材（一般用砖砌墙水泥抹面，也可用钢棚栏），栏高一般与圈门高相当。

（六）其他主要辅助结构

送料道宽 1.2～1.5 米，粪道宽 1.0～1.2 米；生产辅助间设在猪舍的一端，地面高出送料道 2 厘米；开放式猪舍的粪尿沟要求设在前墙外面；全封闭、半封闭猪舍的粪尿沟可设在距南墙 40 厘米处，并加盖漏缝地板。粪尿沟的宽度应根据舍内面积设计，至少有 30 厘米宽。漏缝地板的缝隙宽度要求不得大于1.5 厘米。

三、猪舍保温防寒及隔热防暑

（一）屋顶隔热设计

在炎热的夏季，由于强烈的太阳辐射热和高温，可使屋面温度高达60～70℃，甚至更高。由此可见，屋顶隔热性能的好坏对舍内温度影响很大。常用屋顶隔热设计的措施：选用导热性能系数小、隔热性能好的材料加强隔热；根据当地气候特点和材料性能保证足够的厚度，充分利用几种材料合理确定多层结构屋顶；舍外表面以色浅而平滑为主，增强屋顶反射，减少太阳辐射热；将屋顶设计成双层，靠中间层空气的流动而将屋顶传入的热量带走或在屋顶利用通风设备加强通风（图7-1和图7-2）。

图7-1　保温猪舍内部

（二）墙壁隔热保温设计

我国墙体的材料多采用黏土砖。砖墙的毛细管作用较强，吸水能力也强，保温和防潮，同时提高舍内照度和便于消毒等，砖墙内表面宜用白灰水泥砂浆粉刷。墙壁的失热仅次于屋顶，普通红砖墙体必须达到足够厚度，用空心砖或加气混凝土块代替普通红砖、用空心墙体或在空心墙中填充隔热材料等均能提高猪舍的防寒保温能力。北方的畜禽舍，在建设过程中外墙还可以采用聚乙烯板等隔热材料，这样能够起到很好的隔热保温效果（图 7-3）。

图 7-2　猪舍通风屋顶

图 7-3　猪舍保温外墙

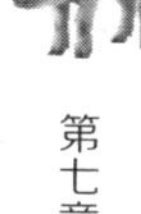

（三）绿化覆盖设计

绿化不仅起遮阳作用，对缓和太阳辐射、降低舍外空气温度也具有一定的作用。茂盛的树木能挡住 50%～90%的太阳辐射热，草地上的草可遮挡 80%的太阳，绿化的地面可降低辐射热 4～5 倍（图 7-4 和图 7-5）。

图 7-4　猪舍间绿化

图 7-5　猪舍外绿化

(四) 遮阳防暑设计

遮阳是指阻挡太阳光线直接进入舍内的措施。

挡板遮阳是阻挡正射到窗口处阳光的一种方法，适于东向、南向和接近此朝向的窗户。水平遮阳是阻挡从窗口上方射来的阳光的方法，适于南北和接近此朝向的窗户。综合式遮阳是利用水平挡板、垂直挡板阻挡由窗户上方射来的阳光和由窗户两侧射来的阳光的方法，适于南向、东南向、西南向及接近此朝向的窗口。此外，可通过加长挑檐、搭凉棚、挂草帘等措施达到遮阳的目的。通过遮阳可在不同方向的外围护结构上使传入舍内的热量减少17%～35%（图7-6）。

图7-6 猪舍遮阳

四、猪舍采光

（一）自然采光

自然采光就是用太阳的直射光或散射光通过猪舍的开露部分或窗户进入舍内以达到照明的目的。自然采光的效果受猪舍方位、舍外情况、窗户大小、入射角与透光角大小、玻璃清洁度、舍内墙面反光率等多种因素影响。猪舍的方位直接影响猪舍的自然采光及防寒防暑，设计时应周密考虑。猪舍附近如果有高大建筑物或大树，就会遮挡太阳的直射光和散射光，影响舍内照度。因此，要求其他建筑物与猪舍的距离，不应小于建筑物本身高度的2倍。窗户大小，封闭舍的采光取决于窗户大小，窗户面积越大，进入舍内的光线越多。入射角越大，越有利于采光，为保证猪舍得到适宜的光照，入射角一般不应小于25°。透光角越大，越有利于光线进入。

（二）人工光照

人工照明用日光灯或白炽灯均可，前者与后者相比耗电少，且光线柔和，接近于自然光，不刺激眼睛，但日光灯价格较高，温度过低不易启亮，因而在使用上受到一定限制。

五、猪舍通风换气

猪舍空气中的有害成分主要有氨气、硫化氢、二氧化碳和粉尘，其中氨气和硫化氢对猪只生产性能和健康的影响最大。为保证动物正常的生长性能，要通过合理的通风来控制这些有害气体的浓度，使猪舍的空气卫生质量达到要求。

（一）屋顶通风

屋顶通风是指不需要机械设备而借不同气体之间的密度差异，使猪舍内空气上下流动，从而使猪舍内废气能够及时从屋顶上方排出舍外。屋顶通风可大大降低舍内的废气浓度，确保猪舍内空气新鲜，减少呼吸道疾病等的发生率；对于采用了地脚通风窗和漏缝地板的猪舍，屋顶通风使外界新鲜凉爽空气从猪舍地脚通风窗进入直吹至猪体，带走猪散发的热量和排出的废气，可起到明显的降温作用，特别是在夏季冲洗猪圈后效果尤为明显。屋顶通风可以选择在屋顶开窗、安装屋顶无动力风扇或屋顶风机等方式。

（二）横向通风

横向通风一般为自然通风或在墙壁上安装风扇，主要用于开放式和半开放式猪舍的通风。为保证猪舍顺利通风，必须从场地选择、猪舍布局和方向，以及猪舍设计方面加以充分考虑，最好使猪舍朝向与当地主风向垂直，这样才能最大限度地利用横向通风。横向通风的进风口一般由玻璃窗和卷帘组成，安装卷帘时要使卷帘与边墙有 8 厘米左右的重叠，这样能防止贼风进入；同时在卷帘内侧安装防蝇网，防止苍蝇、老鼠等进入以保证生物安全；卷帘最好能从上往下打开，可以让废气从卷帘顶端排出，平衡换气和保温。

（三）纵向通风

纵向通风通常采用机械通风，分正压纵向通风和负压纵向通风两种。一般来说，正压纵向通风主要用于密闭性较差的猪舍；负压纵向通风则用于密闭性好的猪舍，通过风扇将舍内空气强行抽出，形成负压，使舍外空气在大气压的作用下通过进气口进入舍内。通风时风扇与猪只之间要预留一定距离（一般 1.5 米左右），避免临近进风口风速过大对猪只造成不利影响。纵向通风猪舍长度不宜超过 60 米，否则通风效果会变差。

（四）通风管理的控制标准

猪舍的通风通常把通风换气量作为标准。猪舍的通风换气量是指单位时间内进入猪舍的新鲜空气量或排出的污浊空气量，其单位通常是米^3/小时，实际生产中常以每头或每千克体重所需通风量来表示，并根据通风换气参数来确定猪舍的通风换气量。

六、猪舍给排水

（一）给水

猪场给水建议采用集中式给水，使用方便、卫生、节省劳动力、能较好地提高劳动生产率。猪舍内给水设计在保证水量的前提下，要求便于管理和使用方便。猪饮水系统包括管网、饮水器和附属设备。不同猪群饮水器不同，同时需要根据实际来确定调解水压的设备，保证不同猪群有不同的饮用水压，不可以整个猪场采用一套饮水系统。

（二）排水

规模化猪场粪尿和污水量都比较大。猪舍排水一般与清粪系统配套。猪舍排水沟一般深度保持在 10～15 厘米，过深不利于清污，过浅则污水会浸到猪床，影响猪体健康。只有保持排水系统各环节正常，才可以给生猪生产提供一个良好环境（图 7-7）。

七、猪舍内部设计

猪舍内部设计包括猪栏布置、通道、排污沟、料槽、饮水器等设施设备的布置。

图 7-7 污水沟和雨水沟

（一）平面设计

平面设计需依据工艺设计，确定每栋猪舍能够容纳的头数、管理方式，从而合理地安排猪栏、通道、排污沟等，进而可以确定整栋猪舍的跨度和长度。

猪栏一般按照建筑长轴方向布局，可分为单列式、双列式、多列式，同时考虑通风、采光需要。建筑物尺寸需根据栏位尺寸、养殖方式确定。通道需根据栏位布置方向确定，饲喂、清粪通道确定好方向后，根据用途、使用的设备确定通道宽度。各类通道尺寸见表 7-21。排污沟宽度一般设计为 20～30 厘米，深度 10～15 厘米。

表 7-21 通道宽度

项目	通道用途	使用工具及操作	宽度/厘米
猪舍	饲喂	手推车	100～120
	清粪	清粪、接产	100～150

（二）剖面设计

猪舍剖面设计主要确定设备安装高度、实施尺寸。

檐高由自然光照及通风设计要求控制，一般寒冷地区 2.2～2.7 米，高温高湿地区一般不小于 3 米。舍内地平高度一般高于舍外15～30厘米，门前为斜坡（$i \leqslant 15\%$）。舍内猪床坡度保证在1%～3%之间，坡度过大则不利于防滑，坡度过小则会导致猪床积水潮湿。分娩猪及保育猪群建议采用高床饲养法，可有效保证猪只健康，减少疫病发生的概率。

八、不同种猪舍设计

（一）种公猪舍

种公猪舍可采用开放式，单列式猪舍建议跨度为8.64米，双列式猪舍建议跨度为12.24米，内设饲喂走廊，外设小型运动场，以增加种公猪的运动量。种公猪舍设计栏高130厘米以上为宜，不让公猪爬上爬下，避免公猪受到伤害。公猪舍要有防暑降温设施，使舍内温度保持在15～20℃，如屋顶装设隔热材料、洒水或室内安装喷淋洗浴设施、通风设备、空调设备等。为防止公猪的蹄受损，所有地面材料均应考虑在清洗或排粪尿后地面仍然不滑，地面也不可太过粗糙，以免磨伤猪蹄，公猪栏以采用不过滑或过粗的水泥地面或高压水泥砖地面为宜，地面不可积水，排水应良好，地面斜度应以3%为准。

公猪栏要配合待配母猪栏设计，母猪每天能看到公猪或闻到公猪气味，或头能互相碰触均有助于诱导母猪发情。可以把公猪栏设在母猪栏对面，设在待发情母猪栏旁边，或母猪栏中间设置几栏公猪栏。公猪舍内设置采精间，旁边建立化验室以检测精液品质。公猪运动场一般建沙土地或水泥地面，建于舍外。

（二）空怀母猪舍

一般空怀母猪舍的设计与公猪舍的设计相同，只是猪栏高度不同。采取小群饲养，每圈养4～6头空怀母猪，更利于其产后发情。圈栏的结构有实体式、栅栏式、综合式三种，猪圈布置多为单走道双列式。猪圈面积一般为7～9米²，注意地表不要太光滑，以防母猪跌倒。降温可采用喷淋结合纵向通风的方式。空怀母猪舍平面图详见图7-8。

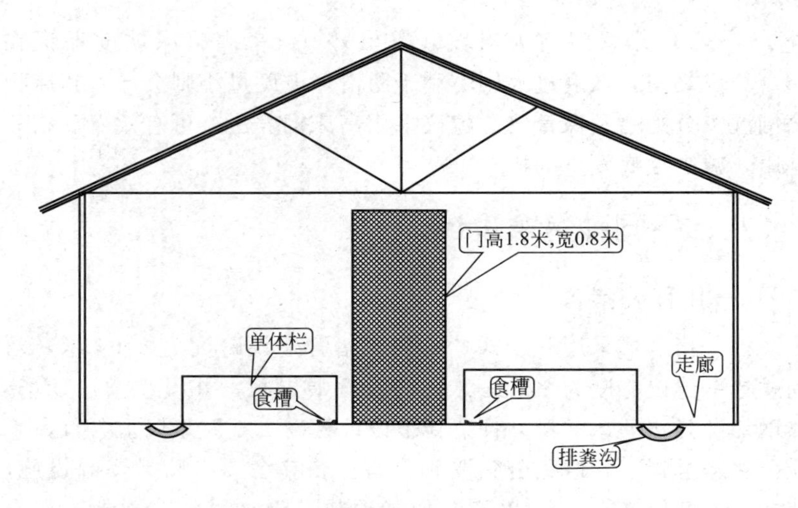

图 7-8　空怀母猪舍剖面图

(三) 妊娠母猪舍

妊娠母猪舍可采用开放式或半开放式。屋顶材质最好为隔热材料；猪栏多采用双列式或三列式，妊娠猪栏的高度要适当，避免母猪翻出栏外或隔壁而导致打斗流产，一般圈地高度 80～100 厘米；妊娠猪栏的大小和饲养猪只的多少根据饲养工艺确定，围栏可部分或全部采用金属围栏。地面采用高压水泥，也可采用部分条状地面，要求地面排水良好，斜坡以 3％为宜，粪便易于清除。高温下采取降温措施，如使用通风设备或间歇性淋浴外加通风等。妊娠母猪舍平面图详见图 7-9。

(四) 分娩哺育舍

分娩哺育舍一般为全封闭式，舍内设有分娩栏，布置多为两列或三列式。舍内温度要求 15～20℃。分娩栏位结构也因条件而异。地面分娩栏采用单体栏，中间部分是母猪限位架，两侧是仔猪采食、饮水、取暖等活动的地方。网上分娩栏主要由分娩栏、仔猪围栏、金属编织的漏缝地板网、保温箱、支腿等组成。

产房平面图详见图 7-10，产房限位栏详见图 7-11。

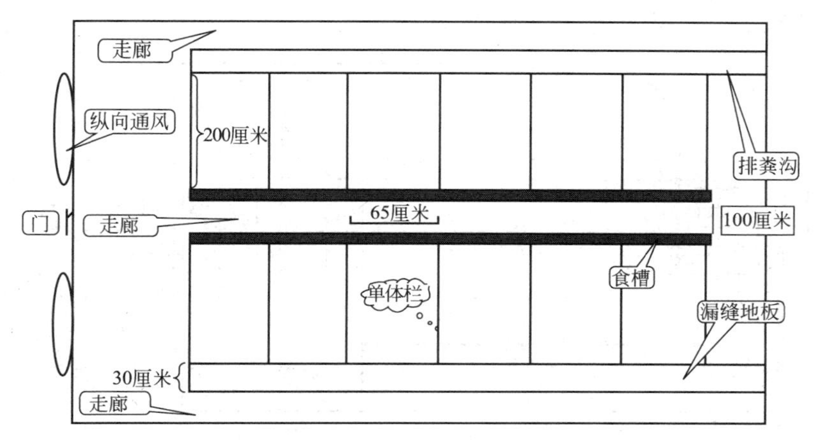

图 7-9 妊娠母猪舍平面图

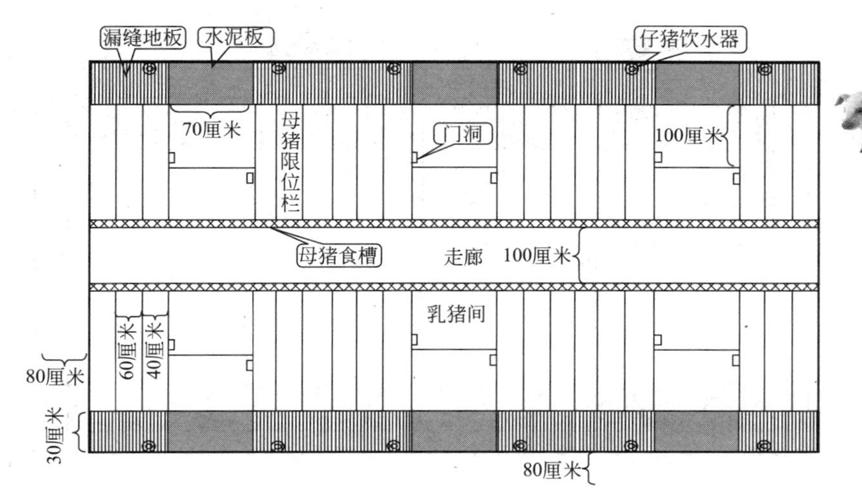

图 7-10 产房平面图

（五）仔猪保育舍

仔猪保育舍一般为全封闭式，可采用网上保育栏，网上饲养，自动落料食槽，自由采食。舍内温度要求 26～30℃。也可将分娩哺育舍与仔猪保育舍建在同一栋舍内，这样便于断奶，对仔猪的刺激较小。仔猪保育舍平面图详见图 7-12。

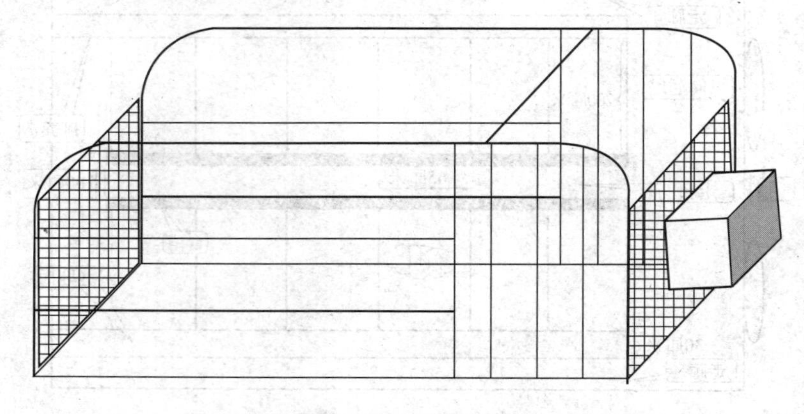

图 7-11　产房限位栏

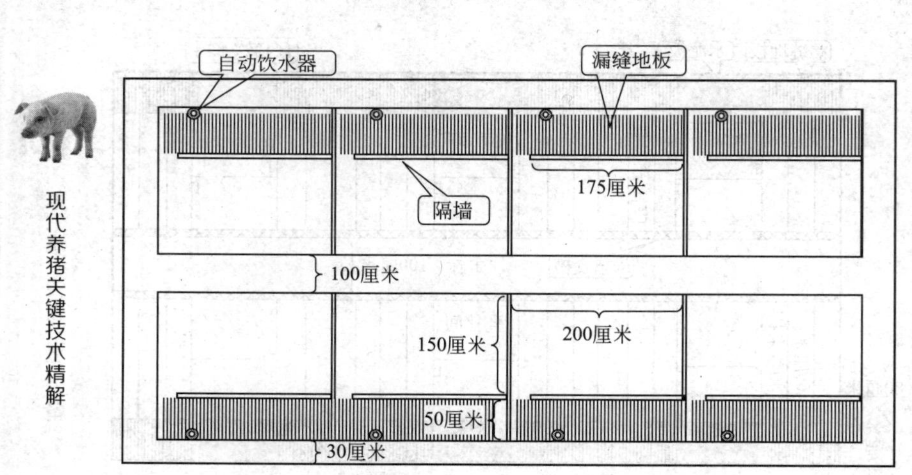

图 7-12　仔猪保育舍平面图

（六）生长、育肥舍和后备母猪舍

这三种猪舍一般为半开放式，均采用大栏地面群养方式，自由采食，其结构形式基本相同，只是在外形尺寸上因饲养头数和猪体大小的不同而有所变化。

育肥猪猪圈建筑图详见图 7-13，建筑平面图详见图 7-14。

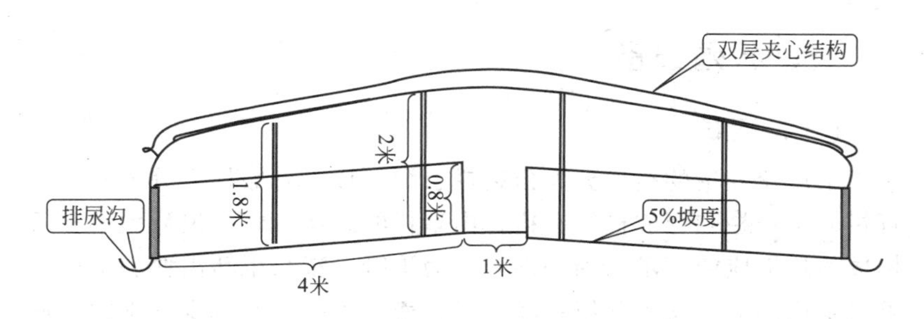

图 7-13　育肥猪猪圈建筑图

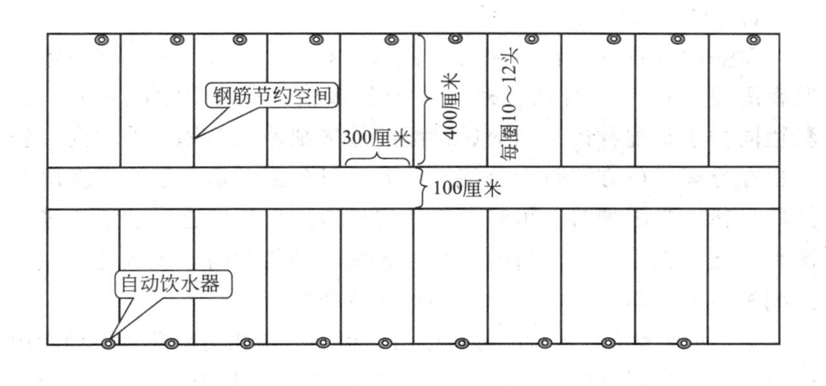

图 7-14　育肥猪猪圈建筑平面图

（七）病猪隔离舍

为了避免传染病的传播，宜设置病猪隔离舍，以利观察、治疗。病猪隔离舍的建造结构参照半开放式育肥舍，冬天可搭塑料棚。

第四节　猪场设备

猪场设备指为各类猪群生长创造适宜温度、湿度、通风换气等使用的设备，主要有供热保温、通风降温、环境监测和全气候环境控制设备等。

一、养殖设备

（一）猪栏

工厂化养猪的猪栏分为公猪栏、配种栏、妊娠栏、分娩栏、保育栏、生长栏和育成栏等。猪舍内猪栏的结构形式、尺寸大小和所构成的环境应能满足下列条件：①为该阶段猪只生活需要和饲养要求提供适当的空间和环境；②便于饲养人员操作及减少日常的工作量；③尽可能使饲养管理人员有良好的工作环境。

1. 公猪栏和配种栏

第一种配置方式：待配母猪栏（面积4～6米^2/栏）与公猪栏紧密配置，3～4个母猪栏对应一个公猪栏，不设专用配种栏，公猪栏同样也是配种栏。断奶后待配的母猪则养在单体饲养栏内。公猪栏在母猪栏后方，每个公猪栏放养一只公猪，这便于协助查出发情的母猪。当配种时，可将母猪栏的母猪放出让其进入公猪栏进行配种，配种完成后，可将母猪赶回原来的母猪栏内，优点是不会错过配种适期，而且方便管理，能提高劳动生产率。

第二种配置方式：待配母猪栏与公猪隔通道相对配置，不设专用配种栏，公猪栏同样也是配种栏，配种时把母猪赶至公猪栏内配种。公、母猪虽然不能直接接触，但如采用铁制围栏，有利于发情鉴别。

上述两种配种栏同时是公猪栏，配种时要移动母猪，从而简化了操作，而且公、母猪接近有利于母猪发情和发情鉴别。

2. 母猪栏

在工厂化养猪中，生产母猪一般采用个体限位栏饲养，即每一母猪栏放一母猪，其优点是：①猪栏占地面积小，可减少猪舍建筑面积；②便于母猪发情和及时进行配种；③方便操作，提高管理水平；④避免相互干扰，减少流产。其缺点是：①由于建筑使用金属结构，增加了投资成本；②由于母猪限位，运动量小，有可能延迟性成熟期和初配年龄，降低小母猪的受胎率，以及缩短母猪利用年限；③易引起猪腿部和蹄部的疾病；④需要有周密的计划和细致管理工作的配合。

3. 分娩栏

工厂化养猪原则上都将公娩栏安排在分娩舍内，有利于做好接生工作，减少劳动力。分娩栏的结构及环境设计应满足如下要求：①温度，母猪 15～18℃，出生后几天的小猪 30～32℃，哺乳小猪要另外提供加温设备；②保护小猪，应有保护架和防压杆等，还应提供一个与母猪分开的舒适温暖地带，当小猪不吮奶时可使小猪到此活动；③良好的卫生条件；④便于管理。

4. 保育栏

此时正是仔猪生长非常迅速的时期，这个时期仔猪对疾病的抵抗力还是比较弱的，因此必须提供一个适合的生长环境，即清洁、干燥、温暖，没有疾风侵入，空气清新的环境。常见的为金属漏缝地板的保育栏。相邻两栏在间隔栏栅处设一双面自动食箱，每栏安装 2 个饮水器。地下为漏缝地板，易于粪尿下落至粪沟，有利于舍内清洁干燥。这种保育栏造价高，但效果还不错。另外由于漏缝地板透气，冬天要适当加保温设备。

5. 生长猪栏与育肥猪栏

它们的区别在于面积的大小不同，而其结构相似。有两种形式：一种是采用全铁制栏栅和水泥漏缝地板条的育成栏，清洁卫生、通风性好，大大节省了所需的饲养管理工人，适用于集约化程度高的养猪场，只是投资大些；另一种是不设漏缝地板，靠人工清扫猪粪和冲洗猪栏地面，污水流出排水沟。

（二）漏缝地板

采用漏缝地板易于清除猪的粪尿，减少人工清扫的劳动强度，便于保持栏内的清洁卫生；易于保持干燥，特别有利于仔猪的生长。材料上要求耐腐蚀、不变形、表面平整、坚固耐用、不卡猪蹄、漏尿效果好、便于冲洗、保持干燥。目前，其样式有以下几种：

（1）水泥漏缝地板　表面应紧密光滑，无蜂窝状疏松，否则表面会有积污而影响栏内清洁卫生，水泥漏缝地板内应有钢筋网，以防受破坏。

（2）金属漏缝地板　由金属条排列焊接而成（或用金属编织而

成）适用于分娩栏和小猪保育栏。其缺点是成本较高；优点是不打滑，栏内清洁、干净。

（3）金属冲网漏缝地板　适用于小猪保育栏。

（4）生铁漏缝地板　经处理后表面光滑、均匀无边，铺设平稳，不会伤猪。

（5）塑料漏缝地板　由工程塑料模压而成，有利于保暖。

（6）陶质漏缝地板　具有一定的吸水性，冲洗后不会在表面形成小水滴，还具有防水功能，适用于小猪保育栏。

（7）橡胶或塑料漏缝地板　多用于配种栏和公猪栏，不会打滑。粪尿沟距漏缝地板约 80 厘米，经常保持 3～5 厘米的水深。

（三）降温与采暖设备

1. 降温设备

（1）喷雾设备降温　利用机械设备向舍内直接喷水或在进风口处将低温的水喷成雾状，借助汽化吸热效应而达到畜体散热和畜舍降温的作用。采用喷雾降温时，水温越低、空气越干燥，则降温效果越好。但此种降温方法在湿热天气不宜使用。因喷雾能使空气湿度加大，对畜体散热不利，同时有利于病原微生物的滋生和繁衍，加重有害气体的危害程度（图 7-15）。

图 7-15　猪舍喷雾降温

（2）喷淋设备降温　此法主要适用于猪、牛等畜舍在炎热条件下的降温。喷淋降温要求在舍内设喷头或钻孔水管，定时或不定时对畜禽进行淋浴。喷淋时，水易于湿透被毛而湿润皮肤，可直接从畜体及舍内空气中吸收热量，故利于畜体蒸发散热而达到降温的目的（图7-16、图7-17）。

图7-16　育肥舍喷淋降温

图7-17　猪舍屋顶喷淋降温

（3）水帘通风系统降温　又称湿帘降温。该装置主要部件由湿垫、风机、水循环系统及控制系统组成。由水管不断向蒸发垫淋水，将蒸发垫置于机械通风的进风口，气流通过时，由于水分蒸发吸热，降低进入舍内的气流温度（图 7-18、图 7-19）。

图 7-18　猪舍净道湿帘

图 7-19　猪舍污道风机

（4）冷风设备降温　冷风机是喷雾和冷风相结合的一种新型设备。冷风机技术参数各生产厂家不同，一般通风量为 6000～9000 米^3/小时，喷雾雾滴可在 30 微米以下，喷雾量可达 0.15～0.2 米^3/小时。舍内风速为 1.0 米/秒以上，降温范围长度为 15～18 米，宽度为 8～12 米。这种设备国内外均有生产，降温效果较好（图 7-20、图 7-21）。

图 7-20　冷风机主机

图 7-21　冷风机舍内送风道

2. 采暖设备

（1）局部采暖设备　在舍内单独安装供热设备，如电热板、散热板、红外线灯、保温伞和火炉等。在雏鸡舍常用煤炉、烟道、保温伞、电热育雏笼等设备供暖；在仔猪栏铺设红外线灯、电热毯或上面悬挂红外线保温伞（图 7-22、图 7-23）。

图 7-22　猪舍电热板

图 7-23　产房保温灯

（2）集中采暖设备　集中式采暖是指集约化、规模化畜牧场，可采用一个集中的热源（锅炉房或其他热源），将热水、蒸汽或预热后的空气，通过管道输送到舍内或舍内的散热器。主要设备有热风炉、暖风机、锅炉等，能有效解决通风与保暖问题（图 7-24、图 7-25）。

二、饲喂设备

工厂化猪场的饲料贮存，输送及喂养，不仅花费劳动力多而且

图 7-24　猪舍地坪热水供暖

图 7-25　（柴、煤、沼气）供暖锅炉

对饲料利用率及清洁卫生都有很大影响。最好的方法是饲料加工厂加工好的饲料用专用运输车将饲料先送入贮存塔，再通过螺旋或其他输送器将饲料直接输送到食槽或自动食箱。其优点是：①饲料始终保持新鲜；②节约饲料包装和装卸费用；③减少饲料在装卸过程中的损耗；④减少污染和盗食；⑤自动化、机械化程度高，节省大量劳动力。

饲料贮存、输送及喂养设备主要有饲料塔、输送机、加料车、食槽和自动食箱等。

（一）饲料塔

饲料塔多用 2.5～3 毫米镀锌的钢板压型组装而成。

（二）输送机

输送机主要用来将饲料从猪舍外的饲料塔输送到猪舍内，然后分送到饮料车、食槽或自动食箱内。其类型有卧式绞龙输送机、链式输送机和螺旋弹簧式输送机（图 7-26、图 7-27）。

图 7-26　饲料输送机局部

（三）加料车

加料车主要用于定量饲养的配种栏、妊娠栏和分娩栏，即将饲料从饲料塔出口送至食槽。其有两种形式，手推式机动和手推人力式加料。

（四）食槽

常用的食槽有：

（1）水泥食槽　主要用于配种栏和分娩栏，优点是坚固耐用，造价低，还可当作饮水槽，缺点是卫生条件差。

（2）金属食槽　主要用于妊娠栏和分娩栏，便于同时加料，又

图 7-27　饲料输送机整体

便于清洁，使用非常方便。

(五) 自动食箱

其优点是：自动限制落料，吃多少落多少，不会浪费饲料，干净卫生；猪只自由采食，不会打斗，有利于其生长发育；便于与饲料管相通、分配器连接，实现自动送料，节约劳动力且便于管理。

(六) 饮水设备

饮水设备主要包括猪饮用水和清洁冲洗用水的供应，都同一管路，应用最广泛的是自动饮水系统，包括饮水管道、过滤器、减压阀和自动饮水器等。其优点是可以随时供给新鲜干净水，减少疾病传播；节约用水、节省开支；避免饮水溅洒，保持栏舍干燥。

自动饮水器可分为鸭嘴式、乳头式、吸吮式和杯式四种。

(1) 鸭嘴式猪用自动饮水器　封闭性好，不会浪费水资源。

(2) 乳头式猪用自动饮水器　封闭性差，水流过急，猪喝水困难，浪费用水，弄湿猪栏。

(3) 吸吮式猪用自动饮水器　哺乳期小猪能很快习惯，减少猪的玩水现象，饲料和其他脏物不易进入，适于哺乳猪使用。

（4）杯式猪用自动饮水器　能节约用水。

三、环保设备

（一）自动冲洗设备

工厂化猪场多采用将猪粪尿排入粪沟，再利用粪沟一端的冲水器将粪沟的粪便冲至总排粪渠道。

1. 固定式自动清洗系统

自动冲洗系统能定时自动冲洗，配合程式控制器做全场系统冲洗控制。在冬天时，也可只冲洗一半的猪栏，在空栏时也能快速冲洗，以节省用水。水管架设高度在2米时，清洗宽度为3.2米；高度为2.5米时，清洗宽度为4米；高度为3米时，清洗宽度为4.8米。

2. 简易水池放水阀

水池进水与出水均靠浮子控制，出水阀由杠杆机械人工控制。优点是简单、造价低，操作方便，缺点是密封可靠性差，容易漏水。

3. 自动翻水斗

工作时根据每天需要冲洗的次数调好进水龙头的流量，随着水面的上升，重心不断变化，水面上升到一定高度时，翻水斗自动倾倒，几秒钟内可将全部水倒出冲入粪沟，翻水斗自动复位。它结构简单，工作可靠，冲力大，效果好，主要缺点是耗用金属多，造价高，噪声大。

4. 虹吸自动冲水器

常用的虹吸自动冲水器有两种形式，盘管式虹吸自动冲水器和U形管虹吸自动冲水器。其优点是：结构简单，没有运动部件，工作可靠，耐用，故障少；排水迅速，冲力大，粪便冲洗干净。

（二）粪便处理设备

每头猪平均年产猪粪2500千克左右，采用漏缝地板用水冲粪，每头猪平均每年要产5000～7000千克的粪便，及时合理地处理猪粪，既可获得优质的肥料，又可减少对周围环境的污染。

1. 粪尿水固液分离机

粪尿水固液分离机包括带粉碎机的离心泵，低速分离筒，螺旋压力机，带式输送装置等部分。离心泵将粪液从贮粪池中抽出，经过粉碎后送入筛孔式分离滚筒将粪液分离成固态和液态两部分。液态部分经收集器流入贮液池；固态部分进行脱水处理，使其含水率低于70%后，再经带式输送器送往运输车，运到贮粪场进行自然堆放状态下的生物处理。液态部分可利用双层洒车喷洒到田间，以提高土壤肥力（图 7-28）。

图 7-28 粪尿水固液分离机

2. 复合肥生产设备

可把猪粪生产为有机复合肥，设备包括原料干燥、粉碎、混合、成粒、成品干燥、分级、计量包装等部分。在颗粒成形上根据肥料含有纤维质的比例，选用不同的制粒机。纤维质比例较大时采用挤压式制粒机，占比例小时采用圆盘造粒机，干燥燃料以煤为主，也可用其他燃料代替。

3. BB 肥（掺混肥）生产设备

本设备能利用猪粪生产出高含量全价营养复合肥，可根据不同的作物及土质，加入所需的微量元素和杀虫剂，自动计量封包，精度准确，每包定量可以自由设定在 20～50 千克。

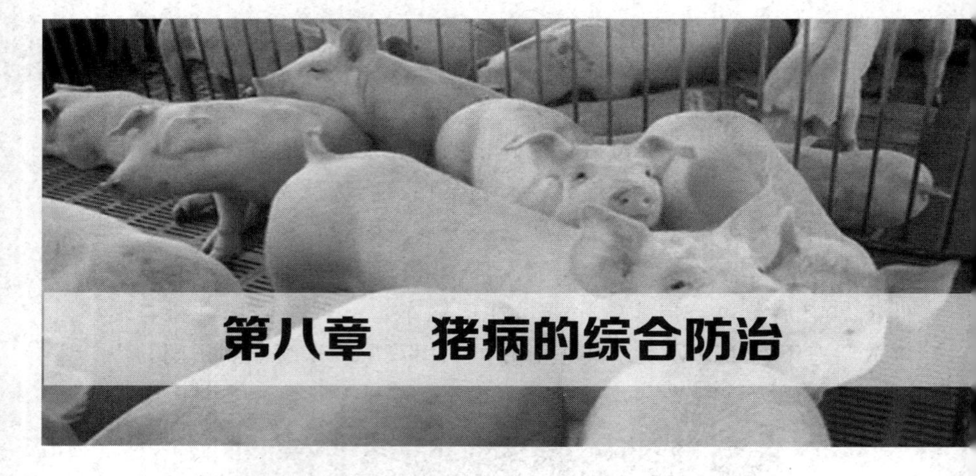

第八章　猪病的综合防治

猪病的种类很多，包括传染病、寄生虫病、内科病、外科病及产科病等。猪病给养猪生产造成重大损失，尤其是猪的传染病和寄生虫病，往往是大批发生，发病率和病死率很高，甚至殃及全群，严重地影响养猪业的发展，造成巨大的经济损失。为了预防和消灭猪的疫病，保护猪群正常生长，提高猪场的经济效益，促进养猪业的健康发展，保证人类健康，必须坚持预防为主的方针，坚决贯彻《中华人民共和国动物防疫法》，使饲养管理规范化、科学化，防疫措施制度化、经常化、合理化，提高养猪防病的水平。

第一节　猪病的预防措施

一、贯彻“预防为主，养防结合，防重于治”的方针

猪场的疫病防治应贯彻“预防为主，养防结合，防重于治”的方针。搞好饲养管理、卫生消毒、预防接种、隔离检疫等综合防疫措施，以提高猪群的健康水平和抗病能力，控制和杜绝疫病的传入及蔓延，降低发病率和死亡率。实践证明，只要认真做好平时的预防工作，很多传染病可以不致发生，一旦发生也能及时控制。随着集约化养猪的发展，贯彻“预防为主”的方针显得更加重要。在集约化、规模化养猪场，兽医工作的重点应该放在猪病的预防上。

二、科学饲养管理，增强猪群体质和抗病能力

（一）采用科学的饲养方式，坚持“自繁自养”

将仔猪在较小日龄实施断奶，由于这个时期仔猪体内的母源抗体的存在，母猪所携带的病原微生物还未传播给仔猪，将仔猪转移到较远的干净的保育舍中饲养，防止母猪将病原微生物传染给仔猪。

坚持自繁自养的繁殖方式是为了防止从外场购猪带来的疫病。猪场确实需要从外场引进种猪时，只能引进非疫区的种猪。在经当地兽医部门检疫和本场兽医检疫后，隔离观察不得少于30个工作日，经检查合格的猪只经带体消毒后方可入群。在隔离期间还应做好疫苗的免疫注射和驱除体内外寄生虫的工作。

（二）坚持“全进全出”的管理模式

全进全出的生产方式可以避免组群之间的交叉感染，经过栏圈的彻底清扫和消毒后，有助于疾病的控制。

（三）合理分群

合理分群，保持猪舍内适宜的温度和湿度，做好吃食、排粪尿、躺卧“三点定位”。

三、创造良好的生长环境

场址要求地势较高，干燥、平坦，向阳，冬季背风。水、电、交通方便而又远离村庄、学校、工厂、垃圾存放场及交通要道，特别应远离屠宰场、肉类加工厂、皮毛加工厂等，场四周种植绿化隔离带。场内布局要合理，生产区、辅助生产区、生活区要严格分开。兽医室应远离生产区，建在生产区外下风向和地势较低处，饲料厂应设在上风向。做好粪便和污水的排放与消毒。创造卫生舒适的猪舍环境，减少环境应激。保持猪舍温度、湿度、通风换气、光照适宜，定期消毒，为猪群生长发育营造一个安全、卫生、舒适的环境。

四、严格执行兽医卫生管理制度

生产区门口设专职门卫，负责来往人员、车辆的登记和消毒工作。猪场谢绝参观，外来人员和非生产人员不得进入生产区。饲养人员进入生产区必须消毒更衣。饲养人员不得串舍，用具和设备固定在本舍内使用。消毒池的消毒液要定期更换，经常保持有效浓度。场区职工家属不准私人养猪和其他动物。定期消毒，灭鼠、蚊、蝇。不准在生产区或猪舍内解剖死猪。泔水要煮沸后喂猪。引进猪要隔离检疫。

五、搞好猪舍清洁卫生与消毒工作

严格执行消毒制度，平时定期消毒，猪舍和用具每年春、秋季各进行一次大清扫、大消毒，以后每月进行一次带体消毒。“全进全出”的猪舍在每批猪出栏后彻底消毒并空圈一周，产房应在母猪分娩前彻底消毒，产仔高峰时进行多次消毒，产仔结束后再进行一次。

发生传染病时，猪舍及用具每周消毒一次，当传染病扑灭后及疫区解除封锁前，必须进行终末消毒。

猪场常用消毒方法有：机械清扫、水冲、化学药品消毒、生物热消毒等。猪舍消毒一般先经机械清扫，水冲，然后用化学药品消毒，消毒液量一般控制在1000毫升/米^2。

消毒时先地面，后墙壁，最后顶棚，先由远离门的地方开始。封闭1天后再开窗通风，用清水刷洗饲槽。另外，在猪舍消毒时应对附近场院及病畜污染地方和物品同时进行消毒。

各种对象的消毒方法：

（1）大门　大门入口设消毒池，常用2%～3%苛性钠溶液或1%复合酚类（菌毒敌），每周更换一次，经常保持有效浓度。

（2）猪舍及用具　每日清扫一次，每周化学消毒一次。常用化学消毒剂均可。猪带体消毒时应选用那些低毒、低刺激、低腐蚀的消毒剂（如0.05%过氧乙酸、0.5%强力消毒灵等），采取“全进全出”方式管理的猪舍在每批猪出栏后进行彻底大消毒并空圈一周，猪舍密闭条件好的可采用熏蒸消毒（熏蒸剂有福尔马林、过氧乙酸及复合酚类的菌毒敌等）。

（3）运动场　如为水泥地，可用水洗刷，喷消毒液；如为泥土地，可将地面土壤深翻30厘米，并撒上漂白粉或新鲜生石灰，用水湿润、压平。

（4）粪便、污水及垫料　常用生物热消毒法进行无害化处理，可利用发酵池或堆积发酵处理，也可用化学药品消毒（如漂白粉、生石灰等）。

定期杀虫、灭鼠、消灭蚊蝇，以消灭疫病的传播媒介。经常清除猪舍周围的垃圾、杂物和乱草，定期喷洒消毒药、杀虫药（如菊酯类等），使用鼠药时防止人畜中毒。

六、定期进行检疫和检测

猪场应贯彻自繁自养方针，一般不要从场外引进猪只。必须引进种猪时，要从非疫区、无疫情的猪场引进，并隔离观察半个月，血清学检查合格后方可混入猪群。

对本场种猪群及后备猪群应建立定期检疫和检测制度，一般可定期检查猪气喘病、猪萎缩性鼻炎和布氏杆菌病及定期进行粪便虫卵检查，还应根据当地疫情调查结果拟定具体的检疫计划，发生疫情时要进行临时性检验、通常利用血清学方法进行检测，如中和试验、凝集试验、免疫荧光试验、免疫酶试验、沉淀试验等。一些发达国家在许多疫病的诊断方面已有商品化的诊断试剂盒出售。对于检疫和检测出的阳性猪应根据情况区别处理。如发现口蹄疫、炭疽、猪瘟等烈性传染病或新侵入我国的传染病（如猪繁殖与呼吸综合征）时应立即上报疫情，封锁、隔离、扑杀病猪，对假定健康猪紧急接种疫苗，猪舍、用具及污染场所严格消毒，在最后一头病猪死亡、扑杀或痊愈后经过一段时间方可解除封锁。对于检测出的一般传染病应隔离治疗，严格消毒，紧急接种。如种猪群猪气喘病、萎缩性鼻炎等阳性感染严重时最好全群淘汰或转为肉用，重新建立健康种猪群。

七、科学地免疫接种

科学地免疫接种是预防和控制猪场疫病流行的重要措施。免疫接种是通过接种兽医生物制品来激发机体产生特异性抵抗力，从而抵御某些疫病侵袭的一种手段。在某些传染病（如猪瘟、猪丹毒、猪肺疫等）的防治措施中，免疫接种更具有关键性的作用。免疫接种根据进行的时机分为预防接种和紧急接种两类。

在经常发生某些传染病的地区，或有某些传染病潜在的地区，或经常受到邻近地区某些传染病威胁的地区，为了防患于未然，在平时应有计划地给健康猪群进行预防接种。

预防接种要做到有的放矢，要根据当地疫情、疫苗性质、猪群用途、体质、免疫状态等确定使用疫苗的种类、接种方法、剂量及间隔时间等。免疫程序不是固定不变的，不同地区的免疫程序不同，即使同一个地区在不同季节免疫程序也会不同，要视具体情况而定。如果某一地区从未发生过某种传染病，也没有从别处传进来的可能时，就没必要进行该病的预防接种。

接种前应注意了解当地有无疫病流行，如发现疫情则首先安排对该病的紧急防疫，如无特殊疫病流行则按原免疫程序进行。预防接种前还应对猪群进行详细检查和调查了解，特别注意健康状况、年龄大小、饲养条件、母源抗体水平、免疫水平的整齐度及是否怀孕、哺乳等。对幼猪、弱猪，有慢性病及妊娠后期母猪，如果不是已受到传染病威胁最好暂时不予接种。

在猪场发生传染病时，为了迅速控制和扑灭疫病，应对疫区和受威胁区尚未发病的猪群进行紧急接种，紧急接种时应配合搞好隔离、治疗和消毒工作。

接种所用的注射器要消毒，使用的生物制品不能超过有效期，接种时尽可能做到头头接种，并经常更换针头，避免交叉感染。引进猪及新生仔猪及时补种，运输时为了避免运输途中或到达目的地后暴发某些传染病可进行计划外预防接种。预防接种时尽可能使用多联苗，以减少多次接种带来的不良应激。有些生物制品免疫后会引起免疫反应。

八、有计划地进行药物预防和驱虫

预防是为了预防某些疫病在饲料、饮水中加入某种安全的药物进行集体的化学预防，在一定时间内可以使受威胁的易感动物不受疫病的危害，这也是预防和控制猪传染病的有效措施之一。

猪场可能发生的疫病种类很多，其中有些病目前已研制出有效的疫苗，还有不少病尚无疫苗可利用，有些病虽有疫苗但实际应用中还有问题，因此防治这些病，除了加强饲养管理外，应用药物防治很重要。用于预防的药物要具有高效、安全、广谱、价廉、促生长等优点。溶于水的预防药物，可饮水预防或拌料预防；不溶于水的预防药物，只能拌料。有些药物之间有协同作用，有些药物之间有拮抗作用，应注意合理搭配，扬长避短。

用化学药物拌料或饮水时注意剂量合适，拌匀，分疗程应用，避免抗药菌株的出现。一般治疗剂量为预防剂量的 1 倍。磺胺类，预防量 0.1%～0.2%，治疗量 0.2%～0.5%；四环素类，预防量 0.01%～0.03%，治疗量 0.05%；呋喃类，预防量 0.01%～0.02%，治疗量 0.03%～0.04%。一般连用 5～7 天，也可酌情延长。

猪场应根据检疫诊断结果，选择适当药物定期进行疫病预防和驱虫。如为预防仔猪白痢、猪气喘病和驱除体内寄生虫，繁殖母猪分娩前 15 天到分娩后 40 天，每天饲料拌喂 2 次四环素类抗生素，分娩后 60 天用驱虫药；仔猪出生后 3～4 天注射铁钴液 1 次，生后 15 天到断奶每天饲料中拌喂 2 次四环素类抗生素，生后 60 天用驱虫药；对新引进猪在引入后 20 天每天 2 次四环素类抗生素拌料或注射一疗程卡那霉素，引入后 20 天和 60 天左右用驱虫药各 1 次。

第二节 猪传染病发生后的扑灭措施

一、上报疫情

当猪场发生传染病时，应及时采取相应的扑灭措施，并立即向有关的部门上报，以便采取具体的预防措施。疫情报告的主要内容有发病单位、时间、发病猪的数量、发病原因、症状、扑灭措施及死亡头数等。

二、及时诊断

当猪场发生传染病后，要及早进行诊断，查明并扑灭传染源，以防止传染病的蔓延。猪的传染病根据临床症状、剖检变化和流行病学调查，一般可以做出初步诊断。确诊则需要进行血清学诊断、生物学试验、微生物学诊断和变态反应诊断等。在短时间内确诊以后，要尽快采取有效的扑灭措施，尽早消灭猪的传染病。

三、隔离、封锁及划定疫区

为了控制传染病向安全的地区传播，应向上级领导机关报告，划定疫区，及时封锁，把疫情限制在最小的范围内彻底就地扑灭。在发病的猪场，除了隔离病猪，还要把可疑病猪和假定健康猪都分别隔离开。把病猪要隔离在其原来所在的猪舍，但原来的猪舍要经彻底的消毒，有专人进行饲养管理，猪舍内的设备、用具等要经常冲洗消毒，不许带入别的猪舍使用，在猪舍的进、出口要设有消毒池，粪便要妥善处理，消灭一切病原微生物。可疑的病猪无任何症状，但与病猪有过直接或间接的接触，可能正处在潜伏期，是很危险的传染源，要经过彻底消毒后隔离饲养，并立即进行紧急接种或用药物进行预防。与病猪邻近的猪，称为假定健康猪，这些猪应进行预防接种。病猪的隔离时间，要根据不同传染病的性质和潜伏期而定，同时要考虑不同传染病病后带毒的时间。猪的慢性传染病的隔离时间较长，而猪的急性传染病的隔离时间较短。

解除疫区的封锁，要根据该病的潜伏期而定。待最后一头病猪痊愈或死亡后，再经过与该病的潜伏期相当的一段时间后无疫情发生，对疫区进行全面的终末消毒，最后解除封锁。

四、紧急接种与治疗

发生传染病时，对受威胁区应作紧急免疫接种，以建立免疫带，防止疫病扩散蔓延。疫区内，在隔离条件下，对可疑感染和假定健康的猪只也要进行预防注射。紧急接种时，疫（菌）苗的剂量可增加 1～2 倍，并做到每注射一头猪必须更换消毒针头，避免针头散播病原体。在严格隔离的情况下，对感染非主要烈性传染病且有治疗价值的病猪，可进行及时治疗。治疗以抗生素药物为主，有条件的可使用高免血清。应注意对症治疗，以促进其尽快恢复。

五、妥善处理病死猪

患传染病的死猪体内含有大量的病原微生物，是最危险的传染源，必须及时而合理地处理。处理方法通常有化制、深埋和焚烧三种，其中以掩埋法最为简便易行，但不彻底。焚烧法最为彻底，但耗费较大。处理过程中应视具体情况加以选择。在搬运病原体深埋时，切不可用漏水的用具装载，以防沿路散播病原体。深埋时，坑深一般在 2 米以上，尸体上要撒上生石灰粉等消毒药，死猪停留污染的地面泥土，也要铲起一同掩埋。严禁把死猪抛入河沟、池塘及田野中，更不能私自分食。

六、严格环境消毒

发病猪群隔离后或当传染病扑灭后，对病猪舍、隔离舍及被污染的土壤、粪便、污水以及运输工具等都要进行彻底的大消毒。

（1）圈舍消毒　应先清扫，然后用 10%～20%石灰乳、1%～10%漂白粉或 1%～4%的氢氧化钠等消毒剂，按 1000 毫升/米^2 用量进行喷洒。消毒的次序为墙壁、圈栏、门窗、食槽、地面、用具。若以氢氧化钠消毒，在喷洒后的2～3小时，要用清水冲洗，以防腐蚀。泥圈舍可撒一层干石灰或草木灰，然后垫上新土。

(2) 粪便、污水消毒　粪便可定点堆积进行发酵消毒，方法是经堆积后加盖或用泥封好（10厘米厚），热天经1个月，冬天经2～3个月可杀死一般病原体。病猪舍的污水，量少的可以浇在粪便内一起发酵，量大的可在污水总量中加入2%的生石灰粉或0.2%漂白粉消毒。

(3) 运输工具消毒　运输病猪的车船及装运死猪的容器等，可用5%～10%漂白粉或2%～3%的烧碱水消毒，经2～3小时后，用清水冲洗干净。

第九章 兽医病理学检查

第一节 猪尸体剖检技术

猪尸体剖检是运用病理解剖学知识，通过检查猪尸体的病理变化来诊断猪疾病的一种方法。剖检时，必须对猪尸体的病理变化做到全面观察，客观描述，详细记录，然后进行科学分析和推理判断，从中做出符合客观实际的病理解剖学诊断，为疾病的诊断和预防提供理论依据。

一、剖检的准备

猪尸体在剖检前，剖检者必须先仔细阅读送检材料，了解猪生前的病史，包括临床各种化验、检查、诊断和死因。此外，要注意到治疗后病程演变经过的情况，以及临床工作人员对本例病理解剖所需解答的问题，做到心中有数。除此之外，具体准备工作还包括以下几个方面：

（一）剖检场地

为了便于消毒和防止病原扩散，最好在设有解剖台的解剖室内进行。如条件不具备，可选择距离房舍、畜群、道路和水源较远、地势高而干燥的地方剖检。剖检前先挖 2 米左右的深坑，坑内撒一些生石灰，坑旁铺上旧席子或旧报纸，将尸体放在上面进行剖检。

（二）剖检器械及药品

剖检常用的器械有：刀（剥皮刀，解剖刀，外科手术刀），剪（外科剪，肠剪，骨剪），镊子，骨锯，斧子，磨刀棒或磨石等。一般情况下，有一把刀、一把剪子和一把镊子即可工作。剖检常用的药品有：消毒药（新洁尔灭）、固定液（福尔马林、酒精）。

（三）清洁、消毒和个人防护

1. 病理解剖室的清洁和消毒

病理解剖室应经常保持清洁。剖检后，室内地面及墙壁近地面部分必须用水冲洗干净，并打开紫外灯具消毒，必要时可喷洒过氧乙酸等消毒剂。

2. 病理解剖器械的清洗和消毒

病理解剖器械在解剖过程中应随时用水洗涤，剖检完后所用的器械经清水洗净后，浸入3％来苏儿或0.1％苯扎溴铵（新洁尔灭）（内含0.5％亚硝酸钠以防锈）溶液中消毒4～6小时，再水洗擦干后放入专用的器械橱内备用。乳胶手套最好一次性使用。纱布手套和工作衣等，用后必须经清水洗净后彻底消毒，消毒的方式与外科手术用具相同。

3. 个人防护

剖检时应戴乳胶医用手套，外加薄棉纱手套，以增加摩擦并能保护乳胶手套，解剖前纱布手套应先浸湿。为了保证衣服的清洁，除穿着手术衣外，其外面可戴上橡胶围裙。刀剪操作时要稳妥，万一不慎割破皮肤，即停止剖检，以碘酊抹伤口，换人。烈性传染病解剖时应戴好帽子和口罩，所用之物必须严格消毒后再用，必要时可作焚烧处理。

二、猪尸体剖检的注意事项

（一）病理解剖时间

应在猪死亡后尽快进行，以免因死后自溶而影响结果的正确性。特别是在夏天，因外界气温高，猪尸体极易腐败，使猪尸体剖检无法进行。同时，由于腐败分解，大量细菌繁殖，结果使病原检查也失去意义。

（二）猪尸体运送及处理

搬运患有传染病猪的尸体时，要以浸透消毒液的棉花堵塞尸体的天然孔，并用消毒液喷湿体表各部，以防病原扩散。运送猪尸体的车辆和绳索等，用后要严格消毒。猪尸体剖检前，先用水或消毒液清洗尸体体表，防止体表病变被污泥等覆盖和剖检时体表尘土扬起。

剖检完毕，应立即将猪尸体、垫料和被污染的土层一起投入坑内，撒上生石灰或喷洒消毒液后，用土掩埋。有条件的可进行焚烧，或经消毒后丢入深尸坑。场地应彻底消毒。附着于器械及衣物上的脓汁和血液等，先用清水洗，再用消毒液充分消毒，最后用清水洗净，晒干或晾干。胶皮手套经清洗、消毒和擦干后，撒上滑石粉。

三、猪的尸检记录

（一）猪尸检记录的组成

猪尸检记录的表格可预先印好，临时填写，或用空白纸直接记录。不管采取哪种方式，均应包括以下三大部分：

第一部分为一般情况。包括：猪的尸检号，猪的尸检者，记录，参加者，猪场主人或所属单位，猪的品种、性别、年龄、毛色、其他特征，死亡时间（年、月、日、时），猪的尸检时间（年、月、日、时），猪的尸检地点，临床摘要与诊断，其他（微生物、寄生虫，理化等）检查（表 9-1）。

第二部分为有关猪尸检的内容。包括：猪的尸检所见，病理解剖学诊断，组织学检查。

第三部分为结论。主检者签名并填写时间。

（二）猪的尸检记录的编写原则

（1）尸检记录最好在尸检过程中进行　如工作人员较多，可采用主检者口述，别人记录的方法，于剖检结束时，再由主检者审查、修改。条件不允许时，在剖检完成后要立即补记。

表 9-1　猪病理剖检记录

剖检号									
畜主		畜种		性别		年龄		特征	
临床摘要及临床诊断									
死亡日期		年　月　日							
剖检地点							剖检时间	年　月　日	
剖检所见									
病理解剖学诊断									
最后诊断									
剖检者									
时间		年　月　日　时							

（2）尸检记录的内容次序和写法不必强求完全一致　在记录的编写上，必须坚持以下三原则：

① 要客观。尸检记录最重要的原则，是对观察到的病变如实记录，实事求是，反映原貌，不虚构，不臆造。

② 既要详细全面，又要突出重点。尽可能找到尸体的全部病变、突出重点，即要全力找出主要病变。

③ 记录用词要明确、清楚。如实描述器官和病变的大小、重量、容积、位置、形状、表面、颜色、湿度、透明度、切面、质地、结构、气味、厚度等，严禁用病理学术语来代替自然病变。对未见眼观变化的器官不能下“正常”“无变化”的结论，可用“无肉眼可见变化”或“未见异常”等词来概括。

四、常见的死后变化

猪死亡后，受体内存在的酸和细菌的作用，以及外界环境的影响，逐渐发生一系列的变化。其中包括尸冷、尸僵、尸斑、尸体自溶和腐败、胆汁浸润、死后凝血、血红蛋白浸润，称为猪的尸体变化。正确辨认尸体变化，可以避免把某些死后变化误认为生前的病理变化。

（一）尸冷

猪死亡后，由于体内新陈代谢的停止，产热过程休止，尸体温度逐渐降至外界环境温度的水平。尸体温度下降的速度在最初几小时较快，以后逐渐变慢。通常在室温条件，平均每小时下降1℃。当外界温度低时，尸冷可能发生快些。猪的尸温检查有助于确定死亡的时间。注意，患破伤风的猪，由于死前全身肌肉痉挛，产热过多，可能在死后的一个短时间内，体温不但不低，反而增高。

（二）尸僵

猪在死亡后，肢体的肌肉收缩变硬，关节固定，整个尸体发生僵硬，称为尸僵。

尸僵一般在死后3～6小时发生，10～20小时最明显，24～48小时开始缓解。根据尸僵的发生和缓解情况，大致可以判定猪死亡的时间。尸僵通常是从头部开始，而后向颈部、前肢、躯干和后肢发展，检查尸僵是否发生，可按下颌骨的可动性和四肢能否屈伸来判定。解僵时，尸体按原来尸僵发生的顺序开始消失，肌肉变软。

心肌的尸僵在死后半小时左右即可发生。死于破伤风的猪，尸僵发生快而明显。死于败血症的猪，尸僵不显著或不出现。心肌变性或心力衰竭的猪，则尸僵可不出现或不完全。

（三）尸斑

猪死亡后，全身肌肉僵直收缩，心脏和血管也发生收缩，将心脏和动脉系统内的血液驱入静脉系统中，并由于重力的关系，血管内的血液逐渐向尸体下垂部位发生沉降，一般反映在皮肤和内脏器官（如肺、肾等）的下部，呈青紫色的淤血区，称为坠积性淤血。尸体倒卧侧皮肤的坠积性淤血现象，称为尸斑（死后约2～4小时出现）。初期，用指压该部位可使红色消退，并且这种暗红色的斑可随尸体位置的变动而改变。后期，由于发生溶血使该部位组织染成污红色（死后24小时左右出现），此时指压或改变尸体位置时也不会消失。家畜的皮肤厚，并有色素和覆盖被毛，尸斑不易察见。只有在剥皮后，可见卧侧的皮肤内面呈暗红色，皮下血管扩张。要注意不要把这种病变与生前的充血、淤血相混淆。在采取病料时，如无特异性病变或特殊需要，最好不取这些部位的组织。尸斑的强度可以反映出尸体内血液量的多少，其颜色通常是暗紫红色，时间愈长染色愈深。冷藏在冰箱内的尸斑呈绛红色，系低温下消耗氧少，血液内还留存较多氧合血红蛋白的结果。在某些中毒病例，尸斑的颜色可以作为推测死因的参考，如一氧化碳、氰化物中毒时尸体呈樱桃红色；亚硝酸盐中毒时为灰褐色；硝基苯中毒时为蓝绿色。

（四）尸体自溶和腐败

尸体自溶是指体内组织受到酶（细胞溶酶体酶）的作用而引起的自体消化过程，表现最明显的是胃和胰腺。当外界气温高、死亡时间较久剖检时，常见的胃肠道黏膜脱落就是一种自溶现象。

尸体腐败是指尸体组织蛋白由于细菌作用而发生腐败分解的现象。参与腐败过程的细菌主要是厌氧菌，它们主要来自消化道，也有从体外进入的。尸体腐败可表现为腹围膨大、尸绿、尸臭、内脏器官腐败等。

（五）胆汁浸润

胆汁浸润主要出现在胆囊附近的浆膜，呈淡黄色或淡绿色。

（六）死后凝血

动物死后不久，在心脏和大血管内的血液即凝固成血凝块。死亡快时，血凝块呈一致的暗紫红色。死亡较慢时，血凝块往往分为两层，上层呈黄色鸡油样，是血浆层，下层是暗红色红细胞层（鸡脂样凝血块）。死于败血症或窒息、缺氧的动物，血液凝固不良或不凝固。剖检时，要注意血凝块与生前形成的血栓相区别。

（七）血红蛋白浸润

沉积在静脉内的血液，红细胞很快发生崩解，血红蛋白溶解在血浆内，并透过血管壁向周围组织浸润，因此心内膜和血管内膜以及周围组织（例如胸膜、心包膜、腹膜）均被血红蛋白染成弥漫性红色，这种现象称为血红蛋白浸润。这种变化在某些中毒、败血病和其他一些血液凝固不全而溶血又出现较早的尸体较明显。

第二节　猪的剖检方法

为了保证剖检质量和提高工作效率，尸体剖检必须按照一定的方法和顺序进行。决定剖检方法和顺序时，应考虑到猪解剖结构的特点，器官和系统之间的生理解剖学关系，疾病的规律性以及术式的简便和效果等。因此，剖检方法和顺序不是一成不变的，而是依具体条件和要求有一定的灵活性。猪通常采用的剖检顺序为：外部检查→剥皮和皮下检查→内部检查→腹腔脏器的取出和检查→盆腔脏器的取出和检查→胸腔脏器的取出和检查→颅腔检查和脑的取出和检查→口腔和颈部器官的取出和检查→鼻腔的剖开和检查→脊椎管的剖开和检查→肌肉和关节的检查→骨和骨髓的检查。

一、体表检查

体表检查结合临床诊断的资料，对于疾病的诊断常常可以提供重要线索，还可为剖检的方向给予启示，有的还可以作为判断疾病的重要依据（如口蹄疫、炭疽、鼻疽、痘等）。体表检查主要包括以下几方面：

（1）营养状态　可根据肌肉发育、皮肤和被毛状况来判断。

（2）皮肤　注意被毛的光泽度，皮肤的厚度、硬度和弹性，有无脱毛、褥疮、溃疡、脓肿、创伤、肿瘤、外寄生虫等。此外，还要注意检查有无皮下水肿和气肿。

（3）天然孔的检查　首先检查各天然孔（眼、鼻、口、肛门、外生殖器等）的开闭状态及有无异物。

（4）尸体变化的检查　家畜死亡后，舌尖伸出于卧侧口角外，由此可以确定死亡时的位置。

（5）皮下检查　在剥皮过程中进行，要注意检查皮下有无出血、水肿、脱水、炎症和脓肿，并观察皮下脂肪组织的多少、颜色、性状及病理变化性质等。

(6) 体表淋巴结的检查　要特别注意颌下淋巴结、颈浅淋巴结、髂下淋巴结等体表淋巴结，肠系膜淋巴结、肺门淋巴结等内脏器官附属淋巴结。注意检查其大小、颜色、硬度，与其周围组织的关系及切面的变化。

二、内部检查

剖检猪时采用背卧位，为了稳定猪体，可切断四肢内侧肌肉体表的联系，使四肢平摊固定，也可以用物体垫在猪两侧肩部和腰荐部。

(一) 皮下检查

在剥皮的过程中进行，要注意检查皮下有无出血、水肿、脱水、炎症和脓肿，并观察皮下脂肪组织的多少，颜色、性状及病理变化性质等。要特别注意颌下淋巴结、颈浅淋巴结、腹股沟淋巴结的变化，注意检查其大小、颜色、硬度，与其周围组织的关系及切面的变化。小猪还要检查肋骨与肋软骨交界处有无串珠状肿大。

(二) 腹腔的剖开、检查和脏器取出

1. 腹腔的剖开

从剑状软骨后方沿白线由前向后，直至耻骨联合作第一切线。然后从剑状软骨沿左右两侧肋骨后缘至腰椎横突作第二、三切线，使腹壁切成两个大小相等的楔形，将其向两侧翻开，即可露出腹腔。

2. 腹腔的检查

应在腹腔剖开后立即进行。主要包括：

① 腹水的数量和性状。

② 腹腔内有无异常物质，如气体、血凝块、胃肠内容物、脓汁、寄生虫、肿瘤等。

③ 腹膜的性状，是否光滑，有无充血、出血、纤维素、脓肿、

破裂、肿瘤等。

④ 腹腔脏器的位置和外形，注意有无变位、扭转、粘连、破裂、肿瘤、寄生虫结节以及淋巴结的性状。

⑤ 横膈膜的紧张程度、有无破裂。

3. 腹腔脏器的取出

（1）脾脏和网膜的采出　在左季肋部可见脾脏。提起脾脏，并在接近脾脏部切断网膜和其他联系后取出脾脏。然后将网膜从其附着部分分离采出。

（2）空肠和回肠的采出　将结肠盘向右侧牵引，盲肠拉向左侧，显露回盲韧带与回肠。在离盲肠约 15 厘米处，将回肠作二重结扎切断。然后，握住回肠断端，用刀切离回肠、空肠上附着的肠系膜，直至十二指肠空肠曲，在空肠起始部作二重结扎并切断。取出空肠和回肠。

（3）大肠的采出　在骨盆腔口分离出直肠，将其中粪便挤向前方作一次结扎，并在结扎后方切断直肠。从直肠断端向前方切离肠系膜，至前肠系膜根部。分离结肠与十二指肠、胰腺之间的联系，切断前肠系膜根部血管、神经和结缔组织，以及结肠与背部之间的联系，即可取出大肠。

（4）胃和十二指肠的采出　先检查胃的外观，胰管和胆管的状况。胰管、胆管有异常时，可将胃、十二指肠与胰腺留待与肝脏同时采出。或将胆管开口附近的十二指肠结扎切断，留待与肝脏同时采出。胰管、胆管无异常时，可先切断食道末端，将胃牵引，切断胃肝韧带、肝十二指肠韧带、胆管、胰管、十二指肠肠系膜，以及十二指肠与右肾间韧带，使胃与十二指肠一同采出。胃的检查，先观察其大小，浆膜面的色泽，有无粘连、胃壁有无破裂和穿孔等，然后由贲门沿小弯剪至幽门。胃剪开后，检查胃内容物的数量、性状、含水量、气味、色泽、成分、寄生虫等。最后，检查胃黏膜的色泽，注意有无水肿、充血、溃疡、肥厚等病变。十二指肠的检查，是沿肠系膜附着部剪开十二指肠，先检查肠内容物，然后检查黏膜面。其要求同胃的检查。

（5）肾脏和肾上腺的采出　先检查肾的动静脉、输尿管和有关的淋巴结。注意该部血管有无血栓或动脉瘤。若输尿管有病变时，应将整个泌尿系统一并采出。否则可分别采出。先取左肾，切断和剥离其周围的浆膜和结缔组织，切断其血管和输尿管，即可采出。右肾用同样方法采取。先检查肾脏的形态、大小、色泽和质度。注意包膜的状态，是否光滑透明和容易剥离。包膜剥离后，检查肾表面的色泽，有无出血、瘢痕、梗死等病变。然后，由肾的外侧面向肾门部将肾脏纵切为相等的两半，检查皮质和髓质的厚度、色泽、交界部血管状态和组织结构纹理。最后，检查肾盂，注意其容积，有无积尿、积脓、结石等，以及黏膜的性状。肾上腺或与肾脏同时采取，或分别采出。

（6）肝脏和胰腺的采出　采取肝脏前，先检查与肝脏相联系的门静脉和后腔静脉，注意有无血栓形成。然后，切断肝脏与横膈膜相连的左三角韧带，注意肝和膈之间有无病理性的粘连，再切断圆韧带、镰状韧带、后腔静脉和冠状韧带，最后切断右三角韧带，采出肝脏。

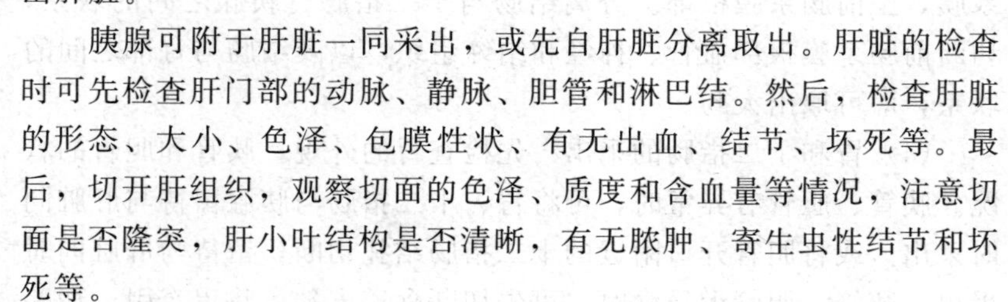

胰腺可附于肝脏一同采出，或先自肝脏分离取出。肝脏的检查时可先检查肝门部的动脉、静脉、胆管和淋巴结。然后，检查肝脏的形态、大小、色泽、包膜性状、有无出血、结节、坏死等。最后，切开肝组织，观察切面的色泽、质度和含血量等情况，注意切面是否隆突，肝小叶结构是否清晰，有无脓肿、寄生虫性结节和坏死等。

（三）盆腔脏器的采出和检查

在未采出骨盆腔脏器前，先检查各器官的位置和概貌。可在保持各器官的生理联系下，一同采出。骨盆腔脏器的采出有两种方法：

① 不打开骨盆腔，将长刀伸入骨盆腔后，分离脏器与周壁的联系后取出。

② 打开骨盆腔，即先锯开骨盆联合，再锯断上侧髂骨体，将骨盆腔的左壁分离后，再用刀切离直肠与骨盆腔上壁的结缔组织。

母猪还要切离子宫和卵巢，再由骨盆腔下壁切离膀胱和阴道，在肛门、阴门作圆形切离，即可取出骨盆腔脏器。

公猪骨盆腔脏器的检查，先分离直肠并进行检查，再检查包皮、龟头，然后由尿道口沿阴茎腹侧中线至尿道骨盆部剪开，检查尿道黏膜的状态。再由膀胱顶端沿其腹侧中线向尿道剪开，使与以上剪线相连。检查膀胱黏膜、尿量、色泽。将阴茎横切数段，检查有无病变。睾丸和附睾检查，要注意其外形、大小、质度、色泽，观察切面有无充血、出血、瘢痕、结节、化脓和坏死等。最后，检查输精管、精囊、前列腺、尿道球腺。

母畜骨盆腔脏器的检查，直肠检查同于公畜，膀胱和尿道检查，由膀胱顶端起，沿腹侧中线直剪至尿道口，检查内容同前。

检查阴道和子宫时，先观察子宫的大小、子宫体和子宫角的形状。然后用肠剪伸入阴道，沿其背中线剪开阴道、子宫颈、子宫体，直至左右两侧子宫角的顶端。检查阴道、子宫颈、子宫内腔和黏膜面的性状、内容物的性质，并注意阔韧带和周围结缔组织的状况。输卵管的检查一般采取触摸，必要时还应剪开，注意有无阻塞、管壁厚度、黏膜状态。卵巢的检查，注意其外形、大小、重量和色泽等，然后作纵切，检查黄体和滤泡的状态。

（四）胸腔的剖开和检查

1. 胸腔的剖开

先检查胸腔的压力，然后从两侧最后肋骨的最高点至第一肋骨的中央部作第二锯线，锯开胸腔。用刀切断横膈附着部、心包、纵隔与胸骨间的联系，除去锯下的胸壁，即露出胸腔。

另一种剖开胸腔的方法，是用刀切断两侧肋骨与肋软骨的接合部，再切离其他软组织，除去胸壁腹面，胸腔即可露出。

2. 胸腔的检查

胸腔的检查主要包括：

① 观察胸膜腔有无液体、液体数量、透明度、色泽、性质、浓度和气味。

② 注意浆膜是否光滑，有无粘连等病变。

③ 肺脏的检查。首先注意其大小、色泽、重量、质度、弹性、有无病灶及表面附着物等。然后用剪刀将支气管切开，注意检查支气管黏膜的色泽、表面附着物的数量、黏稠度。最后，将整个肺脏纵横切割数刀，观察切面有无病变，切面流出物的数量、色泽变化等。

④ 心脏的检查。心脏切开的方法是沿左纵沟左侧的切口，切至肺动脉起始部；沿左纵沟右侧的切口，切至主动脉起始部。然后将心脏翻转过来，沿右纵口左右两侧作平行切口，切至心尖部与左侧心切口相连，切口再通过房室口切至左心房及右心房。经过上述切线，心脏全部剖开。

检查心脏时，注意检查心腔内血液的含量及性状。检查心内膜的色泽、光滑度、有无出血，各个瓣膜、腱索是否肥厚，有无血栓形成和组织增生或缺损等病变。对心肌的检查，注意各部心肌的厚度、色泽、质度、有无出血、瘢痕、变性和坏死等。

(五) 颅腔的剖开和脑的检查

1. 颅腔的剖开

清除头部的皮肤和肌肉，先在两侧眶上突后缘作一横锯线，从此锯线两端经额骨、顶骨侧面至枕骨外缘作二平行的锯线，再从枕骨大孔两侧作一“V”形锯线与二纵锯线相连。此时将头的鼻端向下立起，用力敲击枕嵴，即可揭开颅顶，露出颅腔。

颅顶骨除去后，观察骨片的厚度和其内面的形态。

沿锯线剪开硬脑膜，检查硬脑膜和蜘蛛膜，注意脑膜下腔液的容量和性状。然后，用剪刀或外科刀将颅腔内的神经、血管切断。细心地取出大脑、小脑，再将延脑和垂体取出。

2. 脑的检查

先观察脑膜的性状，正常脑膜透明、平滑、湿润、有光泽。在病理情况下，可以出现充血、出血和脑膜浑浊等病理变化。然后检查脑回和脑沟的状态，如有脑水肿、积水、肿瘤、脑充血等变化时，脑沟内有渗出物蓄积，脑沟变浅，脑回变平。并用手触检各部分脑实质的质度，脑实质变软是急性非化脓性炎症的表现，脑实质变硬是慢性脑炎时神经胶质增多或脑实质萎缩的结果。

脑的内部检查时，先用脑刀伸入纵沟中，自前而后，由上而下，一刀经过胼胝体、穹隆、松果体、四叠体、小脑蚓突、延脑，将脑切成两半。脑切开后，检查脉络丛的性状及侧脑室有无积水，第三脑室、导水管和第四脑室的状态。再横切脑组织，切线相距2～3厘米，注意脑质的湿度、白质和灰质的色泽和质度，有无出血、坏死、包囊、脓肿、肿瘤等病变。脑垂体的检查，先检查其重量、大小，然后沿中线纵切，观察切面的色泽、质度、光泽和湿润度等。由于脑组织极易损坏，一般先固定后，再切开检查。脑的病变主要依靠组织学检查。

（六）口腔和颈部器官的采出和检查

口腔和颈部器官的采出：采出前先检查颈部动脉、静脉、甲状腺、唾液腺及其导管，颌下和颈部淋巴结有无病变。采出时先在第一臼齿前下方锯断下颌骨，再将刀插入口腔，由口角向耳根，沿上下臼齿间切断颊部肌肉。将刀尖伸入颌间，切断下颌支内面的肌肉和后缘的腮腺等。最后，切断冠状突周围的肌肉与下颌关节的囊状韧带。握住下颌骨断端用力向后上方提举，下颌骨即可分离取出，口腔显露。此时以左手牵引舌头，切断与其联系的软组织、舌骨支，检查喉囊。然后分离咽和喉头、气管、食道周围的肌肉和结缔组织，即可将口腔和颈部的器官一并采出。

对仰卧的尸体，口腔器官的采出也可由两下颌支内侧切断肌肉，将舌从下颌间隙拉出，再分离其周围的联系，切断舌骨支，即可将口腔器官整个分离。然后按上述方法分离颈部器官。

舌黏膜的检查，按需要纵切或横切舌肌，检查其结构。如发现舌的侧缘有创伤或瘢痕时，应注意对同侧臼齿进行检查。

咽喉部分的黏膜和扁桃体的检查，注意有无发炎、坏死或化脓。剪开食道，检查食道黏膜的状态，食道壁的厚度，有无局部扩张和狭窄，食道周围有无肿瘤、脓肿等病变。剪开喉头和气管，检查喉头软骨、肌肉和声门等有无异常，器官黏膜面有无病变或病理性附着物。

（七）鼻腔的剖开和检查

将头骨于距正中线0.5厘米处纵行锯开，把头骨分成两半，其中的一半带有鼻中隔。用刀将鼻中隔沿其附着部切断取下。检查鼻中隔和鼻道黏膜的色泽、外形、有无出血、结节、糜烂、溃疡、穿孔、炎性渗出物等，必要时可在额骨部作横行锯线，以便检查颌窦和鼻甲窦。

（八）脊椎管的剖开和检查

先切除脊柱背侧棘突与椎弓上的软组织，然后用锯在棘突两边将椎弓锯开，用凿子掀起已分离的椎弓部，即露出脊髓硬膜。再切断与脊髓相联系的神经，切断脊髓的上下两端，即可将所需分离的那段脊髓取出。脊髓的检查要注意软脊膜的状态，脊髓液的性状，脊髓的外形、色泽、质度，并将脊髓作多数横切，检查切面上灰质、白质和中央管有无病变。

（九）肌肉和关节的检查

肌肉的检查通常只是对肉眼上有明显变化的部分进行，注意其色泽、硬度、有无出血、水肿、变性、坏死、炎症等病变。对某些以肌肉变化为主要表现形式的疾病，如白肌病、气肿疽、恶性水肿等，检查肌肉就十分重要。

关节的检查通常只对有关节炎的关节进行，可以切开关节囊，检查关节液的含量、性质和关节软骨表面的状态。

（十）骨和骨髓的检查

骨的检查主要对骨组织发生疾病的病例进行，如局部骨组织的炎症、坏死、骨折、骨软症和佝偻病的病猪，放线菌病的受侵骨组织等，先进行肉眼观察，验其硬度，检查其断面的形象。

骨髓的检查，可将长骨沿纵轴锯开，注意骨干和骨端的状态，红骨髓、黄骨髓的性质、分布等。或者在股骨中央部作相距2厘米的横行锯线，待深达全厚的2/3时，用骨凿除去锯线内的骨质，露出骨髓，挖取骨髓做触片或固定后做切片检查。

小猪剖检，可自下颌沿颈部、腹部正中线至肛门切开，暴露胸腹腔，切开耻骨联合露出骨盆腔。然后将口腔、颈部、胸腔、腹腔和骨盆腔的器官一起取出。各个脏器的病变与可能发生的疾病的相关性见表 9-2。

表 9-2　脏器病变与相关性

器官	病理变化	疾病诊断
淋巴结	颌下淋巴结肿大，出血性坏死 全身淋巴结有大理石样出血变化 咽、颈及肠系膜淋巴结黄白色干酪样坏死 淋巴结充血、肿大、小点出血 支气管淋巴结、肠系膜淋巴结髓样肿胀	猪炭疽 猪瘟 猪结核 急性猪肺疫、急性猪丹毒、猪链球菌病 支原体肺炎、仔猪副伤寒
胃	胃黏膜斑点状出血 胃黏膜充血、卡他性炎症、大红布样 胃黏膜水肿	猪瘟 猪丹毒 猪水肿病
小肠	黏膜小点出血 节段状出血性坏死，浆膜下有小气泡 以十二指肠为主的出血性卡他性炎症	猪瘟 仔猪红痢 仔猪红痢
大肠	盲、结肠黏膜灶状或弥漫性坏死 盲、结肠黏膜扣状肿 卡他性出血性炎症 黏膜下高度水肿	慢性仔猪副伤寒 肠型猪瘟 猪痢疾 猪水肿
肝	小点坏死 胆囊出血	沙门菌病、弓形体病、伪狂犬病 猪瘟
脾	脾边缘有出血性梗死灶 稍肿大，樱桃红色 淤血肿大、灶状坏死 脾边缘有小点状出血	猪瘟、猪链球菌病 猪丹毒 猪弓形体病 仔猪红痢
肾	苍白、小点状出血 高度淤血、小点状出血	猪瘟 急性猪丹毒
肺	出血斑点 纤维素性肺炎 胰样变 水肿小点坏死 粟粒性干酪样结节	猪瘟 猪肺疫、胸性猪瘟 霉形体肺炎 弓形体病 结核

续表

器官	病理变化	疾病诊断
心脏	心外膜斑点状出血 心肌条纹状坏死灶 纤维素性心外膜炎 心瓣膜采花样增生物 心肌内有米粒至豌豆大灰白色囊泡	猪瘟、猪链球菌病 口蹄疫 猪肺疫 慢性型猪丹毒 猪囊尾蚴病
浆膜及浆膜腔	浆膜出血 纤维素性胸膜炎及粘连 积液	猪瘟、猪链球菌病 猪肺疫、霉形体肺炎 猪弓形体病、猪病毒性脑心肌炎
睾丸	肿大、发炎坏死	布氏杆菌病、乙型脑炎
肌肉	臀肌、股内侧肌、肩胛肌、咬肌等有米粒至豌豆大灰白色囊泡 肌肉组织出血、坏死、含气泡 腹斜肌、大腿肌、肋间肌等处肌内见有与肌纤维平行的毛根状小体	猪囊尾蚴病 恶性水肿 住肉孢子虫病

第三节　病料的采集、保存及送检

猪发生疫病时，如仅凭临床症状、流行病学和尸体剖检还不能做出诊断时，为了能全面正确地诊断疾病，确定发病死亡原因，常常要采取病料进行微生物学、血清学、寄生虫学及病理组织学的实验室检验。对于各种实验室检验能否及时进行并得到正确的检验结果，各种病理材料的正确选取、固定及包装运送，就显得尤为重要。

一、病理组织学检验材料的采集固定及运送

为了详细查明原因，做出正确的诊断，需要在剖检同时选取病理组织学材料，及时固定，送至病理切片实验室制作切片，进行病理组织学检查。而病理组织切片，能否完整地、如实地显示原来的病理变化，在很大程度上取决于材料的选取、固定和运送。

（一）病理组织学检查材料的选取

剖检者在剖检过程中，应根据需要亲自动手，有目的地进行选择，不可任意地切取或委托他人完成，同时要注意：

① 有病变的器官或组织，要选择病变显著部分或可疑病灶。取样要全面而具有代表性，能显示病变的发展过程。在同一块组织中应包括病灶和正常组织两个部分，且应包括器官的重要结构部分。如胃、肠应包括从浆膜到黏膜各层组织，且能看到肠淋巴滤泡。肾脏应包括皮质、髓质和肾盂。心脏应包括心房、心室及其瓣膜各部分。在较大而重要病变处，可分别在不同部位采取组织多块，以代表病变各阶段的形态变化。

② 各种疾病病变部位不同，选取病理材料时也不完全一样，遇病因不明的病例时，应多选取组织，以免遗漏病变。

③ 选取病理材料时，切勿挤压或损伤组织。切取组织块所用的刀剪要锋利，切取组织块时必须迅速而准确。为保持组织完整、避免人为的变化，即或是在肠黏膜上沾有粪便，也不得用手或其他用具刮抹。更应注意对柔软菲薄或易变形的组织如胃、肠、胆囊、肺，以及水肿的组织等的切取。为了使胃肠黏膜保持原来的形态，在小动物可将整段肠管剪下，不加冲洗或挤压，直接投入固定液内。

④ 组织块在固定前最好不要用水冲洗，非冲不可时只可以用生理盐水轻轻冲洗。

⑤ 为了防止组织块在固定时发生弯曲、扭转，对易变形的组织如胃、肠、胆囊等，切取后将其浆膜面向下平放在稍硬厚的纸片上，然后徐徐浸入固定液中。对于较大的组织片，可用两片细铜丝网放在其内外两面系好，再行固定。

⑥ 选取的组织材料，厚度不应超过2～4毫米，才容易迅速固定。其面积应不小于1.5～3厘米^2，以便尽可能全面地观察病变。组织块的大小：通常长宽1～1.5厘米，厚度为0.4厘米左右，必要时组织块的大小可增大到1.5～3厘米，但厚度最厚不宜超过0.5厘米，以便容易固定。尸检采取标本时，可先切取稍大的组织

块，待固定几小时后，切取镜检组织块时再切小、切薄。修整组织的刀要锋利、清洁，切块垫板最好用硬度适当的石蜡做成的垫板（可用组织包埋用过的旧石蜡做），或用平整的木板。

⑦ 相类似的组织应分别置于不同的瓶中或切成不同的形状。如十二指肠可在组织块一端剪一个缺迹，空肠剪两个缺迹，回肠剪三个缺迹等，并加以描绘，注明该组织在器官上的部位，或用大头针插上编号，备以后辨认。

（二）病理组织材料的固定

石蜡组织切片是常用的组织切片制作方法，用于常规病理诊断。此法优点是组织切片质量好，观察全面，诊断准确率高。用于制作石蜡组织切片的病理组织材料应注意以下几点：

① 病理组织材料应及时固定，以免发生死后变化影响诊断。为了使组织切片的结构清楚，切取的组织块要立即投入固定液中，固定的组织愈新鲜愈好。

② 固定液的种类较多，不同的固定液又各有其特点，可按要求进行选择。

最常用的固定液是10%的福尔马林固定液（4%甲醛水溶液），其他固定液如纯酒精或 Zenker 氏液等亦要准备齐全，以便需要时即可应用。固定时间不宜过长或过短，如以甲醛液固定，只需24～48 小时即可。固定液的量要相当于组织块总体积的 5～10 倍。

③ 为避免材料的挤压和扭转，装盛容器最好用广口瓶。薄壁组织，如胃肠道、胆囊等，可将其浆膜面贴附在厚纸片上再投入固定液中。

④ 固定液要充足，最好要 10 倍于该组织体积。固定液容器不宜过小，容器底部可垫以脱脂棉花，以防止组织与容器粘边，造成组织固定不良或变形，肺脏组织含气多易漂浮于固定液面，要盖上薄片脱脂棉花，借棉花的虹吸现象，可不断地浸湿标本。

⑤ 固定时间的长短，依固定液种类而异，过长或过短均不适宜。如用 10%福尔马林液固定，应于 24～48 小时后，用水冲洗 10

分钟，再放入新液中保存。用 Zenker 氏液固定 12～24 小时后，经水冲洗 24 小时，然后进行脱水处理。

⑥ 在厚纸上用铅笔写好剖检编号（用石蜡浸渍），与组织块一同保存。瓶外亦须注明号码。10％福尔马林液的配制：市售的甲醛液一分加水九分混合而成。为了保持固定液的中性反应，可加入少量碳酸钙或碎大理石，用其上层清液。

（三）冷冻组织切片

冷冻组织切片也是病理诊断的手段之一。其优点是制片时间短，可做出快速诊断。不足之处是组织细胞形态不如石蜡组织切片清晰，给诊断带来一定困难。

选取病变的组织块，切成长宽高各 1 厘米的立方体，迅速放入液氮罐中，进行低温快速冷冻，这样，组织内不形成大的冰晶，避免组织细胞的人为损伤，有利于进行准确的病理诊断。

（四）病理组织的包装与运送

① 如将标本运送他处检查时，应把瓶口用石蜡等封住，并用棉花和油布包妥，盛在金属盒或筒中，再放入木箱中。木箱的空隙要用填充物塞紧，以免震动，若送大块标本时，先将标本固定几天，以后取出浸渍固定液的纱布几层，先装入金属容器中，再放入木箱。传染病病例的标本，一定要先固定杀菌，后置于金属容器中包装，切不可麻痹大意，以免途中散布传染。

② 执行剖检的单位，最好留有各种脏器的代表组织，以备必要时复检之用。

③ 冬季寒冷时，为防止运送中冻坏组织，可先用 10％福尔马林液固定，再用 30％～50％甘油福尔马林或甘油酒精固定运送。

二、其他实验室诊断病料的采集与保存

剖检者不但要注意病尸的形态学变化，而且需要研究微生物学病原和各种毒物。因为有时形态学的变化比较轻微，而病原微生物检查或毒物的分析能找到家畜发病与死亡的原因，故剖检者要负责

采集材料。如果要运送至外单位进行检查化验时，剖检者还应将采集的材料做初步处理，附上详细说明，方可寄送。

为了使结果可靠，采集病原材料等应在病猪死后愈早愈好，夏天不超过24小时，冬天可稍长一些。同时各种材料的采集最好在剖开胸腹腔后，未取出脏器之前，以免受污染而影响检查结果。

在运送材料时应说明该动物的饲养管理情况，死亡日期与时间，病料采集的日期与时间，申请检查的目的，病料性状及可疑疾患等，若疑为传染病，应说明猪的发病率，死亡率及剖检所见。

(一) 细菌学检查材料

1. 细菌学检查材料的采集

采集细菌学检查用的病料，要求无菌操作，以避免污染。使用的工具要煮沸消毒，使用前再经火焰消毒。在实际工作中不能做到时，最好取新鲜的整个器官或大块的组织及时送检。

在剖检时，器官表面常被污染，故在采集病料之前，应先清洁及杀灭器官表面的杂菌。在切开皮肤之前，局部皮肤应先用来苏儿消毒。采取内脏时，不要触及其他器官。如果当场进行细胞培养，可用调药刀在灯上烤至红热，烧灼取材部位，使该处表层组织发焦，而后立即取材接种。

(1) 血液

① 心血。以毛细吸管或20毫升的注射器穿过心房，刺入心脏内。毛细吸管的制法：将玻璃管加热拉长，从中折断即可。或用普通吸管，但应将其钝端连一橡皮管及一短玻璃管，以免吸血时把血吸入口内。普通注射器也可用以采血，但针头要粗些。心血抽取困难时可以挤压肝脏。

② 全血。用20毫升无菌注射器，吸5%柠檬酸钠溶液1毫升，然后，从静脉采血10毫升，混匀后注入灭菌试管或小瓶内。

③ 血清。以无菌操作从静脉吸取血液，血液置于室温中凝固1～2小时，然后置于4℃过夜，使血块收缩，将血块自容器壁分离，可获取上清液，即血清部分。或者将采取的血液置于离心管中，待完全凝固后，以3000转/分的速度离心10～20分钟，也可

获取大量血清。将血清分装保存。若很快即用于检测，则保存于4℃冰箱中。若待以后检测，则保存于－20℃或－70℃低温冰柜中。

④ 血液涂片。涂血片的载玻片应先用清洗液浸泡，然后用水洗净后放入95%酒精中，最后干燥后备用。涂血片可在耳尖采血。将推片与玻片处成30°角接触，使标本液在两片之间迅速散开，按上述角度在载玻片上轻轻匀速地自右向左移动，至标本液完全均匀地分布于载玻片上。涂片时应操作轻巧，以免损伤细胞。涂片要求薄而匀。一般用力轻，推移速度快，则涂片多较厚；用力重，推移速度慢，则涂片较薄。涂片后最好待其自然干燥。

（2）实质脏器　用无菌用具采取组织块放于灭菌的试管或广口瓶中，取的组织块大小约2厘米^{2}即可。若不是当时直接培养而是外送检查时，组织块要大些。要注意各个脏器组织分别装于不同的容器内，避免相互污染。

（3）胸腹水、心囊液、关节液及脑脊髓液　以消毒的注射器和针头吸取，分别注入经过消毒的容器中。

（4）脓汁和渗出物　脓汁和渗出物用消毒的棉花球采取后，置于消毒的试管中运送。检查大肠杆菌等肠道杆菌时可结扎一段肠道送检，或先烧灼肠浆膜，然后自该处穿破肠壁，用吸管或棉花球采取内容物检查，或装在消毒的广口瓶中送检。痰液也可用此法。细菌性心瓣膜炎可采取赘生物培养及涂片检查。

（5）乳汁　乳房和乳房附近的毛以及术者的手，均需用消毒液洗净消毒。将最初的几滴乳汁弃去，然后采取乳汁10～20毫升于灭菌容器中。

（6）涂片或印片　此项工作在细菌学检查中颇有价值，尤其是对于难培养的细菌更是不可缺少的手段。普通的血液涂片或组织印片用美蓝或革兰氏染色。结核杆菌、副结核杆菌等用抗酸染色。一般原虫疾病，则需做血液或组织液薄片及厚片。厚片的做法：用洁净玻片，滴一滴血液或组织液于其上，使之摊开约1厘米^{2}大小，平放于洁净的37℃温箱中，干燥两小时后取出，浸于2%冰醋酸4份及2%酒石酸1份的混合液中，约5～10分钟，以脱去血红蛋白，取出后再脱水，并于纯酒精中固定2～5分钟，进行染色检查。若是本单位缺乏染色条件需寄送外单位进行检查的，还应该把一部分涂片和印片用甲醇固定3分钟后不加染色一起寄出。此外，脓汁和渗出物也可以采用本方法。

取做凝集、沉淀、补体结合及中和试验用的血液、脑脊髓液或其他液体，均需用干燥消毒的注射器及针头采取，并置于干的玻璃瓶或试管中。如果是血液，应该放成斜面，避免震动，防止溶血，待自然凝固析出血清后再送检或者抽出血清送检。

2. 病料的保存

（1）组织块　一般用灭菌的液体石蜡、30%甘油缓冲盐水或饱和氯化钠溶液。

（2）液体材料　保存于灭菌的密封性好的试管内，可用石蜡或密封胶封口。

（3）各种涂片、触片、抹片　自然干燥后装盒冷藏。

送检材料均应保持正立，系缚于木架上，装入保温瓶中或将材料放入冰筒内，外套木（纸）盒，盒中塞紧锯末等物。玻片可用火柴棒间隔开，但表面的两张要把涂有病料的一面向内，再用胶布裹紧，装在木盒中寄送。

（二）病毒学病料

选取病毒材料时，应考虑到各种病毒的致病特性，选择各种病毒侵害的组织。在选取过程中，力求避免细菌的污染。病料置于消毒的广口瓶内或盖有软木塞的玻璃瓶中。组织块浸入50%甘油缓冲盐水或鸡蛋生理盐水。

用于病毒检查的心血、血清及脊髓液应用无菌方法采取，置于灭菌的玻璃瓶中。在4℃时可保存数小时，若长期保存应在－70℃条件下，冷藏在冰筒内送检。

疑为伪狂犬病尸体，应在死后立刻将其头颅取下，置于不漏水的容器中，周围放置冰块。也可以将脑剖出，切开两侧大脑半球，一半置于未稀释的中性甘油中，另一半放在10%福尔马林溶液中。

用于PCR检测的病料应冷冻保存。

（三）毒物病料

死于中毒的猪，常因食入有毒植物、杀虫农药或因放毒或其他原因。送检化验材料，应包括肝、肾组织和血液标本，胃、肠、膀胱等内容物，以及饲料样品。各种内脏及内容物应分别装于无化学杂质的玻璃容器内。

为防止发酵影响化学分析，可以冰冻，保持冷却运送。容器须先用重铬酸钾-硫酸洗涤液洗，然后用常水冲洗，再用蒸馏水冲洗两三次即可。所取的材料应避免化学消毒剂污染，送检材料中切不可放入化学防腐剂。

根据剖检结果并参照临床资料及送检样品性状，亦可提出可疑的毒物，作为实验室诊断参考依据，送检时应附有尸检记录。例如疑似铅中毒，实验室可先进行铅分析，以节省不必要的工作。凡病例需要进行法医检验时，应特别注意在采取标本以后，必须专人保管，送检，以防止中间人传递有误。

第十章　猪的常见疾病及防控技术

第一节　主要传染性疾病的诊断及防控

一、猪瘟

猪瘟是由猪瘟病毒引起的猪的一种高度传染性和致死性疫病。

（一）病原

猪瘟病毒是黄病毒科瘟病毒属的成员。猪瘟病毒对环境的抵抗力不强，常用消毒剂（如2%氢氧化钠、氯制剂、酚制剂等）可将其杀灭。

（二）流行病学

本病仅发生于猪，各品种、性别、年龄的猪对本病均易感。病猪是最主要的传染源，感染猪可经由口、鼻、泪腺分泌物和粪、尿排出大量病毒，病死猪的血液、肉、脏器中有大量病毒存在，健康猪与病猪直接接触或接触被污染的饲料、饮水、猪舍、运输工具均会被感染。猪的感染途径多为消化道、呼吸道、生殖道黏膜或皮肤伤口感染。猪瘟病毒可经胎盘感染胎儿，母猪产出木乃伊胎、死胎、弱仔、先天性震颤仔猪，存活猪可成为猪瘟病毒的持续感染者。

（三）临床症状

潜伏期在 2～21 天，平均 7 天左右。

1. 最急性型

最急性型常见于发病初期。多突然发病，死亡迅速。症状急剧，表现高热稽留，皮肤和黏膜有紫绀和出血斑点，全身痉挛，四肢抽搐，倒卧地上，约经 1～8 天死亡。

2. 急性型

此型较为常见。病初体温升高至 41～42℃，高热稽留不退。表现精神委顿，行动迟缓，头低尾垂，拱背、寒战、口渴，食欲下降或废绝，卧于一侧闭眼嗜睡。眼结膜发炎，有多量黏脓性分泌物，结膜潮红，后期黏膜苍白，常可见有出血点，在耳根、嘴唇、四肢、腹下和外阴部有出血点。病初便秘，排出球状带有血液或脓汁的粪球，不久后出现腹泻。公猪包皮积尿，用手挤压可流出浑浊灰白色恶臭的尿液。哺乳仔猪发生急性型猪瘟时，主要表现神经症状，倒地抽搐、角弓反张、磨牙、痉挛等，最终死亡。急性型猪瘟大多数病猪在感染后 10～20 天之间死亡。

3. 亚急性型

亚急性型症状与急性型相似，但略缓和，有时好转，病程 3～4 周。

4. 慢性型

慢性型早期表现食欲下降、精神委顿、体温升高。此后略好转，表现消瘦、贫血、全身衰弱，喜伏卧，行走时步态缓慢无力，食欲不振，便秘和腹泻交替。有的病猪在耳尖、尾端、四肢皮肤上有紫斑或坏死痂。病程 1 个月以上，有的可存活 100 天以上。耐过者发育不良成为僵猪。

5. 温和型

母猪感染猪瘟的中等毒力或弱毒毒株，常不表现病状，但可经胎盘感染胎儿，这种先天性感染可导致流产，胎儿木乃伊化、畸形胎、死胎、先天性震颤仔猪、弱仔。产下时外表健康的仔猪在出生后几个月中都可表现正常，随后可能发生食欲下降、精神沉郁、结膜炎、皮炎、下痢或运动失调，这种先天性感染猪瘟病毒的被称为迟发性猪瘟。还有一些先天性感染的仔猪可正常生长发育，但成为猪群中的带毒猪。

（四）病理变化

肉眼可见病变为小血管变性引起的广泛性出血、水肿、变性和坏死。最急性型常无显著的特征性变化，一般仅见浆膜、黏膜和内脏有少数出血斑点。急性型呈全身淋巴结特别是耳下、支气管、颈部、肠系膜以及腹股沟等淋巴结肿胀、多汁、充血及出血，外表呈紫黑色，切面如大理石状。肾脏色泽变淡，皮质上有针尖至米粒状大小、数量不等的出血点，少者数个，多者密布如麻雀蛋，肾盂处也可见到。脾脏边缘有时可见黑红色的坏死斑块，突出于被膜表面，称为出血性梗死。肝脏变化不大。多数病猪两侧扁桃体坏死。消化道病变表现在口腔、牙龈有出血点和溃疡灶，喉头、咽部黏膜及会厌软骨上有程度不同的出血。胃和小肠黏膜出血呈卡他性炎症。大肠的回盲瓣处黏膜上形成特征性的纽扣状溃疡。

亚急性型全身出血病变较急性型轻，但坏死性肠炎和肺炎的变化较为明显。

慢性型主要表现为坏死性肠炎，全身出血变化不明显。由于磷钙代谢紊乱，断奶病猪肋骨末端与软骨交界处的骨化障碍，见有黄色骨化线，该病变在慢性猪瘟诊断上有一定意义。

温和型猪瘟的病理变化一般轻于典型猪瘟的变化，如淋巴结呈现水肿状态，轻度出血或不出血，肾出血点不一致，膀胱黏膜只有少数出血点，脾稍肿，有1～2处小梗死灶，回盲瓣很少有纽扣状溃疡，但有时可见溃疡、坏死病变。

（五）诊断

猪瘟的及时诊断非常重要，稍有延误往往会造成严重损失。因此，疑似病例应该及时采样，与有条件的诊断实验室取得联系，快速诊断。

1. 临床综合诊断

猪瘟的发生不受年龄和品种的限制，无季节性，抗菌药物治疗无效，发病率、病死率都很高。免疫猪群则常为零星散发。病猪高热稽留，化脓性结膜炎，先便秘后下痢。初期皮肤发紫，中后期有出血点。无并发症的病例出现白细胞减少症，血小板也显著减少。部分病猪有神经症状。全身皮肤、浆膜、黏膜和内脏器官呈现广泛的出血变化，淋巴结、肾脏、膀胱、脾脏、喉头和大肠黏膜的出血最为常见。在盲肠、结肠特别是回盲口呈轮层状溃疡，脑有非化脓性脑炎变化。

2. 流行病学诊断

流行病学调查包括疫情调查、猪场免疫情况分析、母猪繁殖情况记录、药物治疗效果分析等。

（六）防治

1. 治疗

本病尚无有效疗法。对贵重种猪，在病初可用抗猪瘟血清抢救，同群猪可用抗血清紧急预防，但抗血清治疗很不经济。

2. 平时的预防措施

采取以预防为主的综合性防疫措施。防止引入病猪或带毒猪，按照免疫程序高密度地开展猪瘟疫苗预防注射，是预防猪瘟发生的重要环节。猪瘟的免疫程序可根据本猪场具体情况制定，一般公猪、母猪每年春、秋季各注射猪瘟弱毒疫苗 1 次，注射剂量可以加倍。对仔猪可采用两种免疫程序：①一般情况下，于 20～30 日龄第 1 次免疫，由于考虑到母源抗体的影响，第一次免疫用 3～4 倍剂量效果较好，60～70 日龄第 2 次免疫；②发生过猪瘟的猪场，新生仔猪应在吃初乳前注射 2 倍剂量的猪瘟疫苗，待 2 小时后再自由哺乳，即所谓超前免疫，于 60～70 日龄时再加强免疫一次。

3. 流行时的防治措施

① 封锁疫点。在封锁地点内停止猪群的移动和外运，至最后一头病猪死亡或处理后 3 周，经彻底消毒，才可解除封锁。

② 对全场所有猪进行测体温和临床检查，病猪以急宰为宜，

急宰病猪的血液、内脏和污染物等应就地深埋，肉经煮熟后可以食用。如刚发现疫情，最好将病猪及其污染物及时处理、深埋，拔掉疫点，以免扩散。凡被病猪污染的猪舍、环境、用具、吃剩的饲料、粪水等都要彻底消毒。

③ 紧急预防接种。对疫区内的假定健康猪和受威胁区的猪，应立即注射猪瘟疫苗，剂量可增至常规剂量的2～4倍。

④ 禁止外来人员入场内，场内饲养员及工作人员禁止互相往来，以免散毒和传播疫病。

⑤ 对有带毒综合征的母猪，应坚决淘汰。这种母猪带毒而不发病，病毒可经胎盘感染胎儿，引起死胎、弱胎，生下的仔猪也可能带毒，这种仔猪对免疫接种有耐受现象，不产生免疫应答，而成为猪瘟的传染源。

二、猪口蹄疫

口蹄疫是由口蹄疫病毒感染引起的偶蹄动物共患的急性、热性、接触性传染病，以口腔黏膜、蹄部、乳房等处皮肤出现水疱和烂斑为特征，传播速度极快。由于本病传播快，发病率高，传染途径复杂，病毒多型易变，若不严加防范，极易形成大流行，带来巨大的经济损失。虽然口蹄疫一般不直接引起成年易感动物的死亡，但对新生幼畜的致死率高达80%以上。

（一）病原

口蹄疫病毒属微核糖核酸科口蹄疫病毒属，有O型、A型、C型、亚洲1型、南非1型、南非2型、南非3型共7个血清主型，每个主型内又有若干个亚型。不同血清型的病毒感染动物所表现的临床症状基本一致，但无交互免疫性。

口蹄疫病毒在病畜的水泡液和水泡皮中大量存在，在血液及组织器官如淋巴结、脊髓、皮肤、肌肉、脑、肝、肺、肾以及分泌物、排泄物中都有存在。其中，病猪和染毒而未发病的猪（潜伏期感染猪）以淋巴结和脊髓含毒量最高。

病毒对外界环境的抵抗力：口蹄疫病毒在畜舍干燥垃圾内存活

时间为 14 天，在潮湿垃圾内为 8 天，在 30 厘米厚的厩肥内至少 6 天。在土壤表面，秋季为 28 天，夏季为 3 天。在干草中为 140 天，在畜舍污水中为 21 天，在未发酵的粪尿中为 39 天，在阴暗低温（－30℃）环境中可存活 12 年之久。碘酊、酒精、石炭酸、来苏儿、新洁尔灭等对口蹄疫病毒无杀灭效能。

（二）流行病学

对口蹄疫病毒易感的动物主要是黄牛、水牛、牦牛、猪、绵羊、山羊、骆驼和鹿，还有象、刺猬、犰狳、鼠等 33 种野生动物。自然发病的动物常限于偶蹄动物，奶牛、黄牛最易感，其次为水牛、牦牛、猪、绵羊、山羊、骆驼等。

猪口蹄疫是由于口蹄疫病毒长期在猪群中反复流行，对猪的毒力增强，而对牛、羊的致病力降低，在猪、牛、羊同栏饲养的条件下，猪最先发病，牛、羊后发病或根本不发病。幼畜（新生仔猪、犊牛、羔羊）对口蹄疫病毒最易感，发病率 100%，并引起 80%以上幼畜死亡。

主要传染源为患病动物和带毒动物。通过水疱液、排泄物、分泌物、呼出的气体等途径向外排散感染力极强的病毒，污染饲料、水、空气、用具和环境。屠宰后未经消毒处理的肉品、内脏、血、皮毛和废水极易造成广泛传播，尤其是病猪和潜伏期猪的淋巴结、骨髓内含毒量最高，可成为猪口蹄疫的重要传递因素。

本病通常经呼吸道和消化道感染，亦能经伤口甚至完整的黏膜和皮肤感染。精液、奶汁亦含有大量病毒并能传染。

在特定的条件下，空气也是一种重要的传播媒介，人与非易感动物（狗、马、鸟类等）均可成为本病的传播媒介。

本病一年四季均可发生，但气温和光照强度等自然条件对口蹄疫病毒的存活有直接影响，因此本病的流行又可表现出季节性，一般是冬、春低温季节多发，夏、秋高温季节少发。易感猪高度集中，一旦被感染则极易形成口蹄疫的暴发流行。

（三）临床症状

猪口蹄疫主要症状表现在蹄部和吻突皮肤、口腔黏膜等部位出现大小不等的水疱和溃疡，水疱也会出现于母猪的乳头、乳房等部位。

病猪表现精神不振，体温升高，厌食等症状，当病毒侵害蹄部时，蹄温增高，跛行明显，常导致蹄壳变形或脱落，病猪卧地不能站立。水疱充满清澈或微浊的浆液性液体，水疱很快破溃，露出边缘整齐的暗红色糜烂面，如无细菌继发感染，经1～2周病损部位结痂愈合。若蹄部严重病损则需3周以上才能痊愈。口蹄疫对成年猪的致死率一般不超过3%。

仔猪受感染时，水疱症状不明显，主要表现为胃肠炎和心肌炎，致死率高达80%以上。妊娠母猪可发生流产。

病毒侵入易感动物机体后，首先在侵入部位的上皮细胞内增殖，引起浆液性渗出而形成原发性水疱（第一期水疱），通常不易发现。1～3天后病毒进入血液引起体温升高和全身症状。病毒随血流到达嗜好部位，如口腔黏膜、蹄部和乳房皮肤的表层组织增殖，形成继发性水疱（第二期水疱）。水疱破裂后，体温随即下降至正常，血液中的病毒逐渐减少以至消失，病猪进入恢复期。病毒侵入仔猪心肌组织内，致使心肌变性或坏死而出现灰白色或淡黄色的斑点或条纹，俗称“虎斑心”。

（四）病理变化

除口腔、蹄部或鼻端（吻突）、乳房等处出现水疱及烂斑外，咽喉、气管、支气管和胃黏膜也有烂斑或溃疡，小肠、大肠黏膜可见出血性炎症。仔猪心包膜有弥散性出血点，心肌切面有灰白色或淡黄色斑点或条纹，心肌松软似煮熟状。组织学检查心肌有病变灶，细胞呈颗粒变性，脂肪变性或蜡样坏死。

口蹄疫特征性水疱的发生和发展，首先是由于病毒适宜在上皮细胞中增殖。组织切片镜检可见皮肤或黏膜的棘细胞肿大成球状，间桥明显，棘细胞间的渗出物逐渐增加，以致棘细胞溶解。大量渗出物蓄积而形成小水疱，小水疱融合而成大水疱。渗出液的产生是由于病毒增殖引起局部组织内的淋巴管炎，并形成栓塞，淋巴淤滞致淋巴液向淋巴管外渗出。

（五）诊断

猪口蹄疫的临床特征与猪水疱病、猪水疱性口炎、猪水疱疹极为相似，故仅根据临床症状常不能作出鉴别，必须采集病料进行实验室诊断方可确诊。

（1）动物接种试验　病料最好采集水疱液和水疱皮，制成悬液后接种3～4日龄乳鼠，接种后15小时出现症状，表现后腿运动障碍，皮肤发绀，呼吸困难，最后因心脏麻痹而死亡。剖检时见心肌和后腿肌肉有白斑病变。

（2）病毒分离　将病料接种敏感细胞进行病毒分离培养，做蚀斑试验。

（3）血清学检查　血清学检查方法有补体结合试验、间接血凝试验和琼脂扩散试验、酶联免疫吸附试验、免疫荧光技术等。阻断夹心ELISA已用于进出口动物血清的检测。

（六）防治

1. 疫苗与免疫

目前国内生产的猪口蹄疫O型油佐剂BEI灭活疫苗安全性可靠，但抗病力不强，常规苗仅能耐受10～20个最小发病量的人工感染。接种疫苗只是综防措施中的一个环节，必须同时做好消毒、隔离、检疫等工作，防治口蹄疫才能有成效。

目前全国没有统一的口蹄疫疫苗免疫程序，各养猪场可结合本场实际情况，结合疫苗提供商提供的疫苗制定相应的免疫程序。

2. 发生猪口蹄疫时的紧急防治措施

① 坚决扑杀病猪及其同群猪（同栏猪），电击或药物注射处死，2%～3%苛性钠彻底消毒环境。未发病的猪群紧急接种疫苗（常规苗5毫升/头或高效苗3毫升/头），15天后加强免疫一次；猪舍及周围环境每天喷雾1～2次，用1∶500浓度的灭毒净全面消毒；限制猪群的移动；严密观察疫情动态并及时报告当地防疫指挥中心，防止疫情蔓延。

② 如果疫情来势凶猛，疫苗紧急接种无效时，则应立即封锁

整个猪场，报告防疫指挥部，动员和组织人力物力严密监视周围地区易感染动物，阻断交通，设立消毒检疫哨卡。猪场应封锁2～3个月。

③ 封锁期满后，全场进行大消毒，并从非疫区购进健康猪5～10头，用正向间接血凝法逐头检测血清，1∶16以下（含1∶16）判为阴性猪，将其赶入猪舍饲喂，每日驱赶该批猪在各猪舍走动，连续观察14天，再次采血检测抗体不升高，视为猪舍内无口蹄疫病毒存在，可恢复正常生产，解除封锁。

三、猪圆环病毒病

猪圆环病毒病是由2型圆环病毒感染引起的猪的多种综合征，并且引起免疫功能下降。

（一）病原

猪圆环病毒属于圆环病毒科圆环病毒属，是迄今发现的最小的一种动物病毒。猪圆环病毒2型呈一种二十面体对称、无囊膜，单股环状DNA病毒。本病毒具有高度稳定性，对环境抵抗力极强，对化学药品的灭活作用有高度抵抗力。

（二）流行病学

猪是圆环病毒的主要宿主。圆环病毒对猪有较强的易感性，猪圆环病毒2型可随新近感染猪的粪便和鼻腔分泌物排出，可经由口腔、呼吸道等途径感染不同年龄的猪，未接种猪同居感染率可达100%。妊娠母猪感染猪圆环病毒2型后，可经胎盘垂直感染胎猪。外观正常的公猪其精液中可检测到猪圆环病毒。鸟类、啮齿类动物（鼠类）如带毒也可能引起本病传播。应激、混群、高密度饲养等是导致本病发生的诱因。

（三）临床症状

1. 断奶仔猪多系统衰弱综合征

本病多见于5～12周龄仔猪，发病率5%～30%，病死率在50%～100%。本病在猪群中发生后发展缓慢，病程较长，一般可持续12～18个月。患猪临床症状为进行性呼吸困难，肌肉衰弱无力，渐进性消瘦，体重减轻，生长发育不良，皮肤和可视黏膜黄疸、贫血，有的病猪下痢，体表淋巴结明显肿胀，多数病猪死亡或被淘汰，康复者成为僵猪。

2. 皮炎和肾病综合征

本病多见于8～18周龄的猪，发病率在0.15%～2%，有时可达7%。患病猪皮肤发生圆形或不规则形的丘状隆起，呈现红色或紫色斑点状病灶，病灶常融合成条带或斑块。最早出现这种丘疹的部位在后躯、四肢和腹部，逐渐扩展至胸背部和耳部。病情较轻的猪体温、食欲等多无异常，常可自动康复。发病严重的猪可出现发热、减食、跛行、皮下水肿，有的可在数日内死亡，有的可维持2～3周。

3. 间质性肺炎

间质性肺炎主要危害6～14周龄的猪，发病率在2%～30%，死亡率在4%～10%。眼观病变为弥漫性间质性肺炎，颜色灰红色。有时可见肺部存在Ⅱ型肺细胞增生区和细支气管上皮坏死并含坏死细胞碎片的区域，肺泡腔内有时可见透明蛋白。

4. 繁殖障碍

研究表明PCV-2（2型猪圆环病毒）感染可以造成繁殖障碍，导致母猪返情率增加、产木乃伊胎、流产以及死产和产弱仔等。

5. 仔猪的先天性震颤

该病症状的严重程度差异很大，从轻微震颤到不由自主的跳跃，每窝猪感染数量不等。出生后会吃乳的，一般经3周可以康复；不能吃乳的转归死亡。

（四）病理变化

患断奶仔猪多系统衰弱综合征的病猪体况较差，肌肉萎缩，全身淋巴结极度肿大，特别是腹股沟淋巴结、肠系膜淋巴结、支气管和纵隔淋巴结等尤为明显，肿大的淋巴结切面坚硬呈均匀的苍白色。在淋巴结中可见B细胞滤泡减少而T细胞扩散，导致大量的组织细胞和多核巨细胞浸润。肺脏衰竭或萎缩且有弥散性塌陷，较重而结实，似橡皮状，表面呈红棕色或灰棕色的斑纹，组织学上可见肉芽肿性间质性肺炎变化，常伴有巨细胞的存在，气管上皮坏死或脱落并演变为细支气管炎。肝脏可见温和性黄疸以及明显的小叶间结缔组织萎缩。肾脏皮质可见弥散性白色斑块并经常伴有骨盆周围水肿。上述病变在感染个体间存在着一定的差异。

皮炎和肾病综合征的病理变化为出血性坏死性皮炎和动脉炎，渗出性肾小球性肾炎和间质性肾炎。与猪圆环病毒 2 型病毒相关的繁殖障碍最常见到的病理损伤为死胎和新生仔猪的非化脓性到坏死性或纤维性心肌炎。

（五）诊断

猪圆环病毒 2 型感染可依据特征性流行病学特点、临床症状、病理剖检等做出初步诊断。确诊需进行实验室诊断。实验室诊断方法分为抗体检测和抗原检测两种。检测抗体可采用间接免疫荧光、免疫组织化学法、酶联免疫吸附试验和单克隆抗体法等。华中农业大学动物医学学院病毒研究室已经成功建立了 ORF-ELISA 诊断方法并研制了相应的试剂盒，可应用于临床对本病的检测。检测抗原的方法主要有病毒的分离鉴定、组织原位杂交和 PCR 方法等。

（六）防治

① 建立健全猪场的生物安全防疫体系，认真执行常规的猪群防疫保健技术措施。没有本病的猪场要从没有猪圆环病毒 2 型病毒的猪场引进种猪，对引进的猪只要进行必要的隔离、检测。强化对养猪生产有害生物（猫、狗、啮齿类动物、鸟以及蚊、蝇等）的控制。

② 加强营养，特别是控制好断奶前后仔猪的营养水平，增加食槽的采食空间。

③ 在分娩、保育、育肥的各个阶段做到全进全出，同一批次的猪日龄范围控制在 14 天之内，批与批之间不混群。在分娩舍限制交叉寄养，必须要寄养的猪应控制在 24 小时内。

④ 保障猪舍内的温度、湿度、空气质量，降低饲养密度。

⑤ 增加猪舍之间的距离，猪栏之间的隔墙采用实体墙分隔，不用栅栏式隔离墙，避免不同栏间猪只的接触。

⑥ 在平时要加强猪舍内的带猪消毒，可使用对猪圆环病毒 2 型病毒具有杀灭力的消毒剂百疫灭对圆环病毒在 1∶1000 时就具有较好杀灭力的消毒剂，推荐使用 1∶400 浓度可有效杀灭猪圆环病毒 2 型病毒。

⑦ 适宜的免疫程序，在有本病的猪场，应适度减少或推迟对猪群的免疫。

⑧ 在感染猪圆环病毒 2 型病毒的猪群为了控制细菌性继发感染，可采用药物预防的方法降低发病率，常用的药物有替米考星、泰乐菌素、泰妙菌素、氟苯尼考、头孢菌素等，可依据本场的实际情况加以预防。

⑨ 为了提高猪群的抗病力，增强疫苗和防治药物的效力，目前许多人主张使用免疫增强剂，例如在饲料中添加黄芪多糖预混剂等。

⑩ 目前已有多家企业生产的圆环病毒 2 型灭活苗可用于该病的免疫预防。仔猪在 2 周龄时免疫注射一头份（2 毫升），注射后 2 周即可产生免疫保护至出栏。对后备母猪或初产母猪可在配种前 2 周或更早进行免疫，可防止圆环病毒 2 型引起的母猪繁殖障碍和垂直传播。在国内外许多人也主张在猪圆环病毒 2 型病毒感染场呼吸道疾病较为严重时，使用自场组织苗，或使用本场健康育肥猪制造血清，用于对断奶猪、保育猪进行预防和治疗。

四、猪伪狂犬病

伪狂犬病是由伪狂犬病病毒引起的家畜和多种野生动物的急性传染病。除猪以外的其他动物发病后通常具有发热、奇痒及脑脊髓炎等典型症状，均为致死性感染，但呈散发形式。伪狂犬病对养猪业的危害巨大，已成为危害全球养猪业最严重的猪的传染病之一，该病在我国广泛存在，并严重发病，给我国养猪业带来了巨大的经济损失。

（一）病原

伪狂犬病病毒是一种能引起多种动物的发热、奇痒及脑脊髓炎为主要症状的疱疹病毒，属于疱疹病毒科α疱疹病毒亚科的猪疱疹病毒Ⅰ型，完整的病毒粒子呈圆形，有囊膜和纤突。基因组为线状双股DNA。该病毒只有一个血清型，但不同毒株之间存在毒力和生物学特性等方面的差异。

（二）流行病学

猪是伪狂犬病病毒的贮存宿主，其他家畜如牛、羊、猫、犬也可自然感染，许多野生动物、肉食动物及野生啮齿类动物也易感。水貂、雪貂因饲喂含伪狂犬病病毒的猪下脚料也可引起伪狂犬病的暴发。实验动物如兔、小鼠人工接种伪狂犬病病毒也能引起发病。除猪以外，其他所有易感动物感染伪狂犬病病毒后，其结果都是死亡。人对伪狂犬病毒不易感。

伪狂犬病多发生在寒冷的季节，但其他季节也有发生。

病猪、带毒猪以及带毒鼠类是本病重要的传染源。另外，被伪狂犬病病毒污染的工作人员和器具在传播中起着重要的作用。目前对病毒在猪场之间的传播机制还不十分清楚，如在未引进种猪的养殖场也可能暴发该病，在养猪密集的地区，即使没有猪只的流通，伪狂犬病病毒也能在猪场中间迅速传播。已有许多证据表明，空气传播是伪狂犬病毒扩散的最主要途径。

（三）临床症状

本病潜伏期一般为3～6天，短的36小时，长者可达10天。

根据华中农业大学动物医学院动物病毒研究室伪狂犬病课题研究组近年来对猪伪狂犬病流行病学、临床症状、病理剖检、病毒分离鉴定、实验室诊断、疫苗研制及免疫预防等方面的研究，总结出我国猪伪狂犬病的临床表现有以下四大症状：①成年猪多为隐性感染，妊娠母猪发生流产、产死胎、木乃伊胎，其中以产死胎为主。伪狂犬病无论是头胎母猪还是经产母猪都发病，而且没有严格的季节性，但以寒冷季节即冬末初春多发生。②伪狂犬病引起的新生仔猪大量死亡，主要表现在刚生下的仔猪从第二天开始发病，3～5天内是死亡高峰期，有的整窝死亡。发病仔猪表现出明显的神经症状、昏睡、鸣叫、呕吐、拉稀，一旦发病，1～2天内死亡。剖检主要是肾脏布满针尖样出血点，有时见到肺水肿、脑膜表面充血、出血。③伪狂犬病病毒引起断奶仔猪发病死亡，发病率在20%～40%，死亡率10%～20%，主要表现为神经症状、拉稀、呕吐等。④伪狂犬病的另一发病特点是表现在种猪不育症。近几年发现有的猪场春季暴发伪狂犬病，出现死胎或断奶仔猪患伪狂犬病后，紧接着下半年秋季母猪屡配不孕，返情率高达90%，耽误了整个配种期。此外公猪感染伪狂犬病病毒后，表现出睾丸肿胀，萎缩，丧失种用能力。

（四）病理变化

主要表现在鼻腔卡他性或化脓出血性炎症，扁桃体水肿并出现坏死灶。喉头水肿，气管内有泡沫样的液体，肺水肿。心肌松软，心包及心肌可见出血点。肝脏、脾脏、肾脏有散在的灰白色坏死灶，肾脏布满针尖状出血点。胃底可见出血。淋巴结充血肿大。有神经症状者，脑膜明显充血、出血和水肿。流产胎儿可见脑壳及臀部皮肤出血，体腔内有棕褐色液体潴留，肾及心肌出血，肝、肾有灰白色坏死点。还可见到公猪阴囊肿大。阴囊部肿大是睾丸鞘膜炎性渗出的结果。

（五）诊断

根据本病的临床症状可以初步诊断本病。其特征是：①哺乳仔猪的病死率很高，且年龄越小，病死率越高；②仔猪发病多表现神经症状，随年龄增长，神经症状减少；③猪群呼吸系统症状增加；④妊娠母猪流产、死产或延迟分娩。

猪感染本病常呈隐性经过，因此诊断主要依靠血清学方法，包括血清中和试验、琼脂扩散试验、补体结合试验、荧光抗体试验及酶联免疫吸附试验等。聚合酶链反应（PCR）用于检测，敏感性高、特异性强，可检测出病毒的存在。随着伪狂犬基因缺失疫苗的应用，临床上已能区分疫苗免疫动物与野毒感染动物。由于基因缺失疫苗免疫动物后不产生针对基因缺失蛋白的抗体，而自然感染动物则具有该抗体，因此可将其区分开。目前，针对缺失的糖蛋白建立的鉴别诊断方法有：gE-ELISA、gG-ELISA、gC-ELISA、gE-LAT（乳胶凝集试验）、gG-LAT 等。

（六）防治

伪狂犬病目前尚无治疗办法，但高免血清被动免疫适用于最初感染猪群中的哺乳仔猪，在临床上可采取经过免疫或发病康复母猪的血液，或分离血清后，给受到严重威胁的仔猪注射，被动免疫预防能收到较好的效果。但对已发病到了晚期的仔猪效果较差。母猪的抗体通过初乳传给仔猪，母体源体可持续大约 4～6 周。母体被动免疫虽然可以保护仔猪的免于致命感染，但不可能完全阻止其临床症状的发生。已感染过伪狂犬病病毒的母猪的仔猪发病率占 27%，没有发生感染的母猪的仔猪发病率为 100%。

1. 疫苗的种类及选择

对猪伪狂犬病的免疫预防有灭活疫苗和弱毒疫苗两种，因为伪狂犬病病毒属于疱疹病毒科，具有终身潜伏感染、长期带毒和散毒的危险性，而且这种潜伏感染随时都有可能被其他应激因素激发而引起疾病暴发。因此，欧洲一些国家规定只能使用灭活疫苗，而严格禁止使用弱毒疫苗。我国也建议最好使用灭活疫苗，至少在种猪群只能使用灭活疫苗，而不能使用弱毒疫苗，为了用户的经济承受能力方面考虑，可以在育肥用的仔猪使用弱毒疫苗。此外，在已发病或检查出伪狂犬病病毒感染阳性的猪场，建议所有的猪都应进行免疫。

2. 免疫程序

（1）灭活疫苗　种猪（包括公猪），第一次注射后，间隔 4～6 周后加强免疫一次，以后每 6 个月注射一次，然后产前一个月左右加强免疫一次，可获得非常好的免疫效果，可将哺乳仔猪保护到断奶。留作种用的断奶仔猪在断奶时注射一次，间隔 4～6 周后，加强免疫一次，以后按种猪免疫程序进行。育肥用的断奶仔猪在断奶时注射一次，直到出栏。

（2）弱毒疫苗　种猪第一次注射后，间隔4～6周加强免疫一次，以后每隔6个月注射一次。仔猪断奶时注射一次，直到出栏。

其他方面的防治措施是在猪场里进行严格的灭鼠活动，严格控制犬、猫、鸟类和其他禽类进入猪场，严格控制人员来往和消毒措施及血清学检测等，对本病的防治起到积极的作用。

五、猪繁殖与呼吸综合征

猪繁殖与呼吸综合征俗称蓝耳病，是由猪繁殖与呼吸综合征病毒变异株引起的一种急性高致死性疫病。各种品种、不同年龄和用途的猪均可感染，但以妊娠母猪和1月龄以内的仔猪最易感，育肥猪也可发病死亡。

（一）病原

猪繁殖与呼吸综合征病毒属于动脉炎病毒科动脉炎病毒属，基因为单股正链RNA，有囊膜，对乙醚和氯仿敏感。目前对猪繁殖与呼吸综合征病毒的起源还不清楚，在抗原性上，美国毒株与欧洲毒株存在很大差异，对两者基因组分析比较亦证明存在差异。不同的猪繁殖与呼吸综合征病毒分离株对猪的致病力也存在差异。

（二）流行病学

目前研究的结果表明：猪是本病唯一的易感动物，不同年龄各品种的猪均可感染，而以妊娠母猪和1月龄内仔猪最易感。呼吸道感染是本病的主要感染途径之一。本病随风传播迅速，因此在流行期间，即使严格封闭式管理的猪群也同样发病。空气传播是本病的主要传播方式。本病还可通过公猪精液传播。猪群一旦感染了本病，将长期带毒，带毒猪的流动也是本病传播的主要原因之一。饲养管理不完善，防疫消毒制度不健全，猪群密度过大，为本病的暴发提供了条件。

（三）临床症状

本病发生时，临床症状明显与否，往往与猪群机体的免疫状况、病毒毒力强弱、猪场管理水平及气候条件等因素有关。在临床上将本病可分为急性型、慢性型和亚临床型。

1. 急性型

母猪发烧，表现精神沉郁，食欲减退或废绝，嗜睡，咳嗽，不同程度的呼吸困难，间情期延长或不孕。妊娠母猪发生流产（多为妊娠后期流产），产死胎、木乃伊胎、弱仔，有的出现产后无乳。部分新生仔猪表现呼吸迫促，或运动失调等神经症状，产后1周内仔猪的死亡率明显上升。有的病猪在耳、腹侧及外阴部皮肤呈现一过性青紫色或蓝色斑块。仔猪表现体温升高（39.5～41℃），呼吸困难，有的呈腹式呼吸，食欲减退或废绝，腹泻，明显消瘦，死亡率高，可达80%以上。

2. 慢性型

大多数患慢性型猪繁殖与呼吸综合征的母猪，其繁殖性能可恢复到正常水平。但每窝活仔猪数会减少，同时受胎率会长期下降10%～15%。育肥猪对本病易感性较差，临床仅出现轻度厌食和呼吸道症状。公猪的发病率较低，感染后一般体温不升高，精液质量下降。

3. 亚临床型

本病血清学调查阳性率达40%以上，但表现临床症状的只占10%左右，所以大多数被感染的育成猪呈亚临床型。这类病猪不表现症状但排毒，成为主要的传染源。

（四）病理变化

（1）哺乳仔猪　出现明显的间质性肺炎和淋巴结肿大。肺脏呈红褐色花斑状，不塌陷，质地较硬，感染部位与健康部位界限不明显，常出现在肺前腹侧。淋巴结中度到重度肿大，呈棕褐色，肺门淋巴结、腹股沟淋巴结最明显。

（2）保育猪　标志性的病变是淋巴结显著肿大并呈棕褐色。其他较不一致的肉眼损害为球结膜水肿，腹腔、胸腔和心包腔透明液体明显增多。

（3）生长育肥猪　常见淋巴结肿大，肺脏病变常由于混合感染而复杂化。肺脏呈暗红或褐色，肺前部30%～70%出现实变。

(4) 胎儿　新生仔猪体表覆盖一层黏性胎粪、血液和羊水。胎儿中最常见的大体病变为脐带有一部分到全部出血。肾周围和结肠系膜水肿。

(五) 诊断

1. 病毒分离

确诊本病的重要条件是要收集合适的病料样品，即从流产死胎、新生仔猪采集肺、脾、肝、肾、心、脑、扁桃体、外周血白细胞、支气管外周淋巴结、胸腺和骨髓制成匀浆用于PRRS（猪繁殖与呼吸综合征）病毒的分离。也可采发病母猪的血清、血浆、外周血白细胞，用于病毒的分离。

2. 血清学检查

对猪繁殖与呼吸综合征，各国实验室常用的血清学诊断方法也不相同。

此外，还应注意PRRS与猪瘟、猪细小病毒病、伪狂犬病、猪流感、猪脑心肌炎、猪衣原体性流产等症状相似的猪病的鉴别诊断。

(六) 防治

近年许多国家应用弱毒苗免疫对降低母猪流产发生率，提高仔猪成活率有很好的效果。我国也研制出相关的疫苗用于生产，取得了良好的效果。采用弱毒苗保护与综合生物安全措施控制是最有效的方法。包括对母猪配种前的免疫和妊娠中期的免疫，以及哺乳仔猪断奶前的免疫。感染猪场在流行期间对新生仔猪实行弱毒苗滴鼻法超前免疫，保育猪和生长育肥猪实行弱毒苗紧急免疫接种，可收到良好效果。

发病后要加强消毒。对病猪给予免疫增强剂、抗菌药物以及改善心肺功能的药物治疗7～10天，大部分病猪可以恢复。

六、日本乙型脑炎

日本乙型脑炎又称流行性乙型脑炎，简称乙脑，是一种严重危害人畜健康的虫媒传播（自然疫源性）的急性病毒性传染病。在我国除新疆和西藏外，其他各省、市、区均有流行，尤其是海南、台湾、广东和福建等地常年有此病发生。

（一）病原

乙脑病毒，原属黄病毒科黄病毒属。乙脑病毒粒子呈球形，20面体对称，有囊膜，是黄病毒科中最小的病毒之一。乙脑病毒在外界环境中的抵抗力不大，56℃加热30分钟或100℃ 2分钟均可使其灭活。其存活时间与稀释剂的种类和稀释程度有很大关系，病毒的稀释度越高，病毒死亡越快。常用消毒药如碘酊、来苏儿、甲醛等都有迅速灭活作用。病毒对酸和胰酶敏感。

（二）流行病学

乙脑流行范围很广，我国疫区除沿海常年气温较高的省市外，内地如河南、安徽、江苏、湖北和湖南等都是发病较高的地区。

乙脑的流行在热带地区无明显的季节性，全年均可出现流行或散发，而在温带和亚热带地区则有严格的季节性，根据我国多年统计资料，约有90%的病例发生在7、8、9三个月内，而在12月至次年4月几乎无病例发生。流行高峰华中地区多在7～8月，华南和华北地区由于气候特点，流行较华中地区提早或推迟一个月。云南省的流行高峰较华中地区推迟一个月。乙脑发病形式具有高度散发的特点，但局部地区的大流行也时有发生。在乙脑的流行中，蚊虫是重要的传播媒介。

（三）临床症状

猪常突然发病，体温高达40～41℃，持续数天，呈稽留热。病猪精神沉郁，嗜眠喜卧，食欲减少或不食，口渴增加，粪便干燥呈球形，表面附着有白色黏液，尿成深黄色。个别猪兴奋，乱撞及后肢轻度麻痹，也有后肢关节肿胀而跛行的。

妊娠母猪感染时主要症状是突发性流产或早产，流产的胎儿有死胎、木乃伊胎或弱胎，但多为死胎。胎儿大小不等，小的如人的拇指，大的与正常胎儿无多大差别。流产后母猪症状很快减轻，体温和食欲逐渐恢复正常。

患病公猪于热温后常常发生睾丸肿胀，肿胀常呈一侧性，有时也有两侧睾丸同时肿胀的，但肿胀的程度不等，一般多大于正常的0.5～1倍，大多数患病公猪2～3天后肿胀消失，逐渐恢复正常。偶尔个别公猪的睾丸缩小、变硬，丧失生产精子的能力。

（四）病理变化

病猪的肉眼病变主要在脑、脊髓、睾丸和子宫。脑和脊髓可见充血、出血、水肿。睾丸有充血、出血和坏死。子宫内膜充血、水肿、黏膜上覆有黏稠的分泌物。胎盘呈炎性浸润，流产或早产的胎儿常见脑水肿，皮下水肿，有血性浸润，胸腔积液，腹水增多。

（五）诊断

根据流行性乙型脑炎明显的季节性和地区性及其临床特征不难做出诊断，但确诊还必须进行病毒分离和血清学试验等特异性诊断。

在临床上，猪流行性乙型脑炎与猪布鲁氏菌病、细小病毒感染以及伪狂犬病极为相似，它们的区别在于：猪布氏菌病无明显的季节性，流产多发生于妊娠的第三个月，多为死胎，胎盘出血性病变严重，极少出现木乃伊胎，公猪睾丸肿胀多为两侧性，附睾也有肿胀，有的猪还出现关节炎而跛行。猪细小病毒感染引起的流产、死胎、木乃伊或产出弱仔多见于初产母猪，经产母猪感染后通常不表现出繁殖障碍现象，且都无神经症状。

（六）防治

世界卫生组织（1979年）报道，乙脑的治疗没有特殊的方法，除采取一般的措施外，主要是对症治疗。本病主要防治措施是防蚊灭蚊和免疫接种。目前猪用乙脑疫苗主要有两种，即灭活疫苗和减毒活疫苗。

1. 灭活疫苗

目前，我国和世界上猪用乙脑疫苗主要是灭活疫苗，我国主要是鼠脑灭活疫苗，该苗在猪乙脑防治中起了不少作用，但鼠脑灭活疫苗含有较多的脑组织成分，接种后易发生严重的变态反应性脑脊髓炎，同时有注射剂量大、需多次注射、效果不稳定及免疫力不持久等灭活疫苗所共有的缺点。

2. 减毒活疫苗

华中农业大学选用人乙脑活疫苗毒株用原代地鼠肾细胞生产猪用乙脑活疫苗，经动物试验及临床应用，效果良好。推荐在该病流行地区，在蚊子开始活动的前 1 个月对 4 月龄至 2 岁的公、母猪注射疫苗，半年后加注 1 次，以后每年注射 1 次。

七、猪细小病毒感染

猪细小病毒可引起猪的繁殖障碍，其特征是受感染母猪，特别是初产母猪产死胎、畸形胎、木乃伊胎及病弱仔猪，偶有流产，而母猪本身通常不表现临床症状。有时也可导致公、母猪的不育。

（一）病原

猪细小病毒属于细小病毒科、细小病毒属，病毒粒子呈圆形或六角形，无囊膜。病毒对外界抵抗力很强，能耐受 56℃ 48小时，72℃ 2小时，但 80℃ 5分钟可使病毒失去活力。对脂溶剂及胰蛋白酶具有很强的抵抗力，耐酸范围大。0.5%漂白粉液、2% NaOH 液 5 分钟可杀死病毒。

（二）流行病学

猪细小病毒在世界各地的猪群中广泛存在，不同年龄、性别、品种的猪都可感染，呈地方流行或散发，特别是在易感猪群初次感染时，还可呈急性暴发，造成相当数量的头胎母猪流产、产死胎等繁殖障碍。

传染源主要是感染本病毒的公猪和母猪。被感染母猪可通过胎盘将病毒传给胎儿，发病母猪所产死胎、木乃伊胎、活胎及子宫分泌物中均含有高滴度的病毒。病公猪在猪细小病毒的传播中起重要作用。在急性传染期，病毒可经各种途径排出，其中包括精液。此外，污染的圈舍也是猪细小病毒的一个重要传染源，病毒对外界抵抗力强，污染的猪舍在猪群康复全群出售并作常规消毒处理后四个半月仍可检测到病毒，当再次放入易感猪时，仍能被感染。

（三）临床症状

仔猪和母猪的急性感染，通常都呈亚临床症状，但在体内许多分裂旺盛的器官和组织中都能发现该病毒。猪细小病毒感染主要的（通常也是唯一的）临床症状是母猪的繁殖障碍。母猪在不同孕期感染，临床表现有一定的差异。在妊娠早期感染时，胚胎、胎儿死亡，死亡胚胎被母体迅速吸收，母猪有可能再度发情；在妊娠30～50天感染，主要是产木乃伊胎，如早期死亡，产出小的黑色枯萎样木乃伊胎，如晚期死亡，则子宫内有较大木乃伊胎；妊娠50～60天感染时主要产死胎；妊娠70天感染时常出现流产；妊娠70天之后感染，母猪多能正常生产，但产出的仔猪带毒，有的甚至终身带毒而成为重要的传染源。母猪可见的唯一症状是在妊娠中期或后期胎儿死亡，胎水重被吸收，母猪腹围减小。

本病还可引起母猪发情不正常，久配不育，新生仔猪死亡和产弱仔等症状。对公猪的受精率和性欲没有明显影响。

（四）病理变化

眼观病变可见母猪子宫内膜有轻度的炎症反应，胎盘部分钙化，胎儿在子宫内有被溶解吸收的现象。取病料进行组织学检查时，可发现感染母猪的子宫上皮组织和固有层有局灶性或弥散性单核细胞浸润，在大脑、脊髓和眼脉络膜有浆细胞和淋巴细胞形成的血管套。

受感染胎儿，表现不同程度的发育障碍和生长不良，有时胎重减轻，出现木乃伊胎、畸形、骨质溶解的腐败黑化胎儿等。胎儿可见充血、水肿、出血、体腔积液、脱水（木乃伊胎）及死亡等症状。镜检可见胎儿的各种组织和器官有广泛的细胞坏死、炎症和核内包涵体，在大脑灰质、白质和软脑膜有以增生的外膜细胞、组织细胞和浆细胞形成的血管套为特征的脑膜炎变化。

(五) 诊断

根据流行病学、临床症状和剖检变化可做出初步诊断，但最终确诊有赖于实验室工作。

引起母猪繁殖障碍的原因很多，可分为传染性和非传染性两方面，仅就传染性病因而言，应注意与乙型脑炎、伪狂犬病、猪瘟、布鲁氏菌病、衣原体病、钩端螺旋体病、弓形体病等引起的流产相区别。

(六) 防治

对本病尚无有效的治疗方法，主要是实行综合性防治措施。细小病毒对外界抵抗力强，具有高度的感染性，要想控制其感染比较困难。根据本病的特点，总的防治原则应是：防止将带毒猪引入无本病的猪场；初产母猪获得主动免疫后再配种。据此，可从以下一些方面进行防治工作：

(1) 坚持自繁自养的原则，如果必需引进种猪，应从未发生过本病的猪场引进。引进种猪后应隔离饲养半个月，经过两次血清学检查，HI 效价在 1∶256 以下或为阴性时，才可合群饲养。

(2) 在本病流行地区，将母猪配种时间推迟到 9 月龄后，因为此时大多数母猪已建立起主动免疫，若早于 9 月龄时配种，需进行 HI 检查，只有具有高滴度的抗体时才能进行配种。

(3) 自然感染或人工接种，使初产母猪在配种前获得主动免疫。这种方法只能在本病流行地区进行。方法是将血清学阳性母猪放入后备母猪群中，或将后备母猪赶入血清学阳性的母猪群中，从而使后备母猪受到感染，获得主动免疫力。

(4) 免疫接种

① 疫苗种类。由于猪细小病毒血清型单一及其高免疫原性，疫苗接种已成为控制猪细小病毒感染的一种行之有效的方法，目前常用的疫苗主要有弱毒疫苗和灭活疫苗。

弱毒疫苗：在美国，经细胞培养多代而驯化成的 NADL-2 弱毒株经口服、鼻内接种血清阴性的妊娠母猪不引起胎儿感染，但子宫接种对胎儿有致病性。我国也从临床病例中分离到细小病毒弱毒株，后备母猪接种后有一定保护效果。但由于强毒株的大量存在，人们对病毒重组和弱毒返强的担心一直使该苗的应用受到限制。

灭活疫苗：细胞培养的病毒用β-丙内酯、福尔马林、乙酰乙烯亚胺以及二乙烯亚胺灭活，加入佐剂可制成油乳剂疫苗，该种疫苗注射一次即可产生较高滴度的抗体，并持续达7个月以上，具有良好的保护效果，但该疫苗生产成本相对较高。

② 使用方法。注射疫苗可使母猪妊娠前获得主动免疫，从而保护母猪不感染细小病毒。由猪细小病毒引起的繁殖障碍主要发生于妊娠母猪受到初次感染时，因此疫苗接种对象主要是初产母猪。经产母猪和公猪，若血清学检查为阴性，也应进行免疫接种。疫苗接种应在妊娠前2个月进行，以便在妊娠的整个敏感期产生免疫力。

(5) 猪场发病后，凡经确诊的猪群，其流产胎儿中的幸存者或木乃伊胎同窝的幸存者，不能留作种用。

(6) 发生疫病的猪场要做好清洁消毒工作，因为患病母猪在产仔或流产时会排出大量病毒，污染外界环境，容易扩散传播，所以对猪舍特别是繁殖猪舍必须选择有效消毒药彻底消毒。

八、猪接触性传染性胸膜肺炎

猪接触性传染性胸膜肺炎，又称猪副溶血嗜血杆菌病或称猪胸膜肺炎嗜血杆菌病，是由猪胸膜肺炎嗜血杆菌引起的猪的一种呼吸道传染病。以呈现胸膜肺炎症状和病变为主要特征，急性型病死率高，慢性型常能耐过。

（一）病原

胸膜肺炎嗜血杆菌是革兰氏阴性菌，呈球杆状或杆状，有时呈丝状，单个排列。该菌表现多形性和两极染色，无芽孢，无运动性，属于兼性厌氧菌，在最初生长中，通常需要足够的二氧化碳。本菌在鲜血琼脂或巧克力琼脂培养基上生长良好，菌落非常细小，肉眼仅可看见。若在血琼脂上与葡萄球菌共同接种，该菌在葡萄球菌落的周边生长，形成“卫星现象”。

本菌对外界抵抗力不强，不耐干燥，易被常用消毒剂和较低温度的热力杀死，一般 60℃ 5～20 分钟内即可死亡。同时本菌对抗生素和磺胺类药物敏感。

（二）流行病学

1. 传染源

病猪和带菌猪是本病的传染源。本病菌主要存在于病猪的呼吸道黏膜上。

2. 传播途径

主要通过空气飞沫经呼吸道传染，或是通过猪只的直接接触传染。

3. 易感动物

不同年龄、性别的猪均有易感性，尤其以 3 月龄的仔猪最易感。

（三）临床症状

本病一般为散发性，很少呈暴发流行。由于圈内过于拥挤或受到严重应激因素后，更容易诱发本病。

潜伏期一般为 1～7 天或更长。按病程，可分为最急性、急性、亚急性和慢性 4 种。最急性型病猪突然发病，死亡之前高烧，呼吸困难，呈腹式呼吸，病死猪口鼻流出带血红色的泡沫，体躯末端发绀。有些则无任何症状而突然死亡。

急性型的病猪体温升高到 40～42℃，拒食，呕吐，猪鼻中流出血样或泡沫样液体，咳嗽，呈腹式呼吸，病猪横卧或呈犬坐姿势，张口伸舌，也可出现神经症状，病程 1～2 天，可因窒息而死亡。症状轻缓的，经过 4 天以上，症状逐渐消失，能自行恢复。

亚急性型发病较缓，病程 5～7 天，食欲下降，精神沉郁，鼻孔有泡沫样液体，呼吸困难并腹式呼吸。严重者卧地不起，消瘦、拒食、高温。

慢性型症状轻微，病猪体温不高，发生间歇性咳嗽，生长迟缓，病程一般为 5 周。虽然临床症状都消失了，但是，康复猪体内仍有本菌存在。

（四）病理变化

急性死亡的猪，肺炎多为两侧性，肺呈紫红色，切面似肝，间质充满血色胶样液体。肺炎区变硬，有灰黄色坏死灶，与胸壁粘连。肺叶明显分开，外覆有纤维素性变性物，并有黄色渗出液。腹腔有时也有纤维素性渗出液。支气管淋巴结肿大、充血，常伴有心包炎，气管内有带血泡沫样物质，肝、脾肿大。慢性型病猪，肺炎灶硬实，表面有结缔组织化的粘连性附着物，肺炎病灶成硬化或坏死性病灶，其大小如鸭蛋大或拳头大，与胸腔粘连。

（五）诊断

一般根据流行特点、症状和病理变化可怀疑为本病。确诊需进行实验室诊断。

1. 镜检

采取血液和咽喉、鼻分泌物，以及肺、流产胎儿等病料，涂片，用美蓝染色或革兰氏染色镜检，便可确认该菌。

2. 分离培养

将病料接种于巧克力琼脂和血琼脂上，置于5%～10% CO_2环境中，37℃培养1～2天。观察菌落进行鉴定。

3. 血清学检查

玻板凝集、试管凝集，琼扩试验、ELISA、荧光抗体技术等都可用于该病的诊断。

（六）防治

1. 一般预防措施

加强饲养管理，改善环境卫生，消除环境应激因素，猪舍每周用火碱消毒液消毒2次。在引进猪只或种猪后，应注意隔离观察和检疫，防止引入带菌猪。如果发生本病后，除病猪隔离治疗外，其余猪只应进行血清学检查，呈阳性者一律淘汰。

2. 免疫接种

目前疫苗正在研制阶段。有些地方用灭活的佐剂苗，对于2～

3 月龄猪只，皮下注射 2～4 毫升/次，注射 2 次，间隔 2 周，效果较好。

3. 药物治疗

（1）对于发病初期，患猪群还有较好的食欲或饮水条件下，使用混饲或混饮给药。

① 氟苯尼考。混饲剂量，每吨饲料添加本品 1.00 克（效价），连续使用 7 天，然后将剂量减半，再继续使用 2 周。

② 头孢噻呋。混饲剂量，每吨饲料添加本品 100 克（效价），连续使用 5 天，然后将剂量减半，再继续使用 2 周。

③ 恩诺沙星（或环丙沙星，诺氟沙星、氧氟沙星）＋TMP（甲氧苄啶）。每吨饲料添加本类药物 120 克，TMP50 克，连续使用 5 天，然后剂量减半，继续使用 1 周。

（2）对于因发病而不采食，但饮水较好的患猪可采用盐酸多西环素混饮：每 100 升饮水添加盐酸多西环素 15 克，连续混饮 5 天。

（3）当猪已不能采食和饮水时，应进行注射给药。

① 氟苯尼考注射剂。按 20 毫克/千克体重肌内注射给药，在第一次给药后间隔 48 小时再用药一次。

② 头孢噻呋注射液。按 5 毫克/千克体重肌内注射给药，每日一次，连用 3 次。

③ 盐酸多西环素注射液。按 2.5 毫克/千克体重肌内注射给药，每日一次，连用 3 次。

九、猪传染性萎缩性鼻炎

猪传染性萎缩性鼻炎是猪的一种慢性呼吸道传染病。病的特征是鼻炎、鼻甲骨萎缩和上颌骨变形，常感染的部位是下鼻甲骨的下卷曲。病变常见于 2～5 月龄的猪。本病死亡率不高，但病猪生长缓慢，发育受阻，育肥期延长。因此，本病给养猪业带来很大损失，必须认真防治。

（一）病原

本病的主要病原菌普遍认为是产毒素多杀性巴氏杆菌和支气管

败血波氏杆菌。支气管败血波氏杆菌为革兰氏染色阴性，球状杆菌，呈两极着色，散生或成对排列。有鞭毛，能运动，不产生芽孢，有的有荚膜。本菌为需氧或兼性厌氧菌，培养基中加入血液或血清可促进生长。在葡萄糖中性红琼脂平板上形成透明烟灰色中等大小菌落；在血琼脂上呈β溶血；在马铃薯培养基上呈黄棕色而微带绿色的菌落，生长旺盛，并使马铃薯变黑。肉汤培养物有腐霉味。

本菌对外界抵抗力不强，常用消毒药均可以将其杀死。

（二）流行病学

1. 传染源

病猪、隐性感染猪和病愈猪都可成为传染源。据报道，缺乏临床症状的母猪可感染自己的同窝仔猪，痊愈母猪可长期带菌（约3～4胎）。

2. 传播途径

一种是感染母猪与其新生仔猪间的鼻对鼻的直接接触感染，另一种是通过飞沫方式经呼吸道传染。还有猫、鼠、兔、苍蝇等均可带菌。另外，污染的用具、工作人员等在病的传播方面起到了扩散作用。

3. 易感动物

各种年龄的猪都可感染本病，但以幼猪易感性最强，感染日龄越小，病猪病变程度也越严重。品种之间对本病的感染有差异性，长白猪易感染。

本病一年四季均可发生，但以秋、冬季产仔时较多发。呈地方流行性或散发性，感染率高，死亡率低。一些应激因素，如饲养管理不良，猪舍拥挤、潮湿、卫生条件差，营养缺乏等可促进本病的发生。

（三）临床症状

猪萎缩性鼻炎早期，多见于6～8周龄的仔猪。病猪最初断续或持续性地打喷嚏，有鼻塞音，在吃食和运动时更为明显。很不安静，头部强烈抖动，用前肢挠抓或在槽边和墙上摩擦鼻子。黏膜充血，常从鼻腔流出黏液性鼻液，有时带血。吸气困难，严重时张口呼吸。在鼻炎症状出现同时，眼睛流泪，由于泪水与尘土沾积，常在眶下部的皮肤上，出现一个半月形的泪痕，呈褐色或黑色斑痕，故有“黑斑眼”之称。

随着病程发展，鼻甲骨发生萎缩，当鼻腔两侧损伤大致相等时，鼻脑的长度和直径减少，使鼻脑缩小，可见病猪的鼻缩短翘起，而且鼻背皮肤发生皱缩，下颌伸长，上下门齿错开，不能正常吻合。当一侧鼻甲萎缩严重，造成鼻子歪向一侧，极个别而又特别严重时可造成45°角歪斜。由于鼻甲内萎缩，头的外形可发生改变。歪鼻子是诊断猪萎缩性鼻炎的重要依据。

病猪一般体温正常，呈慢性经过。血液变化，呈现白细胞增多，红细胞和血红蛋白减少，球蛋白增多，出现低磷、钙白血症。

（四）病理变化

鼻黏膜常有黏液，脓性至干酪样渗出物，较急性的渗出物杂有脱落的上皮碎屑。慢性的黏膜苍白，似轻度水肿。鼻甲骨下卷曲萎缩最为常见。严重的使鼻甲骨消失，鼻中隔发生部分或完全卷曲，鼻腔成为一个鼻道。上鼻甲骨或筛鼻甲骨的萎缩较为少见。

（五）诊断

如果猪群中出现典型的临床症状，即可做出诊断。对症状不明显的，可通过剖检来确诊，或其他方法确诊。

（1）剖检检查　将病猪屠宰后，在其头部的第一臼齿和第二臼齿之间，用锯锯成横断面，观察鼻甲骨及鼻中隔的变化。当鼻甲骨萎缩时，卷曲变小而钝直，甚至消失，鼻中隔弯曲。对猪鼻颜面部进行X射线摄影，能查出鼻甲骨有无萎缩，对早期病例诊断有一定价值。

（2）实验室诊断　细菌分离培养，玻片凝集试验，试管凝集试验，动物接种试验，荧光抗体等方法进行诊断。

（六）防治

1. 防疫措施

（1）坚持自繁自养的原则　不从病猪场引购种猪，对引进母猪要实行严格检疫，隔离到产后 8 周确定无鼻炎症状，方可混群。

（2）仔猪与母猪隔离饲养　仔猪生后立即或数小时后与母猪隔离，定时让母猪喂奶，吃奶时，不要让仔猪接触母猪头部。或在吃初乳后，立即隔离人工饲养。

（3）一旦发生本病应严格封锁，停止外调，淘汰病猪，更新猪群。

（4）药物预防　应用多种抗生素和磺胺类药物作为饲料添加剂。如在饲料中添加链霉素、氯霉素、泰乐菌素、卡那霉素或磺胺类药物于母猪产后连续饲喂 15 天，哺乳仔猪从 15 日龄吃食时起，连用 20 天，效果较好。

（5）免疫接种　我国哈尔滨兽医研究所已研制出猪萎缩性鼻炎灭活苗，使用方法为妊娠母猪产前 1 个月，每头猪分别注射 2 毫升，仔猪于 1 周龄和 4 周龄，每头猪分别注射 1 毫升。

2. 药物治疗

（1）母猪和仔猪

① 磺胺二甲嘧啶＋TMP。每吨饲料添加磺胺二甲嘧啶 800 克，TMP100 克，连续混饲 3 天，然后剂量减半，继续使用 2～3 周。

② 土霉素。每吨饲料添加 800 克，连续混饲 3 天，然后改为每吨饲料添加 250 克，继续使用 2～3 周。

（2）育肥猪

① 磺胺二甲嘧啶＋TMP。每吨饲料添加磺胺二甲嘧啶 500 克，TMP100 克，连续混饲 3 天，然后剂量减半，继续使用 2～3 周。

盐酸土霉素＋磺胺嘧啶＋青霉素 G 钠盐：每吨饲料添加盐酸土霉素 150 克，磺胺嘧啶 150 克，青霉素 G85 克。混饲 2 周。

泰乐菌素＋磺胺二甲基嘧啶：每吨饲料添加泰乐菌素 200 克，磺胺二甲基嘧啶 250 克，连续混饲 1～2 周。

② 林可霉素＋磺胺二甲基嘧啶。每吨饲料添加林可霉素 220

克，磺胺二甲基嘧啶 500 克，连续混饲 1 周，然后剂量减半，继续使用 1～2 周。

十、猪痢疾

猪痢疾俗称猪血痢，是一种以黏液出血性腹泻为主要临床表现的猪肠道传染病。本病目前遍及世界各主要养猪国家。该病于 1978 年由美国引进种猪时传入我国，现已遍及我国的大部分养猪地区。该病一旦侵入，常不易根除，并可导致病猪死亡，生长率降低，饲料消耗率和药物防治费用增加，给养猪业带来巨大的经济损失。

（一）病原

本病主要病原体为猪痢疾密螺旋体，属于螺旋体科、密螺旋体属。

猪痢疾密螺旋体为严格厌氧菌，本菌在结肠和盲肠的致病性不依赖于其他微生物，但结肠和盲肠固有厌氧微生物可协助本菌定居和导致病变严重化，所以猪痢疾密螺旋体口服感染健康猪或无特定病原体猪（SPF）可以产生症状和病变，而口服感染无菌猪则不发生症状和病变。

猪痢疾密螺旋体在粪便中 5℃存活 61 天，25℃存活 7 天，在土壤中 4℃能存活 18 天。纯培养物在厌氧条件下 4～10℃最少存活 102 天。对消毒液的抵抗力不强，对高温、氧、干燥等敏感。

（二）流行病学

病猪和带菌猪是本病的主要传染源。康复猪的带菌率很高，带菌时间可长达数月。有的母猪虽无症状，但其粪中的本菌仍可引起哺乳仔猪感染并污染周围环境、饲料、饮水、用具及运输工具。

不同年龄、品种的猪均有易感性，以 7～12 周龄的幼猪发生最多。其他动物无感染发病的报道。本病的发生无季节性，流行过程缓慢。本病的发生是由于从有病国家和地区引进带菌种猪引起暴发，常是由一栋猪舍先发病几头，以后逐渐蔓延，并在猪群中长年不断发生，流行期长。多种应激因素，如饲养管理不良，维生素和矿物质缺乏，猪栏潮湿，猪群拥挤，饲料不足，气候多变和长途运输等均可促进本病的发生，加重病情。经短期治疗的猪，停药3～4周后，又可复发。

（三）临床症状

潜伏期长短不一，可短至2天，长达3个月，一般为7～14天。人工感染约为3～21天。

（1）最急性型　往往见不到腹泻症状于数小时内死亡，该病例不常见。其原因不明，可能与本菌内毒素有关。

（2）急性型　病例开始排黄色至灰色的软便，减食，体温升高至40～40.5℃。数小时或数天之后，排出的粪便含有大量的黏液或血丝。以后粪中含有鲜血、黏液和白色黏膜纤维素性渗出物碎片。有的病猪出现水泻，或排出红白相间的胶冻物或血便。弓背、吊腹、脱水、饮欲增加、消瘦、虚弱和共济失调，最后因极度衰弱而死。该病例为多见。

（3）亚急性或慢性型　症状较轻，表现反复下痢，不时排出灰白色带黏液的稀粪，混有黑色血液。消瘦，贫血，生长发育受阻，成为僵猪，对生产影响较大。

血液学检查，急性期病猪白细胞总数可能增高，而幼稚型中性粒细胞增数较为恒定。血清中钠、氯和碳酸盐的含量下降，高血钾。血容量减少，血浆蛋白总量增加。大肠出血严重者可发生贫血，有明显的代谢性酸中毒。

（四）病理变化

主要病变局限于大肠（结肠、盲肠和直肠），回盲口为其明显分界，最急性型和急性型病例为卡他性、出血性大肠炎，病变肠肿胀，黏膜充血、出血，肠腔充满黏液和血液。病程稍长的病例，出现坏死性炎症，黏膜表面见点状坏死和黄色或灰色伪膜，坏死常限于黏膜表面。大肠系膜充血、水肿，淋巴结增大。小肠和小肠系膜淋巴结常不受侵害。其他脏器无明显变化。

亚急性型和慢性型病死猪表现为纤维素性、坏死性大肠炎，在肠黏膜表面形成假膜，外观似麸皮豆腐渣样，剥去假膜露出浅表的糜烂面。

（五）诊断

根据本病的流行病学，临床症状和剖检病变可做出初步诊断，但确诊需依赖于实验室检查。

1. 流行病学及临床诊断

本病的流行缓慢，持续时间长，常发生于断乳后的架子猪，哺乳仔猪和成年猪较少发生。排灰黄色至血胨样稀粪。病变局限于大肠，呈卡他性、出血性、坏死性炎症。

2. 病原学诊断

（1）直接镜检法　用棉拭子采取病猪大肠黏膜或血胨样粪便抹片染色镜检或暗视野或相差显微镜检查。但本法对急性后期、慢性隐性及用药后的病例，检出率低。

（2）分离和鉴定　是目前诊断本病较为可靠的方法。常以直肠拭子采取大肠黏液或粪样，加入适量 pH7.2 的磷酸缓冲盐溶液（PBS），直接划线于加有壮观霉素或多黏菌素等选择性培养基上，而后在厌氧条件下 38～42℃培养 4～6 天，如观察到无菌落的β溶血区时，可在溶血区内钩取小块琼脂，做划线继代分离培养，并同时做抹片镜检，观察菌体形态。进一步鉴定时，可做肠致病性试验（口服感染试验和结肠结扎试验）和血清学试验。

（3）血清学诊断　有凝集试验（试管法、玻片法、微量凝集、炭凝集）、免疫荧光试验、间接血凝试验、酶联免疫吸附试验等方法，其中凝集试验及酶联免疫吸附试验具有较好的实用价值。

（4）鉴别诊断　本病应与猪副伤寒、仔猪白痢、仔猪黄痢、仔猪红痢、猪传染性胃肠炎、猪流行性腹泻、猪轮状病毒感染相区别。

（六）防治

1. 治疗

药物治疗有一定疗效，但容易复发。其中，常用的抗菌药物为痢菌净、二甲硝基咪唑、呋喃唑酮、痢立清。

2. 免疫预防

康复猪经证实对再感染有抵抗力，并发现其血清内有抗体。据报道，用福尔马林杀死的抗原经静脉注射做高度免疫能增加血清的抗体效价，能抵抗本菌的攻击。灭活后的本菌加各种佐剂做其他途径注射，也能使其获得部分抵抗力。

3. 防治措施

至今国内外尚未研制成功预防本病的有效菌苗。在饲料中添加上述药物虽可控制发病，但停药后又复发，难以根除。必须采取综合性预防措施，并配合药物防治，才能有效地控制或消灭本病。

十一、猪丹毒

猪丹毒是由猪丹毒杆菌引起的一种急性、热性传染病。其临床特征为急性型呈败血症状，高热；亚急性型皮肤出现紫红色疹块；慢性型表现非化脓性关节炎、疣状心内膜炎和皮肤坏死。

（一）病原

猪丹毒杆菌是一种纤细的革兰氏阳性小杆菌。本菌不运动，不产生芽孢，无荚膜。本菌为微需氧菌，能在普通营养琼脂培养基上生长，在血液琼脂或含血清的琼脂培养基上生长更佳。猪丹毒的抵抗力很强，可在猪粪便或死猪体内存活6个多月。本菌对石炭酸的抵抗力较强，对热敏感。常用消毒剂如1%氢氧化钠、3%来苏儿等均可很快杀死本菌。猪丹毒对青霉素、四环素类药物敏感，但对磺胺类和氨基糖苷类药物不敏感。

（二）流行病学

1. 易感性

不同年龄猪均易感，3月龄以上的猪发病率最高，尤以3～6月龄的猪发病严重。人可因创伤感染发病。

2. 传染源

传染源主要是病猪，其次是病愈猪及健康带菌猪，随粪尿、唾液、鼻腔分泌物排出大量的猪丹毒杆菌，污染土壤、饲料和饮水。

3. 传播途径

本病主要通过污染的土壤、饲料经消化道感染，其次是经皮肤伤口感染。吸血昆虫和蜱是重要的传播媒介。

4. 流行特征

本病流行无明显季节性，北方地区7～9月发病率高，秋季以后慢慢减少。在流行初期猪群中猪只常取最急性经过，突然死亡1～2头，且多为健壮大猪，以后其他猪陆续发病或死亡。本病有较明显的常在性，呈散发性或地方性流行，偶尔也可暴发流行。

（三）临床症状

人工感染潜伏期为3～5天，短的1天，长的可达7天。

1. 急性型（败血型）

常发生在流行初期，特征是突然发病。有时个别猪不表现任何症状而突然死亡，其他猪相继发病。大多数病猪体温升高至41～42℃，甚至更高，呈稽留热。皮肤潮红、结膜充血，体温高的病猪出现颤抖、喜卧、不愿走动，将病猪从猪群中拉出来立即躺下，当靠近它们的时候，表现惊恐，并站起来走开或无力站起，伴有尖叫声。强迫站立时，支撑一会儿后又躺下。在站立时，四肢紧靠，头下垂，背腰弓起。走路时表现步态僵硬如踩高跷状或跛行，似有疼痛。多数病猪表现精神高度沉郁，食欲减退或废绝。粪便干燥，母猪可能发生流产。发病1～2天后，皮肤上出现红色或暗红色斑，大小和形状不一，以耳后、颈、背、四肢外侧较多见，开始时指压褪色，指去复原。病程2～4天，病死率80%～90%。未死者转为亚急性疹块型或慢性型。

2. 亚急性型（疹块型）

通常为良性经过。一般在感染后的第二或第三天出现特征性的皮肤病变（风疹块、宝石样皮肤病灶）。皮肤表面可以看到小的粉红色和黑褐色丘疹块，表面隆起，触感坚实。在多数情况下可以触摸到疹块。有时病变数量少，易被忽略，有时数量多难以计数。单个病变呈特征性的菱形、方形、圆形等不同形状，大小不一。这种特征性的疹块病灶是猪丹毒具有诊断意义的病变，而当这种病灶全身化时，它们是一种可靠的败血症的标志。

3. 慢性型

（1）慢性关节炎型　常见于腕关节、跗关节。病猪食欲正常，但生长缓慢，体质虚弱、消瘦，关节肿胀、疼痛、僵硬、变形或跛行。

（2）慢性心内膜炎型　消瘦、贫血，全身衰弱，喜卧，步态缓慢，全身摇晃。听诊时，心脏有杂音，心跳加快、亢进，心律不齐。呼吸急促、困难。胸下、四肢浮肿，强迫快速行走时，常由于心脏麻痹而突然倒地死亡。

（3）皮肤坏死型　常见于背、肩、耳、蹄及尾部，局部皮肤变黑，干硬如皮革一样。随着病程的发展，逐渐与皮下新生组织脱离，留下无毛淡色的斑痕。病程长，为几个月或终生。

（四）病理变化

1. 急性型

主要以败血症和皮肤出现红斑为特征。全身淋巴结发红肿大，呈浆液性出血性炎症。肝肿大，暗红色。脾充血肿大，呈樱桃红色。肾淤血肿大，俗称“大红肾”，表面有出血点。肺淤血、水肿。心内外膜和心冠脂肪出血，有时可见心包积液和纤维素性心包炎。胃肠道呈卡他性或出血性炎症，胃和十二指肠较明显。

2. 亚急性型

多呈良性经过，内脏病变与急性型相似，但程度较轻，其特征为皮肤的疹块。

3. 慢性型

慢性心内膜炎常发生于二尖瓣，其次是主动脉瓣、三尖瓣和肺动脉瓣。瓣膜上有溃疡性或菜花样的疣状赘生物，牢固地附着于瓣膜上，使瓣膜变形。慢性关节炎初期为浆液纤维性关节炎，关节囊肿大变厚，充满大量黄色或红色浆液纤维素性渗出物，后期滑膜增生肥厚，继而发生关节变形，不能弯曲。

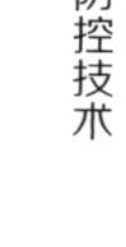

（五）诊断

1. 临床综合诊断

根据流行病学、临床症状和病理变化可做出初步诊断。

2. 细菌学诊断

急性型应采取耳静脉血、肾、脾为病料，亚急性型采取疹块部的渗出液，慢性型采取心瓣膜赘生物和患病关节液作病料。涂片、革兰氏染色后镜检，仍不能确诊时再进行分离培养和动物接种试验。

3. 血清学诊断

血清学诊断方法主要有凝集试验、琼脂扩散试验、荧光抗体试验等。

（六）防治

1. 治疗

用抗生素治疗，特别是对青霉素和头孢喹肟高度敏感。对发病的猪只可注射 2.5%头孢喹肟注射液，一天一针，连用 3 天。也可用青霉素钠肌内注射，一次量，4 万～5 万单位/千克体重，每日 3 次。急性暴发的早期治疗可在 24～36 小时内取得显著效果。对于食欲下降的猪只可以采用饮水给药，临床使用剂量为：育肥猪及泌乳母猪用阿莫西林 300 克/吨水，妊娠母猪用阿莫西林 500 克/吨水，拌料剂量加倍。一般疗程在 5～7 天间。

2. 预防

种公猪、种母猪每年春、秋季两次进行猪丹毒氢氧化铝甲醛疫苗免疫。育肥猪 60 日龄时进行一次猪丹毒免疫，间隔三周后进行第二次免疫。重点提示：配种后 20 天以内的母猪、妊娠后期母猪及泌乳母猪不能接种。在接种疫苗的前 3 天和接种后 7 天内严禁使用猪丹毒杆菌敏感的抗菌药物。

3. 发病后的措施

猪场环境及饲养管理用具应进行严格消毒。猪粪及其他废弃物集中堆肥，发酵腐熟后作肥料用。病死猪应深埋或做无害化处理。

急宰猪的血液、内脏等应深埋或化制处理。急宰场地、用具、运输工具等应进行严格的冲洗和消毒。屠宰、检验和解剖人员应加强防护工作，免受猪丹毒杆菌感染，如有发病，及时就医。

十二、副猪嗜血杆菌病

副猪嗜血杆菌病，又称格拉泽氏病，是由副猪嗜血杆菌引起的猪纤维蛋白性浆膜炎和关节炎。本病在临床上主要以关节肿胀、疼痛、跛行、呼吸困难以及胸膜、心包、腹膜、脑膜和四肢关节浆膜的纤维素性炎症为特征。

（一）病原

副猪嗜血杆菌（HPs）为革兰氏阴性小杆菌，非溶血性，NAD（烟酰胺腺嘌呤二核苷酸）依赖型细菌。多形态，无鞭毛，无芽孢，新分离的致病菌有荚膜。在巧克力培养基和金黄色葡萄球菌共同培养时，会在金黄色葡萄球菌菌苔附近呈卫星生长，菌落直径达1～2毫米。HPs对外界抵抗力不强。干燥环境易死亡，60℃可存活5～20分钟，4℃可存活7～10天。常用消毒药可将其杀死。

（二）流行病学

1. 易感性

本病只发生于猪，从2周龄到4月龄的猪均易感，多见于5～8周龄的保育猪，尤其是断奶后10天的猪。发病率一般在10%～15%，病死率可达50%。在新发病的猪场，可导致更高的发病率和死亡率，年龄范围也显著增宽。

2. 传染源

病猪和带菌猪是主要的传染源。该菌寄生在健康猪的鼻腔、扁桃体、气管等部位，是一种条件性致病菌。

3. 传播途径

主要通过猪的相互接触传播，经消化道也可感染。

4. 流行特点

本病一般呈散发，也可呈地方流行性。饲养管理不善、空气污浊、拥挤、饲养密度过大、长途运输、天气骤冷等应激因素都可引起本病的暴发，并使病情加重。因此，应激因素常是本病发生的诱因。本病发生和流行的严重程度以及造成的经济损失与猪群中猪肺炎支原体、猪繁殖与呼吸综合征病毒、圆环病毒Ⅱ型、猪流感病毒和猪呼吸道冠状病毒等病原体的存在有密切关系。

（三）临床症状

本病多继发于猪肺炎支原体、猪繁殖与呼吸综合征病毒、圆环病毒Ⅱ型、猪流感病毒和猪呼吸道冠状病毒等病原体感染，或与这些病原体混合感染。高度健康的猪群，感染后发病很快，接触病原后几天内就发病。临床症状取决于炎性损伤的部位，包括发热、食欲不振、厌食、消瘦、被毛粗乱、反应迟钝、咳嗽、呼吸困难、疼痛尖叫、关节肿胀、跛行、颤抖、共济失调、可视黏膜发绀、侧卧，随之可能死亡。急性感染后可能留下后遗症，即母猪流产、公猪慢性跛行。

（四）病理变化

主要是在单个或多个浆膜面，可见浆液性和化脓性纤维蛋白渗出物，包括胸膜、腹膜和心包膜，也可涉及脑和关节表面，尤其是腕关节和跗关节。全身淋巴结肿大，切面颜色灰白色。也可引起急性败血症，在不出现典型的浆膜炎时就呈现发绀、皮下水肿和肺水肿，乃至死亡。

（五）诊断

根据流行病学、临床症状和病理变化，结合对病猪的治疗效果，可做出初步诊断。要确诊需要进行细菌的分离培养和鉴定，处于急性感染期的猪在没有应用抗菌药之前，采集浆膜表面的物质或渗出的脑脊液等，接种于含Ⅴ因子的培养基。但细菌培养往往不易成功。

在一个猪群中可能出现副猪嗜血杆菌的几个菌株或血清型，甚至在同一猪的不同组织也可发现不同的菌株或血清型。因此，在进行细菌分离时，应在全身多部位采集病料。

血清学试验主要有琼脂扩散试验、补体结合试验和间接血凝试验等。

（六）防治

1. 治疗

副猪嗜血杆菌对阿莫西林、氟喹诺酮类、头孢菌素、四环素、庆大霉素和磺胺类敏感。在对本病进行治疗时应遵循以下原则：

（1）治疗应在暴发早期，必须早发现、早诊断、早治疗。

（2）一旦临床症状已经出现，一是应立即采用肌内注射给药的方式，而不能采用口服给药的方式。二是必须应用大剂量的敏感性抗菌药物对同栏的感染猪和非感染猪都要进行治疗。三是必须加大使用剂量。四是按疗程给药必须达到 3～5 天，慢性病例可延长疗程。

（3）很多慢性病例都是由于食欲废绝而亡，因此要加强护理。可在饮水中添加电解多维，口服葡萄糖和黄芪多糖等，增加营养、能量和提高免疫力。

（4）本病治疗很困难，在发病初期采用抗菌药物进行早期治疗的同时要坚持“标本兼治”的原则，病因疗法与对症治疗相结合，酌情配合解热镇痛药、地塞米松、维生素 C、干扰素、黄芪多糖、柴胡、穿心莲、双黄连、鱼腥草等抗病毒及增强机体免疫力的注射剂等。

2. 预防

副猪嗜血杆菌有明显的地方性特征，且不同血清型菌株之间交叉保护率很低，因此主要用当地分离株制备灭活苗。

制定合理的免疫程序，应考虑母猪接种后可使 4 周龄以内的仔猪获得被动性免疫保护，再用相同血清型的灭活苗激发仔猪产生主动性免疫，从而对断奶仔猪产生免疫保护。

在应用疫苗的基础上，应加强感染猪群中所有猪的抗菌药物治疗，同时加强并发或继发疾病的控制和治疗，并提高舍内的空气质量和卫生条件。

十三、猪气喘病

猪气喘病或猪喘气病，又称猪支原体肺炎，是由猪肺炎支原体引起的一种慢性呼吸道传染病。主要症状为咳嗽和气喘。病变的特征是融合性支气管肺炎，尖叶、心叶、中间叶和膈叶前缘呈“肉样”或“虾肉样”实变。本病广泛分布于世界各地。患病猪长期生长发育不良，饲料利用率降低。

（一）病原

猪肺炎支原体，革兰氏阴性，无细胞壁，姬姆萨或瑞氏染色呈多形性，有球状、环状、杆状、点状和两极状。能在无细胞的人工培养基上生长，但对生长条件要求严格。分离用含乳蛋白水解物、酵母浸出液和猪血清的液体培养基。在固体培养基上生长较慢，在含5%～10% CO_2 的条件下培养6天，可见到圆形、边缘整齐、中央隆起的小菌落，似“荷包蛋”样。

猪肺炎支原体对外界环境抵抗力不强，在外界环境中存活不超过36小时，病肺组织块内的病原体在－15℃可保存45天，在1～4℃可保存7天。常用的化学消毒药均能将其杀灭。猪肺炎支原体对青霉素、磺胺类药不敏感，对壮观霉素、土霉素、卡那霉素、林肯霉素和泰乐菌素敏感。

（二）流行病学

1. 易感性

自然病例只有猪和野猪，其他动物不发病。不同品种、年龄、性别的猪均能感染，其中哺乳仔猪和断奶仔猪易感性高，其次是妊娠后期和哺乳母猪。公猪和成年猪多呈慢性或隐性感染。

2. 传染源

病猪和隐性感染猪是本病的主要传染源。新疫区往往由于购入隐性感染猪而引起本病暴发。发病母猪感染哺乳仔猪，病猪在临床症状消失后半年至一年多仍可排菌感染健康猪。本病一旦传入，如不采取严格措施，很难根除。

3. 传播途径

本病通过呼吸道飞沫传播。病猪通过咳嗽、喘气和喷嚏等强力气流将含有大量病原体的渗出物、分泌物喷射出来，形成飞沫，悬浮于空气中被健康猪吸入而感染。密集饲养可促进其传播。

4. 流行特点

本病一年四季均可发生，但以气候多变、阴湿、寒冷的冬、春季节发病严重，症状明显。本病以慢性经过为主，在新疫区常呈暴发性流行，症状较重，发病率和致死率均较高，多为急性经过；在老疫区常呈隐性经过，症状不明显，致死率低。气候骤变、寒冷阴湿、饲养管理不善和卫生条件不良、继发感染等因素，均可使病情加重，致死率增高。且为继发细菌（巴氏杆菌、肺炎球菌等）感染创造条件，促使病情复杂化，甚至引起死亡。

（三）临床症状

本病的潜伏期为数日至1个月不等。

主要症状为慢性干咳，在清晨、晚间、采食时或运动后尤为明显。食欲变化不大，体温一般不升高。随着病程的发展，可出现不同程度的呼吸困难，呼吸加快和呈腹式呼吸，这些症状时而缓和时而明显。无继发感染时，咳嗽会在2～3个月内消失，病死率很低，但饲料转化率和日增重显著降低。发生继发感染时可能出现食欲不振、呼吸困难或气喘、咳嗽加重、体温升高及衰竭等症状，病死率高。

（四）病理变化

主要病变见于肺、肺门淋巴结和纵隔淋巴结。肺两侧均显著膨大，有不同程度的水肿。在尖叶、心叶、中间叶和膈叶前下缘出现融合性支气管肺炎。病变的颜色多为淡灰红色或灰红色，半透明状。病变部界限明显，呈“肉样”。病变部切面湿润而致密，常从小支气管流出微混浊灰白色带泡沫的浆液或黏性液体。随着病程延长或病情加重，病变部的颜色变深，呈淡紫红或灰白色，半透明的程度减轻，坚韧度增加，俗称“虾肉样变”或“胰变”。恢复期，病变逐渐消散，肺小叶间结缔组织增生硬化，表面下陷，其周围组织膨胀不全。肺门淋巴结和纵隔淋巴结显著肿大，呈灰白色，切面外翻湿润，有时边缘轻度充血。

（五）诊断

根据流行病学、临床症状和病变特征可做出初步诊断。本病仅发生于猪，以咳嗽、气喘为特征，体温和食欲变化不大；特征性病变是肺的尖叶、心叶、中间叶和隔叶前下缘有实变区，肺门和纵隔淋巴结肿大。X线检查对本病的诊断有重要价值。

血清学诊断常用间接血凝试验，病原分离成功的概率不高。

（六）防治

1. 治疗

药物治疗的关键是早期用药。常用药物有喹诺酮类、大环内酯类、四环素类、林可胺类、卡那霉素等。对病猪实行注射给药，尤其是胸腔内或肺内注射给药效果比较理想。

2. 预防

坚持自繁自养，杜绝外来发病猪只的引入。如需引入，一定要严格把控隔离检疫关（观察期至少为两个月），同时做好相应的消毒管理。保证猪群各阶段的合理营养，避免饲料发霉变质。结合季节变换做好小环境的控制，严格控制饲养密度，实行全进全出制度，多种化学消毒剂定期交替消毒。

猪气喘病疫苗有两类，一类是弱毒疫苗，另一类是灭活苗。仔猪使用弱毒疫苗，15 日龄首免，3 月龄对确定留作种用的猪进行二免。仔猪使用灭活苗，7 日龄首免，21 日龄二免，3 月龄对确定留作种用的猪进行三免。对母猪进行免疫，其母源抗体不能保护仔猪。使用弱毒疫苗时应注意以下两点：一是免疫时疫苗一定要注入胸腔内，肌内注射无效；二是注意注射疫苗前 15 天及注射疫苗后两个月内不饲喂或注射土霉素、卡那霉素等对疫苗有抑制作用的药物。由于猪肺炎支原体可以改变表面抗原而造成免疫逃逸，导致免疫力减弱，因此猪场需配合药物防治，一个疗程一般3～5天，特别是妊娠母猪拌料净化，其所产仔猪单独饲养，不留种用，条件具备的猪场实行早期隔离断奶，尽可能减少母猪和仔猪的接触时间。国内生产的猪喘气病弱毒冻干苗可用于20～25日龄健康仔猪，免疫率可达80%以上。

十四、仔猪梭菌性肠炎

仔猪梭菌性肠炎，俗称仔猪红痢，是由C型或A型产气荚膜梭菌引起的一周龄仔猪高度致死性的肠毒血症，以血性下痢，病程短，病死率高，小肠后段的弥漫性出血或坏死为特征。

（一）病原

产气荚膜梭菌，旧称魏氏梭菌，根据产毒素能力分为A、B、C、D和E5个血清型。C型菌株是引起2周龄仔猪肠毒血症与坏死性肠炎的主要病原，A型菌株也是仔猪梭菌性肠炎的主要病原。本菌可产生致死毒素，主要是α毒素和β毒素，可引起仔猪的肠毒血症和坏死性肠炎。产气荚膜梭菌为革兰氏阳性大杆菌，有荚膜，不运动，能形成芽孢，呈卵圆形，位于菌体中央。本菌严格厌氧，形成芽孢后，对外界抵抗力强，80℃ 15～30分钟，100℃ 5分钟才被杀死。

（二）流行病学

本病主要侵害1～3日龄新生仔猪，1周龄以上仔猪很少发病。在同一猪群各窝仔猪的发病率不同，最高可达100%，病死率一般为20%～70%。此菌常存在于一部分母猪的肠道中，随粪便排出，污染垫料及哺乳母猪乳头，仔猪生后不久即经消化道感染发病。本病除猪和绵羊易感外，马、牛、鸡、兔等动物也可感染。本菌在自然界分布很广，存在于人畜肠道、土壤、下水道和尘埃中，猪场一旦发病，不易清除。

（三）临床症状

按病程经过分为最急性型、急性型、亚急性型和慢性型。

1. 最急性型

仔猪出生后，1 天内就可发病，临床症状不明显，只见仔猪后躯沾满血样稀粪，病猪虚弱，很快进入濒死状态。

2. 急性型

最常见。病猪排出含有灰色组织碎片的红褐色液体稀粪，消瘦、虚弱，病程常维持 2 天，一般在第 3 天死亡。

3. 亚急性型

持续性腹泻，病初排出黄色软粪，以后变成液体，内含坏死组织碎片。病猪极度消瘦和脱水，一般 5～7 天死亡。

4. 慢性型

病程 1 周以上，间歇性或持续性腹泻，粪便呈黄灰色糊状，病猪逐渐消瘦，生长停滞，数周后死亡或淘汰。

(四) 病理变化

主要表现为小肠，尤其是空肠出现长短不一的出血性坏死，外观肠壁呈深红色，两端界限分明，肠内充满气体、含血的液体及红褐色内容物并混有气泡。病程长者，肠壁增厚，肠黏膜坏死，有黄色或灰色坏死伪膜，易剥离。腹水增多呈血样。

(五) 诊断

根据流行病学、临床症状和病理变化特点可做出初步诊断。确诊必须进行实验室检查。查明病猪肠道是否存在 A 型或 C 型产气荚膜梭菌毒素对本病的诊断有重要意义。

(六) 防治

本病发病迅速，病程短，发病后药物治疗效果不佳，新生仔猪口服抗菌药，每日 2～3 次，可作为紧急药物预防。

将分娩前母猪的乳头进行清洗和消毒，可以减少本病的发生和传播，给妊娠母猪注射菌苗，仔猪出生后吮吸初乳可获得免疫，这是预防仔猪红痢最有效的方法。目前采用 C 型产气荚膜梭菌福尔马林氢氧化铝菌苗，于产前 1 个月和产前半个月免疫。仔猪出生后，注射抗猪红痢血清3～5毫升，可以有效预防本病的发生，但注射要早，否则效果不佳。

十五、猪肺疫

猪肺疫是由多杀性巴氏杆菌所引起的一种急性传染病（猪巴氏杆菌病），俗称“锁喉风”。急性或慢性经过，急性呈败血症变化，咽喉部肿胀，高度呼吸困难。

（一）病原

多杀性巴氏杆菌，两端钝圆、中央微凸的短杆菌，革兰氏阴性，无运动性，无芽孢，无鞭毛，产毒菌株有荚膜。病变组织或体液瑞氏染色、姬姆萨染色或美蓝染色后该菌呈两极着色深、浓染的卵圆形。本菌为需氧或兼性厌氧菌，在加有血液或血清的培养基上生长良好。根据菌落形态分为黏液型、平滑型和粗糙型，其中黏液型和平滑型有荚膜，粗糙型没有荚膜。本菌对物理和化学因素抵抗力较低，普通消毒药即可杀灭。

（二）流行病学

1. 易感性

对多种动物和人均有致病性，以猪最易感，多发生于3～10周龄仔猪，发病率40%以上，死亡率5%左右。

2. 传染源

病猪和带菌猪是主要传染源。多杀性巴氏杆菌是一种条件性致病菌，在正常家畜上呼吸道中常存在，但数量少，毒力弱。

3. 传播途径

健康带菌猪因某些原因发生内源性感染。病猪、带菌猪排泄物污染环境，经消化道传给健康猪。

4. 流行特点

无明显季节性发生，但以冷热交替，气候剧变，潮湿，多雨时发生较多，营养不良、长途运输、饲养条件改变、不良等因素促进本病发生，一般为散发。

（三）临床症状

本病潜伏期1～5天。

1. 最急性型

晚间还正常吃食，次日清晨即已死亡，常看不到表现症状，病程稍长，体温升高到41～42℃，食欲废绝，全身衰弱，卧地不起，呼吸困难，呈犬坐姿势，口鼻流出泡沫，病程1～2日，死亡率100%。

2. 急性型（胸膜肺炎型）

体温40～41℃，痉挛性干咳，排出痰液呈黏液性或脓性，呼吸困难，后成湿、痛咳，胸部疼痛，呈犬坐、犬卧，初便秘，后腹泻，在皮肤上可见淤血性出血斑。

3. 慢性型

持续有咳嗽，呼吸困难，鼻流少量黏液，有时出现关节肿胀，消瘦，腹泻，经2周以上衰竭死亡，病死率60%～70%。

（四）病理变化

1. 最急性型

黏膜、浆膜及实质器官出血和皮肤小点出血，肺水肿，淋巴结水肿，肾炎，咽喉部及周围结缔组织的出血性浆液性浸润最为特征。脾出血，胃肠出血性炎症，皮肤有红斑。

2. 急性型

除了全身黏膜、实质器官、淋巴结的出血性病变外，特征性的病变是纤维素性肺炎，有不同程度肝变区。胸膜与肺粘连，肺切面呈大理石纹，胸腔、心包积液，气管、支气管黏膜发炎有泡沫状黏液。

3. 慢性型

肺肝变区扩大，有灰黄色或灰色坏死，内有干酪样物质，有的形成空洞，高度消瘦，贫血，皮下组织见有坏死灶。

（五）诊断

本病的最急性型病例常突然死亡，而慢性病例的症状、病变都不典型，并常与其他疾病混合感染，单靠流行病学、临床症状、病理变化诊断难以确诊。

1. 鉴别

在临床检查应注意与急性猪瘟、咽型猪炭疽、猪气喘病、传染性胸膜肺炎、猪丹毒、猪弓形虫病等进行鉴别诊断。

2. 实验室检查

取静脉血（生前），各种渗出液和各实质脏器涂片染色镜检。

猪肺疫可以单独发生，也可以与猪瘟或其他传染病混合感染，采取病料做动物试验，培养分离病原进行确诊。

（六）防治

首先应增强机体的抗病力。加强饲养管理，消除可能降低抗病能力的因素和致病诱因如圈舍拥挤、通风采光差、潮湿、受寒等。圈舍、环境定期消毒。新引进猪隔离观察一个月后健康方可合群。

其次，进行预防接种，是预防本病的重要措施，每年定期进行有计划的免疫注射。

最后发生本病时，应将病猪隔离、封锁、严密消毒。同栏的猪，用血清或用疫苗紧急预防。对散发病猪应隔离治疗，消毒猪舍。

十六、猪链球菌病

链球菌病是一种人兽共患传染病，有 C、D、E 及 L 群链球菌引起猪的多种链球菌病，最常见的如急性病例表现为化脓性淋巴结炎、出血性败血症和脑膜脑炎；慢性病例表现为关节炎、心内膜炎及组织化脓性炎。其病原体多为溶血性链球菌。以 E 群引起的淋巴结脓肿最常见，流行最广。以 C 群引起的败血型链球菌病危害最严重，发病率及病死率均很高，对养猪业的发展构成较大威胁。

（一）病原

病原菌为链球菌，呈链状排列，革兰氏阳性球菌。不形成芽孢，有的可形成荚膜。需氧或兼性厌氧，多数无鞭毛，只有 D 群某些链球菌有鞭毛。在加有血液及血清的培养基上，37℃培养24小时，可见微小圆形、直径0.1～1.0毫米、透明而略带灰白色小滴状菌落。本菌对外界的抵抗力不强，对一般常用的消毒剂敏感。

(二) 流行病学

链球菌在自然界分布广泛，猪的易感性较高，人和其他动物也可感染发病。本病一年四季均可发生，但以秋季多发。各种年龄的猪均可感染发病，仔猪和成年猪均有易感性。以新生仔猪、哺乳仔猪的发病率和病死率高，多为败血型和脑膜炎型；其次为保育猪、生长育肥猪和妊娠母猪，以化脓性淋巴结炎型多见。病猪、临床康复猪和健康猪均可带菌，当它们互相接触时，可通过口、鼻、皮肤伤口而传染。一般呈地方流行性，本病传入之后，往往在猪群中陆续出现。

(三) 临床症状

本病潜伏期一般1～3天，长的可达6天以上。临床上可分为急性败血型、脑膜炎型、关节炎型和化脓性淋巴结炎型四种。

1. 急性败血型

在流行初期常有最急性病例，往往未见任何临床症状或刚出现症状就已死亡。急性型体温可升至41.5～42℃以上，呈稽留热，精神委顿，减食或不食，眼结膜潮红，流泪，有浆液性鼻液，呼吸浅表而快。少数病猪在病的后期，于耳、四肢下端、腹下有紫红色或出血性红斑，跛行，病程1～4天。

2. 脑膜炎型

病初体温升高，不食，便秘，有浆液性或黏液性鼻汁。继而出现神经症状，运动失调、转圈、空嚼、磨牙、仰卧于地、四肢游泳状划动，甚至昏迷不醒。部分猪出现多发性关节炎。病程1～2天。

3. 关节炎型

由前两型转化而来，或者从发病起即呈关节炎症状，表现一肢或几肢关节肿胀，疼痛，跛行，甚至不能站立，病程2～3周。

上述三型很少单独发生，常常混合存在，或者先后发生。

4. 化脓性淋巴结炎型

多见于颌下淋巴结，其次是咽部和颈部淋巴结。淋巴结肿胀、坚硬，触诊有热痛，可影响采食、咀嚼、吞咽和呼吸。有的咳嗽，流鼻液。待脓肿成熟，肿胀中央变软，皮肤坏死，自行破溃流脓，脓汁绿色、黏稠、无臭。该病型呈良性经过。

（四）病理变化

急性败血型病例死后剖检呈败血症变化，各器官充血，出血明显，心包液增多，脾肿大，心包膜和腹腔浆膜有浆液性、纤维素性炎症变化、肺炎或肺脓肿等。脑膜炎型死后剖检，脑膜充血，出血，脑脊髓液浑浊，增量，有多量的白细胞，脑实质有化脓性脑炎变化。关节炎型病例死后剖检，见关节囊内有黄色胶冻样液体或纤维素性脓性物质。

（五）诊断

猪链球菌病的病型较复杂，其流行情况无特征，根据流行特点、临床症状可初步诊断，确诊需进行实验室检查。

1. 实验室检查

根据不同的病型采取相应的病料，如脓肿，化脓灶，肝，脾，肾，血液，关节液，脑脊髓液及脑组织等，制成涂片，做革兰氏染色，显微镜检查，见到呈革兰氏阳性的单个、成对、短链或长链的球菌，可以确诊为本病。也可进行细菌分离培养鉴定。

2. 鉴别诊断

本病临床症状和剖检较复杂，而且易与伪狂犬病、水肿病、急性猪丹毒、猪瘟相混淆，应注意区别。

伪狂犬病：脾、肝等脏器上出现小点状坏死灶。

仔猪水肿病：眼睑、头部和内脏水肿。

急性猪丹毒：采取脾，肾涂片，染色镜检，见革兰氏阳性（紫色）小杆菌。

猪瘟：各种抗菌药物治疗无效，皮肤和肾有密集的小出血点，有化脓性结膜炎，无跛行症状，病程较长。

（六）防治

1. 治疗

（1）治疗原则

① 早发现，早治疗。早期脑膜炎病猪难以发现，应每天对猪群观察2～3次，感染猪表现耳朵朝后，眼睛直视，出现犬坐姿势。发现链球菌性脑膜炎早期症状后，立即选用大剂量敏感药物肌内注射，连续多次使用，疗程要足，这是目前提高仔猪成活率的最好方法。

如果用药量不足或病情稍有好转又中途停药，很有可能几天后又复发，再用同一种药物治疗往往收不到效果，必须加大剂量或改用其他药物。

② 选择最有效的抗菌药物时必须考虑细菌的敏感性、感染类型。如脑膜炎型首选磺胺嘧啶钠，再联合使用其他抗菌药物，如青霉素类、头孢菌素等，有条件的还要做药敏试验，确定首选药物。

③ 在使用抗菌药物的同时，要配合使用抗炎药物，如地塞米松等做辅助治疗，效果更佳。地塞米松副作用小，有良好的抗炎、抗过敏、抗休克、抗毒素、促进症状缓解及降温作用，临床上用于各种急性严重的细菌性感染，以及由猪链球菌引起的脑膜炎等。

④ 体温超过41.5℃以上时，酌情使用安乃近、氨基比林等解热药物。

（2）治疗方案

① 败血型。早期可用大剂量青霉素类抗生素。每头每次40万～100万单位，每天肌内注射2～4次。

② 淋巴结脓肿型。待脓肿成熟变软后，及时切开，排除脓汁，用3％双氧水或0.1％高锰酸钾冲洗后，涂以碘酊。

③ 脑膜炎型。务必选用磺胺嘧啶钠、复方磺胺间甲氧嘧啶或复方新诺明等磺胺类药物，因为此类药物能通过猪的血脑屏障，达到杀菌的目的。同时，应配合使用青霉素类和地塞米松，但是应注意磺胺类药物与青霉素类药物不能混合注射给药。

2. 预防

（1）加强饲养管理　减少应激，特别要注意对影响本病发生发展的疾病如蓝耳病、圆环病毒病等的控制。在发现本病时要隔离病猪，清除传染源，带菌母猪尽可能淘汰，污染的用具用 1∶1000 消毒威或 1∶300 的菌毒灭等彻底消毒。防止猪的外伤，出现外伤或手术后应使用 2%碘酊消毒。

（2）免疫预防　疫区（场）在 60 日龄首次免疫接种猪链球菌病氢氧化铝菌苗，不论大小猪一律肌内或皮下注射 5 毫升，以后每年春、秋季各免疫 1 次。浓缩菌苗注射 3 毫升，注射后 21 天产生免疫力，免疫期约 6 个月。猪链球菌弱毒菌苗，每头猪肌内或皮下注射 1 毫升，或口服 4 毫升，14 天产生免疫力，免疫期 6 个月。

（3）药物预防　猪场发生本病后，如果暂时买不到菌苗，可用药物预防，以控制本病的发生。可在每吨饲料中加入 10%阿莫西林可溶性粉 1500 克，连用 7～10 天。

第二节　主要寄生虫病的诊断及防控

一、弓形虫病

猪弓形虫病是由刚地弓形虫引起的一种原虫病，又称弓形体病。弓形虫病是一种人畜共患病，宿主的种类十分广泛，人和动物的感染率都很高。猪暴发弓形虫病时可使整个猪场的猪只发病，死亡率高达 60%以上。

（一）病原

刚地弓形虫，只此一种，但有不同的虫株。全部发育过程经过 5 个阶段，即 5 种虫型，各个阶段形态各异，滋养体（速殖子）和包囊体出现在猪或其他动物（中间宿主）体内，裂殖体、配子体、卵囊出现在猫（终末宿主）体内。

（二）流行特点

当弓形虫被终末宿主猫吃后，便在其肠壁细胞内开始裂殖生殖，其中有一部分虫体经肠系膜淋巴结到达全身，并发育为滋养体和包囊体。另一部分虫体在小肠内进行大量繁殖，最后变为大配子体和小配子体，大配子体产生雌配子，小配子体产生雄配子，雌配子和雄配子结合为合子，合子再发育为卵囊。随猫的粪便排出的卵囊数量很大。当猪或其他动物吃进这些卵囊后，就可引起弓形虫病。本病在5～10月份的温暖季节发病较多，以3～5月龄的仔猪发病严重。

（三）临床症状

（1）急性型　一般猪急性感染后，经3～7天的潜伏期，呈现和肠型猪瘟极其相似的症状。体温升高至40～42℃，稽留7～10天，病猪精神沉郁，食欲减少或废绝，但常饮水，伴有便秘或下痢，有时带有黏液或血液。后肢无力，行走摇晃，喜卧。鼻镜干燥，被毛逆立，结膜潮红。随着病程的发展，耳、鼻、后肢股内侧和下腹部皮肤出现紫红色斑点或出血点。严重时呼吸困难，呈腹式呼吸或犬坐式呼吸，并常因呼吸窒息而死亡。急性发作耐过的病猪一般于2周后恢复，但往往遗留有咳嗽、呼吸困难及后躯麻痹、斜颈、癫痫样痉挛等神经症状。妊娠母猪若发生急性弓形虫病，表现为高热、废食、精神委顿和昏睡，此种症状持续数天后可产出死胎和流产，即使产出活仔也会发生急性死亡或发育不全，不会吃奶或畸形怪胎。母猪常在分娩后迅速自愈。

（2）慢性型　病程较长，表现厌食，逐渐消瘦、贫血。随着病情的发展，可出现后肢麻痹。有的生长缓慢，成为僵猪，并长期带虫。个别可导致死亡，但多数耐过。

（四）病理变化

急性病例多见于仔猪，全身淋巴结肿大，切面多汁，有针尖大到米粒大灰白色或灰黄色坏死灶和出血点，肠系膜淋巴结呈索状肿胀，切面外翻；肝、肺和心脏等器官肿大，有许多出血点和坏死灶；脾脏肿大，棕红色；肾变软，有出血点和灰白色坏死点。膀胱有点状出血，脑轻度水肿，切面有出血点；肠道重度充血，肠黏膜可见坏死灶；心包、肠腔和腹腔内有多量渗出液。慢性病例多可见内脏器官水肿，并有散在的坏死灶。隐性感染主要是在中枢神经系统内见有包囊，有时可见有神经胶质增生性肉芽肿性脑炎。

（五）诊断

根据流行特点、病理变化可初步诊断，确诊需进行实验室检查。在剖检时取肝、脾、肺和淋巴结等做成抹片，用姬姆萨染色或瑞氏染色，于油镜下可见月牙形或梭形的虫体，核为红色，细胞质为蓝色即为弓形虫。

1. 直接镜检

取肺、肝、淋巴结做涂片，经姬姆萨染色后检查；或取患畜体液、脑脊髓液做涂片染色检查；也可取淋巴结研碎后加生理盐水过滤，经离心沉淀后，取沉渣做涂片染色镜检。此法简便，但有假阴性，必须对阴性猪做进一步诊断。

2. 动物接种

取肝、淋巴结研碎后加 10 倍生理盐水，加双抗后置于室温下 1 小时。接种前摇匀，待较大组织沉淀后，取上清液接种小鼠腹腔，每只接种 0.5～1 毫升。经 1～3 周小鼠发病时，可在腹腔中查到虫体。或取小鼠肝、脾、脑做组织切片检查，如为阴性，可按上述方法盲传 2～3 代，从病鼠腹腔液中发现弓形虫便可确诊。

3. 血清学诊断

国内常用有 IHA 法和 ELISA 法。间隔 2～3 周采血，IgA 抗体滴度升高 4 倍以上表明感染活动期；IgG 抗体滴度高表明有包囊型虫体存在或过去有感染。

（六）防治

1. 治疗

对于急性病例主要采用磺胺类药物治疗。磺胺药与甲氧苄啶（TMP）或乙胺嘧啶合用有协同作用。常用的磺胺药有下列几种：

（1）磺胺嘧啶　每千克体重 70 毫克内服，或用增效磺胺嘧啶钠注射液，每千克体重 20 毫克肌内注射，每日 1～2 次，连用 2～

3天。

（2）磺胺对甲氧嘧啶　每千克体重20毫克肌内注射，每日1～2次，连用2～3天。

（3）磺胺间甲氧嘧啶　每千克体重50～100毫克内服，连用3～5天；或用磺胺间甲氧嘧啶注射液，每千克体重50毫克，每日1～2次，连用2～3天。

应当特别注意在发病初期及时用药，如用药较晚，虽可使患猪的临床症状消失，但不能抑制虫体进入组织形成包囊，结果使病畜成为带虫者。

2. 预防

已知弓形虫病是由于摄入猫粪便中的卵囊而遭受感染的，因此，猪舍内应严禁养猫并防止猫进入圈舍；严防饮水及饲料被猫粪直接或间接污染。控制或消灭鼠类。大部分消毒药对卵囊无效，但可用蒸汽或加热等方法杀灭卵囊。应将血清学检查为阴性的家畜作为种畜。英国有人用色素试验进行调查，其结果表明与动物接触的人群的弓形虫血清阳性率很高，因此推断动物在弓形虫病的流行上起着重要的作用，动物可能是人弓形虫病的贮藏宿主。人们对此应予以足够的重视。

二、猪附红细胞体病

附红细胞体病是由专性血液寄生物——附红细胞体引起的一种人畜共患寄生虫病，目前对猪、牛、犬危害极大。患此病的猪，主要以急性发热、贫血性黄疸、精神不振、食欲减退或废绝、四肢乏力、结膜苍白或黄染、妊娠母猪流产、产死胎为特征，严重时导致死亡。猪附红细胞体可以感染人，其症状表现为低热、全身乏力、嗜睡、贫血等症状。

（一）病原

猪附红细胞体呈多态性，环形，卵圆形，逗点形或杆状等形态不一。常单独或呈链状附着于红细胞表面，也可围绕在整个细胞上，还有的游离在血浆中。附红细胞体在发育过程中，大小和形状也可以发生改变。处于未成熟阶段的附红细胞体没有感染性。

附红细胞体对于干燥和化学药剂抵抗力弱，但对低温的抵抗力强，一般常用消毒药均能杀死病原，如在0.5%石炭酸中37℃ 3个小时就可以被杀死，但在4℃时可保存15天，在冰冻凝固的血液中可存活31天，在加了15%甘油的血清中－79℃可保持感染力80天，冻干保存可存活765天。

（二）流行病学

多种动物对附红细胞体都具有易感性，目前猪、绵羊等动物的阳性率几乎达到100%，不同动物之间的附红细胞体具有交叉感染性。与畜禽经常接触的学生、兽医师、饲养员的阳性率偏高。张伟清等用患有附红细胞体病的猪、犬、人的血分别感染小白鼠获得成功。附红细胞体病例绝大多数的情况下无临床症状，在抵抗力降低时呈现出贫血、黄疸、发热三大症状。不同年龄和品种的猪均有易感性，仔猪的发病率和病死率较高，大多数被感染的猪无临床症状。

（三）临床症状

母猪的症状分为急性和慢性两种：

（1）急性感染的症状　持续高热，体温为40～41.5℃，心跳加快（130～170次/分），呼吸困难（30～60次/分），咳嗽，气喘，部分病猪鼻孔流出脓性分泌物。厌食，有的有呕吐现象。妊娠后期和产后的母猪易发生乳房炎。母猪产的仔猪体弱，个别母猪发生流产或死胎。指压不褪色，胸腹下和四肢内侧更明显。可视黏膜发黄或苍白。耐过的仔猪，发育缓慢，往往形成僵猪。

（2）慢性感染的症状　体质虚弱，喜卧，黏膜苍白、黄疸，不发情或屡配不孕，如营养不良或继发感染其他疾病，可使症状加重甚至死亡。有的慢性感染的猪，症状不明显，血液内也很难查到虫体。但因应激或其他病因可转为急性发作，并呈地方性流行。

仔猪发病后，病情常较为严重。病猪发烧、扎堆、发抖、步态不稳、不食，拉稀，拉黄色或灰褐色粪便，后期粪便干燥。血液稀薄，凝固性差。个别小猪很快死亡。随着病程的发展，病猪皮肤起初苍白、黄染或发红，后期为青紫色，界限明显。

猪附红细胞体感染人也时有发生。有些兽医人员因给患附红细胞体病的猪治疗或病理剖检时而被感染。其症状主要表现为低热、全身乏力、嗜睡、贫血等症状。

（四）病理变化

特征性的病变是贫血及黄疸。可视黏膜苍白，全身性黄疸，血液稀薄。皮下水肿、胶冻样浸润，呈黄白色。全身淋巴结肿大，切面有灰白色坏死灶或出血斑点。肝脏肿大变性，呈黄棕色，胆囊肿大，胆汁浓稠呈明胶样，脾脏肿大变软，心脏质地松软，颜色苍白，肾脏有的颜色苍白并伴有出血点，有的严重淤血，肺脏常有出血和虾肉样病变。

（五）诊断

根据流行病学，临床症状和病理剖检不难做出初步诊断。要确诊为附红细胞体病，必须查到病原体。方法有如下几种：

（1）鲜血镜检　猪耳静脉采血滴于载玻片上，加等量灭菌生理盐水稀释，加盖玻片，置油浸显微镜下观察，在红细胞表面、边缘及血浆中见到呈球形、逗点状、杆状或颗粒状的病原体血浆中的病原体可以做伸展、收缩、转体等运动。由于附红细胞体在红细胞表面有张力作用，红细胞会发生上下震颤、左右或旋转运动。

（2）血推片镜检　取猪耳静脉血做血液推片，干燥后，于高倍显微镜下观察，因附红细胞体对红细胞的张力作用，使红细胞呈菠萝状、星芒状或锯齿状等不规则形状。

（3）血片染色镜检　将上述血液推片经甲醇固定，用姬姆萨染色液染色，水洗、干燥后于油浸显微镜下观察，在红细胞表面、边缘及血浆中见到染成淡紫红色，呈多种形状的附红细胞体。吖啶橙染色，附红细胞体呈橘黄色。在急性比例中，病原不易辨认，为淡黄色至浅绿色的小点状，通常位于红细胞上或红细胞边缘。位于红细胞边缘变性的附红细胞体更小，通常为绿色点状。

（4）血样 PCR 检测　将患猪血样进行 PCR 检测。此法快速、敏感、特异性强，尤其适用于诊断血液中虫体很少的慢性感染猪。

（5）生理生化指标，血液学变化　红细胞比容，红细胞总数，嗜酸性粒细胞，淋巴细胞下降；白细胞总数，嗜中性白细胞，单核细胞上升。生化指标变化：血清胆红素明显升高，谷丙转氨酶升高，血糖明显下降。

（六）防治

1. 治疗

目前用于治疗附红细胞体病的药物主要有以下几种：

（1）贝尼尔　又名血虫净，在猪发病初期，或非妊娠母猪，疗效较好。按 5～7 毫克/千克体重深部肌内注射，间隔 48 小时重复用药一次。对病程较长和症状严重的猪无效。因此药有一定的副作用，妊娠母畜慎用，因有时可造成孕猪流产。

（2）对氨基苯胂酸钠　连用一个月对氨基苯胂酸钠。对病猪群，以每吨饲料加入 180 克混匀，喂食，连用一周，以后改为半量，连用一个月。

（3）土霉素或四环素　按 3 毫克/千克体重肌内注射，24 小时后重服用药一次，共 3～5 次。

（4）附红净粉剂　一种新型复方抗附红细胞体药，对病猪群，以每吨饲料加入 2 千克混匀，喂食，连用 10 天，以后改为半量，连用半个月。该药尤其适用于规模化养猪场对猪附红细胞体病的治疗和预防。

（5）附红净注射剂　新型抗附红细胞体药，将本药溶解于 100 毫升注射用水后，肌内注射。病情严重的猪，隔 1 日再用 1 次。

2. 预防

因本病目前尚无疫苗预防此病，所以在发病季节，应对未发病的猪采取药物预防。如用上述的药物附红净粉剂，以 1 吨饲料加入 1 千克混匀，喂食，连用 20～30 天。在用药物预防的同时，应对猪场内外进行消毒，尤其要做好对吸血昆虫如蚊、刺蝇的驱避。对感染有疥螨和虱的猪，应及时给予治疗，以减少对该病的传播。

加强饲养管理，给予全价饲料保证营养，增加机体抗病能力。

三、猪蛔虫病

猪蛔虫病是由猪蛔虫寄生在猪的小肠中引起的一种线虫病。本病分布广泛，感染普遍，尤其是3～6月龄的猪最易感染。一般表现生长发育不良，增重降低，严重感染时发育停滞，伴发胃肠道疾病造成死亡。该病是造成养猪业损失最大的寄生虫病之一。

（一）病原体

猪蛔虫是一种大型线虫，新鲜虫体呈粉红稍带黄白色，死后呈苍白色。中间稍粗，两端较细，近似圆柱形。雌虫长20～40厘米，直径约5毫米，雄虫长15～25厘米，直径约3毫米。虫卵椭圆形，棕黄色，壳厚，表面凸凹不平，未受精卵呈长椭圆形，90微米×40微米，受精卵呈短椭圆形，70微米×40微米，随粪便刚排出的虫卵内含一个圆形卵细胞。

（二）流行病学

猪蛔虫的繁殖力极强，每条雌虫平均每日可产卵10万～20万个，产卵盛期每日产卵可达100万～200万个，一生可产卵达8000万个，从而造成对外界环境的严重污染。总之，由于猪蛔虫产卵多，虫卵对外界各种因素具有很强的抵抗力，所以凡是有蛔虫病猪的猪舍、运动场和放牧地，自然就有大量的虫卵存在，这就必然造成猪蛔虫病的感染和广泛流行。

此外，猪蛔虫病的流行与饲养管理、环境卫生、营养缺乏和猪的年龄有着密切的关系。在饲养管理不良、卫生条件恶劣的猪场过于拥挤，营养缺乏，特别是饲料中缺乏维生素和矿物质的情况下，3～6月龄的仔猪最容易大批感染猪蛔虫，患病也较严重，且常常发生死亡。

猪感染蛔虫主要是由于采食了被感染性虫卵污染了的饲料（包括生的青绿饲料）和饮水。放牧时也可以在野外感染，母猪的乳房沾染虫卵后，使仔猪吸奶时受到感染。

(三) 致病作用与症状

幼虫在体内移行时，损害脏器和组织，破坏血管，引起血管出血和组织变性坏死。其中尤以肝脏和肺损害较大。

成虫寄生于小肠引起的机械性刺激也可损伤肠黏膜，致使肠黏膜发生炎症，导致消化机能障碍；多量聚集时，扭结成团阻塞肠道，严重时引起肠破裂。特别是猪只发热、妊娠、饲料改变和饥饿的情况下，活动加剧，凡与小肠有管道相通的脏器、部位，如胆管、胰管和胃等，均可被蛔虫钻入，引起胆管和胰管阻塞，胆道蛔虫病，发生胆绞痛，胆管炎、阻塞性黄疸和消化障碍等。

猪蛔虫幼虫移行和成虫寄生过程中，分泌的有毒物质、生命活动的代谢产物及有些虫体死亡后的腐败分解产物，被机体吸收而引起中枢神经障碍，血管中毒及过敏等症状。

蛔虫大量寄生时，夺取猪体大量营养，病猪表现营养不良，消瘦、贫血，被毛粗乱，生长缓慢甚至停滞成为僵猪。肠黏膜被损伤，引起黏膜出血或表层溃疡的同时，也为其他病原微生物的侵入打开了门户，造成继发感染。

(四) 防治

(1) 左旋咪唑（左咪唑） 8毫克/千克体重，溶水灌服，混料喂服或饮水服药；也可配成5%溶液进行皮下或肌内注射。对成虫和幼虫均有效。

(2) 敌百虫 0.1克/千克体重，总量不超过7克，配成水溶液一次灌服或混入饲料喂服。对成虫有效。注意本品在水溶液中不稳定，应现配现用。如有猪服药后出现流涎、呕吐、肌肉震颤等不良反应，不久即可消失，必要时可皮下注射硫酸阿托品2～5毫升。更为严重时可用硫酸阿托品与解磷定（15～30毫克/千克体重，静脉注射。如是粉剂，临用时用生理盐水稀释成5%溶液）两药结合治疗。

(3) 阿力佳（阿维菌素，虫克星） 注射液每10千克体重皮下注射0.2毫升，粉剂，每千克体重0.3克内服，仔猪应适当减量慎用。

四、猪囊虫病

猪囊虫病又称猪囊尾蚴病、米猪肉或豆猪肉病，是由寄生在人体内的猪带绦虫的幼虫，即囊尾蚴所引起的一种寄生虫病，也是一种危害十分严重的人畜共患寄生虫病。它不但严重影响养殖业的发展，给畜牧业造成较大损失，而且也给人类健康带来危害。

（一）病原

猪带绦虫属于带科带属，成虫呈扁平带状，由大量节片构成，长约2～7米。头节粟粒大，球状或略呈方形，有四个吸盘和一个顶突。顶突有两列钩。头节下为颈节，下接体节，包括有未成熟节片、成熟节片和孕卵节片。从粪中排出的孕卵节片通常是几个节片连在一起的。幼虫（猪囊尾蚴或称猪囊虫）为白色半透明的小囊泡，囊内充满透明的液体，囊壁上有一乳白色的小结，其中嵌藏着一个头节，整个外形很像一个石榴籽，在37℃ 50％胆汁中，头节可从囊壁内翻出来。囊虫主要包埋在肌纤维间，像散在的豆粒或米粒。

猪带绦虫在人体小肠内寄生，孕节或虫卵随粪便排出，猪吞食后被感染。虫卵在消化液作用下，卵壳破裂，逸出六钩蚴，钻入肠壁，随血流到达猪体各部组织，以咬肌、心肌、舌肌、前肢上部肌肉、股部肌肉和颈部肌肉等处居留较多。一般在感染后2个月发育成为成熟的猪囊虫。人吃了未煮熟的病猪肉，囊尾蚴翻出头节，用吸盘成小钩附着在小肠黏膜上，经2～3个月发育为成虫。

（二）流行特点

猪囊虫病呈地方性流行。本病的传播途径除了直接食入孕节或虫卵外，还不能忽视厕蝇、禽类、蚯蚓等传播六钩蚴的作用。猪吃了感染六钩蚴的厕蝇则会感染，吃了由厕蝇排出的粪也可感染。人吃生猪肉或未煮熟的猪肉也可感染。

（三）临床症状

一般患病猪多不表现症状。若脑部有虫体寄生时，可呈现癫痫症状或因急性脑炎而死亡；若虫体寄生在喉头，则表现叫声嘶哑，吞咽、咀嚼及呼吸困难，常伴有短咳；寄生在舌部时，发生舌麻痹；寄生在咬肌上，病猪头部增宽；寄生在眼内时，可使视觉障碍甚至失明；寄生在肩部和臀部肌肉时，表现为两肩显著外张，臀部不正常肥胖宽阔成“哑铃”状。

（四）病理变化

严重感染的猪肉苍白湿润，虫体可寄生在部分肌肉、脑、眼、舌下、肝、脾、肺等，甚至淋巴结与脂肪内也可找到囊尾蚴。在囊尾蚴外周有细胞浸润，继而发生纤维素性病变。

（五）诊断

猪囊尾蚴的生前诊断比较困难，有时在猪的舌肌及眼部肌肉上可见突起的结节，但只有在严重感染时才可看到。群众对此病的诊断经验是“看外形，翻眼皮，看眼底，看舌根，再摸大腿里”，即可确诊。商检或肉品卫生检验时，如在肌肉中，特别是在心肌、咬肌、舌肌及四肢肌肉中发现囊尾蚴，即可确诊，尤以前臀外侧肌肉群的检出率最高。

实验室诊断，可采用间接血凝玻板凝集法，间接血凝反应等方法，可快速、准确地诊断。猪死后检查发现囊尾蚴不难做出确诊。

（六）防治

1. 预防

扑灭本病的关键在于预防。

（1）严格检疫　即加强肉品检验。国家肉食品卫生标准规定，猪肉切面 40 厘米^2 内有 3 个以上囊虫者，猪肉只能做工业用，不可食用。要加强农贸市场的兽医卫生检验，对含囊尾蚴的猪肉严格按肉品卫生检验的有关规定处理。

（2）驱虫　在猪囊尾蚴流行地区，应对居民进行猪带绦虫病检查，对患者进行驱虫，以便消灭囊虫病原。可用灭绦灵及南瓜子、槟榔合剂。使用方法是：空腹服炒熟的南瓜子 50 克，20 分钟后服槟榔水（槟榔 62 克煎汁而成），经 2 小时服用硫酸镁 15～25 克。

（3）管理　拆除“连茅厕”，猪群和人的厕所严格分开，设公共厕所，禁止随地大小便。粪便集中发酵处理。人不吃有猪囊虫病的肉，防止猪吃人粪，控制人绦虫、猪囊虫的相互感染。

2. 治疗

常用药物有：

（1）吡喹酮　30～60 毫克/千克体重，每天口服 1 次，连用 3 天。

（2）丙硫苯咪唑　40～50 毫克/千克体重口服（片剂、粉剂或水悬液），每天 1 次，间隔 1 天，连服 3～5 次。也可用乳悬剂按 50～60 毫克/千克体重肌内注射，每 5 天 1 次，连续 3 次，或按 40 毫克/千克体重每天 1 次，连续 3～5 天。

五、猪旋毛虫病

猪旋毛虫病是由旋毛形线虫成虫寄生于肠管，幼虫寄生于横纹肌而引起的一种线虫病。

本病是猪、犬、猫、鼠等许多动物和人都可感染的一种重要的人畜共患寄生虫病。除严重危害猪体外，对人的危害更大，严重感染可致人死亡。

（一）病原

成虫（肠旋毛虫）：虫体细小，肉眼几乎难以辨认。雄虫长 1.4～1.6 毫米，雌虫长 3～4 毫米。

幼虫（肌旋毛虫）：长达 1.15 毫米，在肌纤维膜内形成包囊，虫体在包囊内呈螺旋状卷缩。人、猪旋毛虫的包囊呈椭圆形，最初包囊很小，最后可达 0.25～0.5 毫米。

（二）临床症状

轻微感染症状不明显，严重感染 3～7 日后出现体温升高，腹泻，便中带有血液，有时呕吐，病猪迅速消瘦，常在 12～15 日死亡。

感染 2～3 周后，当大量幼虫侵入横纹肌时，病猪表现体痒，时常靠在墙壁、饲槽和栏杆上蹭痒。肌肉疼痛，咀嚼、吞咽和行走困难，喜躺卧。精神不振，食欲减退，声音嘶哑，眼睑和四肢呈现水肿。但极少死亡，多于 4～6 周后症状消失。

（三）病理变化

肌旋毛虫在肌肉中寄生的数量以膈肌寄生最多。

形成包囊的虫体，其包囊与周围肌纤维有明显界限，包囊内一般只含一个清晰盘卷的虫体，严重感染的病例，也有包囊含有 2 条至数条虫体的。

（四）诊断

目前采用肌肉压片法进行诊断，首先从待检动物的左右膈肌脚割取小块肉样，撕去肌膜和脂肪，然后再从肉样的不同部位剪取 24 个麦粒大小的小肉块，用旋毛虫检查玻板压片镜检或用旋毛虫投影器检查，如有包囊即可做出诊断。

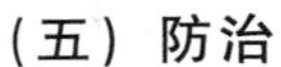

（五）防治

目前对旋毛虫病的治疗只限于人，对猪旋毛虫病尚没有开展药物疗法。对人体旋毛虫病的治疗可用噻苯咪唑（噻苯唑、噻咪唑），每日 25～40 毫克/千克体重，分 2～3 次口服，5～7 日为一疗程，可杀死成虫和幼虫。

六、猪球虫病

猪球虫病常见于 7～15 日龄仔猪。一般为良性经过，但若大量感染时，病猪出现腹泻（排淡黄色糨糊状稀粪）、脱水、体重下降等症状。成年猪常为隐性感染或带虫者。

（一）病原

猪球虫有 10 余种，常见的有 6 种，但对猪毒力较强的主要为猪等孢球虫。

球虫为原虫，球虫卵囊较小。猪等孢球虫卵囊为无色，长

12.8～28.8微米，宽12.8～19.2微米。卵囊随粪便排出，在外界经一定的温度（20℃）和湿度时，约经7天发育成熟，具有感染性。卵囊对化学药品和低温的抗力很强，大多数卵囊可以越冬。紫外线对各个发育阶段的球虫有很强的杀灭作用。卵囊在干燥和高温下容易死亡。

（二）临床症状

猪球虫感染以水样或脂样腹泻为特征。病猪主要表现腹泻，持续4～6天。病猪排黄色或灰白色粪便，恶臭，初为黏液，12天后排水样粪便，导致仔猪脱水，失重。在伴有传染性胃肠炎、大肠杆菌和轮状病毒感染的情况下，往往造成死亡。耐过的仔猪生长发育受阻。成年猪不表现明显症状，成为带虫者。

（三）病理变化

主要是空肠和回肠的急性炎症，黏膜上覆盖黄色纤维素坏死性假膜，肠上皮细胞坏死并脱落；小肠有出血性炎症，淋巴滤泡肿大突出，有灰色和白色的小病灶，常出现直径4～15毫米的溃疡灶，其表面覆盖有凝乳样薄膜。肠内容物呈褐色，带恶臭，有纤维素性薄膜和黏膜碎片。肠系膜淋巴结肿大。

（四）诊断

根据临床症状，发现仔猪下痢时，采集粪便，用饱和盐水漂浮法发现大量球虫卵囊时，便可确诊。因成年猪常为带虫者，故成年猪粪便中查出球虫没有什么诊断意义。

（五）防治

可用呋喃西林、磺胺胍或磺胺甲嘧啶等药物。目前治疗鸡球虫病的药物如氯苯胍、三字球虫粉、莫能霉素和马杜霉素等也可用于治疗猪球虫病。

预防要采取隔离—治疗—消毒的综合性措施，成年猪多系带虫者，故仔猪应与成年猪分群饲养，运动场也应分开。经常清扫猪圈，运动场，将猪粪集于贮粪池发酵以生物热灭卵囊。发现病猪立即隔离治疗；对各种用具、食槽应定期地进行消毒。

第三节　猪常见普通病的防控

一、维生素 A 缺乏症

（一）原因

母猪长期饲喂含胡萝卜和维生素 A 不足的饲料、天气炎热导致母猪饲料中的维生素被氧化、饲料加工调制及储存方法不当等，除了会导致母猪抵抗力明显下降外，初生仔猪由于母乳中缺乏维生素 A，容易患维生素 A 缺乏症。

（二）症状

仔猪消化不良、腹泻、下痢、皮肤表面干燥、失明、神经功能紊乱、四肢行走困难、继发肝炎等，严重时可引起死亡。

（三）防治

1. 预防

提高母猪奶中维生素 A 的含量。母猪奶中维生素 A 的含量与饲料中胡萝卜素的供给有密切关系，胡萝卜素供给愈多，奶中维生素 A 含量愈高。因此，泌乳母猪饲料中应添加富含胡萝卜素、维生素 A 的多种维生素制剂，以提高饲料中胡萝卜素的供给水平，增加母猪奶中维生素 A 的含量。这样，不但可以有效地预防仔猪维生素 A 缺乏症的发生，而且对仔猪的生长发育十分有利。

2. 治疗

患维生素 A 缺乏症的仔猪，每头用精制鱼肝油 5～10 毫升分点皮下注射；或维生素 A 注射液 2.5 万～5 万国际单位，肌内注射，每天 1 次，连用 5～10 天；或维生素 A、维生素 D 注射液，母猪每头用 2～5 毫升，仔猪每头用 0.5～1 毫升，肌内注射。也可内服普通鱼肝油，母猪每头每次用 10～20 毫升，仔猪每头每次用2～3 毫升，每天 1 次，连用数天。另外，对眼部、呼吸道和消化道的炎症可进行对症治疗。

二、佝偻病

佝偻病是生长期的仔猪由于维生素D及钙、磷缺乏或饲料中钙磷比例失调所致的一种骨营养不良性代谢病，特征是生长骨的钙化作用不足，并伴有持久性软骨肥大与骨骺增大。临床特征是生长发育迟缓、消化紊乱、异嗜癖、软骨钙化不全、跛行及骨骼变形。

（一）病因

佝偻病是猪的常见病之一。主要是由于骨质缺乏钙和磷等无机盐类，以及维生素D不足，缺少日光照晒，引起猪体钙磷代谢紊乱，骨质形成不正常而致病。造成猪钙磷代谢紊乱的因素之一是饲料配合不当，偏喂了一种食物，如长期饲喂酒糟、豆腐渣、糖渣等，以致缺乏钙、磷和维生素，或是钙磷的比例失调。猪舍潮湿缺乏阳光照射，也能使幼猪身体逐渐缺乏钙、磷物质和维生素而发生佝偻病。另外，由于胃肠病、寄生虫病、先天发育不良等因素阻碍了对维生素的吸收和利用，也能诱发佝偻病。

（二）临床症状

食欲减退，消化不良，出现异嗜癖，发育停滞，消瘦，出牙延长，齿形不规则，齿质钙化不足，面骨、躯干骨和四肢骨变形，站立困难，四肢呈“X”或“O”形，肋骨与肋软骨处出现串珠状，贫血。

1. 先天性佝偻病

仔猪生后衰弱无力，经过数天仍不能自行站立。扶助站立时，腰背拱起，四肢弯曲不能伸直。

2. 后天性佝偻病

发生慢，早期呈现食欲减退、消化不良、精神沉郁，然后出现异嗜癖。仔猪腕部弯曲，以腕关节爬行，后肢则以跗关节着地。病期延长则骨骼软化、变形。硬腭肿胀、突出，口腔不能闭合影响采食、咀嚼。行动迟缓，发育停滞，逐渐消瘦。随病情发展，病猪喜卧，不愿站立和走动，强迫站立时，拱背、屈腿、痛苦呻吟。肋骨与肋软骨结合部肿大呈球状，肋骨平直，胸骨突出，长肢骨弯曲，呈弧形或外展呈“X”形。

（三）病理变化

临床病理学检查血清碱性磷酸酶（ALP）升高，血清钙磷依致病因子而定。如果维生素D和磷都缺乏，则血磷水平低于3毫克/分升，血清钙最后也降低。X线检查，骨密度降低，长骨末端呈现“羊毛状”或“饿蚀状”，骨骼变宽，即可证实为佝偻病。

（四）诊断

根据猪发病日龄（佝偻病发生于幼龄猪，软骨症发生于成年猪）、饲养管理条件（日粮中维生素D缺乏或不足，钙磷比例不当，光照和户外活动不足）、病程经过（慢性经过）、生长迟缓、异嗜癖、运动困难以及牙齿和骨骼变化及治疗效果可做出诊断。必要时结合血液学检查、X线检查、饲料成分分析等。

（五）防治

补充哺乳母猪的维生素D的需要量，确保冬季猪舍有足够日光照射和摄入经太阳晒过的青干草。饲料中补加鱼肝油或经紫外线照射过的酵母，饲喂配合饲料，补充骨粉、鱼粉、磷酸钙以平衡钙、磷。注射或口服磷酸钙、乳酸钙、葡萄糖氯化钙，也可静脉注射10%的葡萄糖酸钙。肌内注射维丁胶性钙，配合维生素D应用，也有很好的疗效。

（1）补给酵母麸皮（1.5～2.5千克麸皮加50～70克酵母煮后过夜，每日分3次喂给），或用磷酸钙2～5克，或10%氯化钙溶液每次1汤匙，每天2次拌于饲料中喂给。

（2）兽骨或蛋壳研细，每日掺50～100克在猪料中喂母猪或仔猪。

（3）肌内注射维生素A、维生素D 2～4毫升。

（4）肌内注射维丁胶性钙2～4毫升。

（5）静脉注射10%葡萄糖酸钙20～50毫升。

（6）选用蛋壳粉、贝壳粉、南京石粉、乳酸钙、碳酸钙、鱼粉或肉骨粉50～100克，1天两次，拌在饲料中喂猪。

(7) 首乌10克，熟地、山药、白术、陈皮、甘草、厚朴各15克，党参10克，水煎1次内服。此剂量适用于30千克重的猪。

三、软骨病

猪软骨病是成年猪的一种营养代谢病，是由于病猪机体吸收钙磷元素不足或者比例失调造成的骨质疏松症状，幼年猪为佝偻病，可补充钙磷元素进行治疗。

（一）病因

软骨病是因为钙磷缺乏或钙磷比例失调，而发生于软骨内骨化作用已经完成的成年动物的一种骨营养不良病。日粮磷含量绝对或相对缺乏是发生软骨病的主要原因；钙磷比例不当也是软骨病的病因之一，当磷不足时，高钙日粮可加重缺磷性软骨病的发生；维生素D缺乏可促进软骨病的发生。此外，影响钙磷吸收利用的因素如年龄、妊娠、哺乳、无机钙源的生物效价（$CaCl_2$，$CaCO_3$，$CaSO_4$，CaO）。日粮有机物（蛋白质、脂类）缺乏或过剩，其他矿物质元素（如锌、铜、钼、铁、镁、氟）缺乏与过剩，常可产生间接影响，在分析病因时，应予注意。

（二）临床症状

正常情况下，骨骼中的钙磷与血液中的钙磷维持着动态平衡，即不断地成骨（矿物质沉着）和破骨（矿物质溶出）。当肠道钙磷吸取减少或消耗增大（如妊娠、哺乳），血液钙磷有效浓度下降，骨骼矿物盐沉积减少，骨溶解就加速，这时，骨骼发生明显的脱钙，呈现骨质疏松，这种疏松结构又被增生的骨胶原代替，于是出现骨柔软、弯曲、变形、骨折、骨痂形成以及局灶性增大和腱剥脱。病猪除跛行、站立困难、异嗜癖、喜啃骨头、嚼瓦砾外，还吃食胎衣。X线检查见骨密度不均，生长板边缘不整，干骺端边缘和深部出现不规则的透亮区。

软骨病不同于佝偻病的区别在于佝偻病发生于幼畜，是处在生长阶段的长骨生长板矿化障碍，而软骨病发生于成年家畜，表现为骨干骨质疏松。同时，骨质疏松性软骨症不继发甲状旁腺功能亢进。它与纤维性骨营养不良有着明显的区别。

（三）防治

早期不用药，将牛骨等牲畜骨头放在火中煅烧后，研成细末，调入猪饲料中喂食。每天服用 25 克左右，连服 7～8 天。也可在饲料中添加适量鱼粉和杂骨汤。

用维丁胶性钙注射液 4～6 毫升，肌内注射，每日 2 次，连续注射 5～7 天。

对严重病例用 3%次磷酸钙溶液 100 毫升，静脉注射。每日 1 次，连续注射 3～5 天，也可用 10%葡萄糖酸钙溶液 50～100 毫升，或 10%氯化钙溶液 20～50 毫升作静脉注射。

四、仔猪营养性贫血

仔猪营养性贫血，是指 5～21 日龄的哺乳仔猪缺铁所致的一种贫血病，多发于秋、冬、早春季节，对猪的生长发育危害严重。

（一）病因

本病在一些地区有群发性，由于缺铁或需求量大而供应不足，影响仔猪体内血红蛋白的生成，红细胞的数量减少，发生缺铁性贫血。另外，母猪及仔猪饲料中缺乏钴、铜、蛋白质等也可发生贫血。缺乏铜和铁的区别是，缺铁时血红蛋白含量降低，而缺铜时红细胞数减少。

（二）临床症状

一般在 5～21 日龄发病，病猪精神沉郁，离群伏卧，食欲减退，营养不良，极度消瘦，耳静脉不显露。可视黏膜苍白，轻度黄染。被毛逆立，呼吸加快，心跳加速，体温不高。消瘦的仔猪周期性出现下痢与便秘。另一类型的仔猪则不见消瘦，外观上可能较肥胖，且生长发育较快，2～4 周龄时，可在运动中突然死亡。

(三) 病理变化

皮肤及可视黏膜苍白，肌肉颜色变淡，心脏扩散，肝脏肿大且有脂肪变性，肌肉淡红色，血液较稀薄，胸腹腔内可能有液体，肺水肿或发生炎性病变，肾实质变性。

(四) 防治

1. 治疗

调节母猪的饲料水平，保持其营养需要，补充铁、铜等微量元素。也可让猪自由采食土或深层干燥泥土。口服铁制剂，如硫酸亚铁、焦磷酸铁、乳酸铁、还原铁等，常用硫酸亚铁 2.5 克、硫酸铜 1 克、氯化钴 2.5 克，常水 1 升，按 0.25 毫升/千克体重，每日一次灌服，连用 7～14 天。可用硫酸亚铁 100 克、硫酸铜 20 克，磨碎混在 5 千克细砂中，让仔猪自食。在灌服铁盐时，不可浓度过高或剂量过大，以防铁中毒，出现呕吐、腹泻。注射或滴服补铁制剂，如补铁、铁钴针等。集约化猪场或口服铁剂反应剧烈及吸收障碍的腹泻仔猪，用葡聚糖铁钴注射液（每毫升含 50 毫克）2 毫升，深部肌肉注射，隔周再注射 1 次。舍饲猪栏内放入红土、泥炭土（含铁质）以利仔猪采食，还可补充铁质。

2. 预防

加强妊娠母猪和哺乳母猪的饲养管理，饲喂富含蛋白质、无机盐（铁、铜）和维生素的日粮。在妊娠母猪产前 2 天至产后 1 个月，每日补充硫酸亚铁 20 克，使仔猪可通过采食母猪富含铁的粪便而补充铁质。或在母猪产仔前后各 1 个月内补充水解大豆蛋白螯合铁 6～12 克，可有效防止仔猪缺铁性贫血的发生。

五、仔猪低血糖病

仔猪低血糖病是一种类似于人低血糖疾病，仔猪在出生后最初几天内因饥饿致体内储备的糖原耗竭而引起的一种营养代谢病，又称乳猪病或憔悴猪病。血检时血糖水平由正常的90～130毫克/分升下降到5～15毫克/分升即可出现症状并确诊该病。治疗以补糖、改善饲养和加强护理为主要措施。

（一）病因

仔猪低血糖病的病因有：

（1）仔猪出生后吮乳不足。

（2）仔猪患有先天性糖原不足，同种免疫性溶血性贫血、消化不良等是发病的次要原因。

（3）低温、寒冷或空气湿度过高使机体受寒是发病的诱因。

（4）仔猪在出生后第1周内缺少糖异生作用所需的酶类，糖异生能力差，不能进行糖异生作用，血糖主要来源于母乳和胚胎期贮存肝糖原的分解，如吮乳不足或缺乏时，则肝糖原迅速耗尽，血糖降低至2.8毫摩尔/升即可发病。血糖降低时，影响大脑皮质，出现神经症状。

（5）有的因仔猪患大肠杆菌病、链球菌病、传染性胃肠炎等疾病时，哺乳减少，并有糖吸收障碍，导致发病。

（二）临床症状

发病仔猪起初精神沉郁，吮乳停止，四肢无力或卧地不起，肌肉震颤，步态不稳，体躯摇摆，运动失调，颈下、胸腹下及后肢等处浮肿。病猪尖叫，痉挛抽搐，头向后仰或扭向一侧，四肢僵直，或做游泳状运动，磨牙空嚼，口吐白沫，瞳孔散大，对光反应消失，感觉机能减退，皮肤苍白，被毛蓬乱，皮温降低，后期昏迷不醒，意识丧失，很快死亡。病程不超过36小时。

血检时血糖水平由正常的90～130毫克/分升下降到5～15毫克/分升。当下降到50毫克/分升以下时，通常就有明显的临床症状。血液非蛋白氮通常升高。

（三）病理变化

剖检时可见肝脏有特殊变化，肝呈橘黄色，边缘锐利，质地易脆，稍碰即破。胆囊肿大。肾呈淡土黄色，有小出血点。消化道中少奶。

（四）防治

采取病因疗法，补糖，改善饲养和加强护理。5%～10%的葡萄糖溶液15～20毫升腹腔内注射，每4～6小时一次，直到症状缓解，并能自行吮乳时为止。也可灌服10%～20%葡萄糖水，每次10～20毫升，每2～3小时一次。病仔猪置于温暖环境中。活泼的小猪要尽快地让其学会在盘子里饮奶。此外，还可把小猪寄养给其他泌乳母猪。初生仔猪应及早吃初乳，防止饥饿，注意保暖，避免机体受寒。

六、异食癖

猪异食癖是一种由于饲养管理不当、环境不适、饲料营养供应不平衡、疾病及代谢功能紊乱等引起的一种应激综合征。在秋、冬季发病率较高，给养猪户造成不必要的经济损失。

（一）病因

1. 饲养管理不当

饲养密度过大、饲槽空间狭小、限饲与饮水不足、同一圈舍猪只大小强弱悬殊、猪只新并群造成打斗、争夺位次等原因均可诱发异食癖。

2. 环境因素

冬、秋季猪发病率比较高的原因可能是干燥和多尘环境导致了猪更多的烦躁和攻击行为。猪舍环境条件差，如舍内温度过高或过低，通风不良及有害气体的蓄积，猪舍光照过强，猪处于兴奋状态而烦躁不安，猪生活环境单调，惊吓、猪乱串群，天气的异常变化，猪圈潮湿引起皮肤发痒等因素，使猪产生不适感或休息不好均能引发啃咬等异食癖的发生。

3. 品种和个体差异

同一猪圈内如果饲养不同品种或同一品种间体重差异过大的

猪，因品种及生活特点差异，相互矛盾，相互争雄而发生厮咬。个体之间差异大，在占有睡觉面积和抢食中，常出现以大欺小现象。

4. 疾病

猪患有虱子、疥癣等体外寄生虫病时，可引起猪体皮肤刺激而烦躁不安，在舍内摩擦而导致耳后、肋部等处出现渗出物，对其他猪产生吸引作用而诱发咬尾等；猪体内寄生虫病，特别是猪蛔虫病，刺激患猪攻击其他猪。猪只体内荷尔蒙的刺激导致情绪不稳定也可发生咬尾现象。

5. 营养供应不平衡

当饲料营养水平低于饲养标准，满足不了猪生长发育的营养需要时可导致咬尾症的发生。另外，日粮中的各种微量营养成分不平衡，如日粮中钾、钠、镁、铁、钙、磷、维生素等的缺乏或者不平衡也会造成此症。

6. 猪本身的天性

猪爱玩好动，处于环境舒适的小猪，易咬其他猪的尾巴玩，猪的模仿性是一只猪发生异食癖而引发大群发生异食癖的原因之一。同时因互咬导致的破皮与流血等外伤，又诱发了猪相互厮咬的兴趣。

（二）主要症状

常见的猪异食癖表现为咬尾、咬耳、咬肋、吸吮肚脐、食粪、饮尿、拱地、闹圈、跳栏、母猪食仔猪等现象。相互咬斗是异食癖中较为恶劣的一种，表现为猪对外部刺激敏感，举止不安，食欲减弱，目光凶狠。起初只有几头相互咬斗，逐渐有多头参与，主要是咬尾，少数也有咬耳，常见被咬尾脱毛出血，咬猪进而对血液产生异嗜，引起咬尾癖，危害也逐渐扩大。被咬猪常出现尾部皮肤和被毛脱落，影响体增重，严重时可继发感染，引起骨髓炎和脓肿，若不及时处理，可并发败血症等导致死亡。

（三）防治

1. 加强饲养管理，营造良好的生活环境

合理布控猪舍。同一圈舍猪只个体差异不宜太大，应尽量接近。饲养密度不宜过大，猪的饲养密度一般应根据圈舍大小而定，原则是以不拥挤、不影响生长和能正常采食饮水为宜。冬季密一些，夏季稀一些，保证每头育肥猪饲养面积0.8～1米^2、中猪0.6～0.7米^2、小猪0.4～0.5米^2。

单独饲养有恶癖的猪。咬尾症的发生常因个别好斗的猪引起，如在圈中发现有咬尾恶癖的猪，应及时挑出单独饲养。可在猪尾上涂焦油，还可用50度以上白酒喷雾猪体全身和鼻端部位，每天3～5次，一般两天可控制咬尾症。同时隔离被咬的猪，对被咬伤的猪应及时用高锰酸钾液清洗伤口，并涂上碘酊以防止伤口感染，严重的可用抗生素治疗。

避免应激。调控好舍内温度与湿度，加强猪舍通风，防止贼风侵袭、粪便污染、空气浑浊、潮湿等因素造成的应激。定时定量饲喂，不喂发霉变质饲料，饮水要清洁，饲槽及水槽设施充足，注意卫生，避免抢食争斗及饮食不均。

2. 仔猪及时断尾

对仔猪断尾是控制咬尾症的一种有效措施。

3. 分散猪只注意力

在猪圈中投放玩具如链条、皮球、旧轮胎以及青绿饲料等，分散猪只关注的焦点，从而减少咬尾症的发生。

4. 使用平衡营养的配合饲料，满足猪的营养需要

选用优质饲料原料，饲料中可加入全价营养素“激生肽”，适度增加食盐用量。对于吃胎衣和胎儿的母猪，除加强护理外，还可用河虾或小鱼100～300克煮汤饮服，每天1次，连服数日。还可在饲料中增加调味消食剂，添加大蒜、白糖、陈皮及一些调味剂，来改善猪的异食癖。

5. 对症用药，控制异食癖

对患慢性胃肠疾病的猪，治疗主要以抑菌消炎、清除肠内有害物质为原则。

第四节　猪常见中毒病的防控

一、黄曲霉毒素中毒

（一）毒素种类

黄曲霉毒素已发现的有20多种，其中黄曲霉毒素B_1、B_2、G_1、G_2是基本的毒素，尤以B_1毒素最为常见。黄曲霉毒素经动物代谢后可生成黄曲霉毒素M_1、M_2、Q、H等，其毒性相对减弱，但仍有一定毒性。

（二）毒性

黄曲霉毒素主要侵害肝脏，可引起中毒性肝炎及肝癌，也损害血管通透性及中枢神经系统。

（三）临床症状

（1）急性中毒　病猪一般于食入黄曲霉毒素污染的饲料1～2周左右发病，主要表现为精神抑郁，厌食，消瘦，后驱衰弱，走路蹒跚，黏膜苍白，体温不升高，呼吸急促，心音节律不齐，心力衰竭，粪便干燥或腹泻，有时粪便带血，偶有中枢神经系统症状，呆立墙角，以头抵墙。可在运动中突然死亡，或发病后2天内死亡。

（2）慢性中毒　表现为精神委顿，食欲不振，走路僵硬，被毛粗乱。出现异食癖者，喜欢吃稀食和青绿饲料，甚至啃食泥土、瓦砾，离群独立，拱背缩腹，粪便干燥。有时也表现兴奋不安，冲跳狂躁，体温正常，体重减轻，黏膜常见黄染而出现“黄膘病”。有的病猪先发红，后变蓝。

（四）病理变化

急性型主要病变为贫血和出血。在胸腔、腹腔、胃幽门周围可见大量出血，浆膜表面有淤血斑点，肠内黏膜出血。皮下广泛出血，尤以大腿前和肩脚下区肌肉出血明显。肝脏有时在其临近浆膜部分有针尖状或瘢痕样出血。脾脏有时表面毛细血管扩张或出血性梗塞。心外膜及心内膜亦有出血等。慢性型病变主要表现在全身黄疸，肝硬化、脂肪变性，有时在肝表面看到黄色小结节，胆囊缩小，胸腔及腹腔内有大量橙黄色液体。肾脏苍白、肿胀，淋巴结充血、水肿，心内外膜出血，大肠黏膜及浆膜有出血斑，结肠浆膜有胶状浸润。

（五）治疗

本病目前无特效解毒药。当发现猪只中毒时，应立即停喂可疑霉变饲料，增加日粮中高品质蛋白质和维生素补充添加剂。一般轻症病例，不用任何药物治疗可自然康复。重症病例，为加快胃肠毒素的排出应及时投服泻剂如硫酸钠、人工盐、植物油等。同时，注意采用止血、保肝疗法，可耳静脉滴注 25%～50%葡萄糖溶液、维生素 E、葡醛内酯、维生素 A、维生素 C、葡萄糖酸钙等。心脏衰弱时，可皮下或肌内注射强心剂。黄曲霉毒素损害免疫系统，因此建议酌情使用抗菌药类药物，但禁止使用磺胺类药物。

（六）防治

（1）不使用霉变饲料。

（2）控制饲料原料的含水量。

（3）饲料加工过程中注意定期清理饲料提升料斗、管道中积存的物料，保证出机饲料成品的含水量达到规定的要求。

（4）提高某些营养成分的供给量，以增强动物机体对霉菌毒素危害的抵抗力。

（5）采用霉菌毒素结合剂。

（6）试用特异性酶制剂。

（7）添加饲料防霉剂。

二、亚硝酸盐中毒

猪亚硝酸盐中毒，是猪摄入富含硝酸盐、亚硝酸盐的饲料或饮水，引起高铁血红蛋白症，导致组织缺氧的一种急性、亚急性中毒性疾病。临床体征为可视黏膜发绀、血液酱油色、呼吸困难及其他缺氧症状为特征。本病在猪较多见，常于猪吃饱后 15 分钟到数小时发病，故俗称“饱潲病”或“饱食瘟”。

（一）病因

油菜、白菜、甜菜、野菜、萝卜、马铃薯等青绿饲料或块根茎饲料富含硝酸盐。而对于使用硝酸铵、硝酸钠、除草剂、植物生长剂的饲料和饲草，其硝酸盐的含量增高。硝酸盐还原菌广泛分布于自然界，在温度及湿度适宜时可大量繁殖。当饲料慢火焖煮、霉烂变质、枯萎等时，硝酸盐可被硝酸盐还原菌还原为亚硝酸盐，以至中毒。

亚硝酸盐的毒性比硝酸盐强 15 倍。亚硝酸盐亦可在猪体内形成，在一般情况下，硝酸盐转化为亚硝酸盐的能力很弱，但当胃肠道功能紊乱时，如患肠道寄生虫病或胃酸浓度降低时，可使胃肠道内的硝酸盐还原菌大量繁殖，此时若动物大量采食含硝酸盐的饲草饲料，即可在胃肠道内大量产生亚硝酸盐并被吸收而引起中毒。

（二）发病机理

亚硝酸盐是强氧化剂，当猪采食含亚硝酸盐的饲料而吸收进入血液后，使血液中的二价铁 Fe^{2+} 转化为三价铁 Fe^{3+}，即使正常的氧合血红蛋白氧化为高铁血红蛋白，即变性血红蛋白，从而丧失血红蛋白的正常携氧功能，造成组织缺氧。

（三）临床症状

急性中毒的猪常在采食后 10～15 分钟发病，慢性中毒时可在数小时内发病。一般体格健壮、食欲旺盛的猪因采食量大而发病严重。病猪呼吸严重困难，多尿，可视黏膜发绀，刺破耳尖、尾尖等，流出少量酱油色血液，体温正常或偏低，全身末梢部位发凉。因刺激胃肠道而出现胃肠炎症状，如流涎、呕吐、腹泻等。出现共济失调，痉挛，挣扎鸣叫，或盲目运动，心跳微弱。临死前角弓反张，抽搐，倒地而死。

(四) 病理变化

中毒猪尸体腹部多膨满，口鼻青紫，可视黏膜发绀。口鼻流出白色泡沫或淡红色液体，血液呈酱油状，凝固不良。肺膨大，气管和支气管、心外膜和心肌有充血和出血，胃肠黏膜充血、出血及脱落，肠淋巴结肿胀，肝呈暗红色。

(五) 诊断

依据发病急、群体性发病的病史、饲料储存状况、临床见黏膜发绀及呼吸困难，剖检时血液呈酱油色等特征，可以做出诊断。可根据特效解毒药美蓝进行治疗性诊断，也可进行亚硝酸盐检验、变性血红蛋白检查。

1. 亚硝酸盐检验

取胃肠内容物或残余饲料的液汁 1 滴，滴在滤纸上，加 10% 联苯胺液 1～2 滴，再加 10% 的醋酸 1～2 滴，滤纸变为棕色，则为亚硝酸盐阳性反应。也可将胃肠内容物或残余饲料的液汁 1 滴，加 10% 高锰酸钾溶液 1～2 滴，充分摇动，如有亚硝酸盐，则高锰酸钾变为无色，否则不褪色。

2. 变性血红蛋白检验

取血液少许于试管内振荡，振荡后血液不变色，即为变性血红蛋白。为进一步验证，可滴入 1% 氰化钾 1～3 滴后，血色即转为鲜红。

(六) 防治

1. 治疗

迅速使用特效解毒药如美蓝或甲苯胺蓝。静脉注射 1% 的美蓝，按每千克体重 1 毫升，也可深部肌内注射 1% 的美蓝；甲苯胺蓝每千克体重 5 毫克，可内服或配成 5% 的溶液静脉注射、肌内注射或腹腔注射。使用特效解毒药时配合使用高渗葡萄糖 300～500 毫升，以及每千克体重 10～20 毫克维生素 C。

对症治疗：呼吸急促时，可用尼克刹米、山梗菜碱等兴奋呼吸的药物。对心脏衰弱者，注射 0.1% 盐酸肾上腺素溶液 0.2～0.6

毫升，或注射10%安钠咖以强心。

2. 预防

改善饲养管理，青绿饲料宜生喂，堆积发热腐烂时不要饲喂。不宜堆放或蒸煮，要烧煮时，应迅速煮熟，揭开锅盖且不断搅拌，勿焖于锅里过夜。烧煮饲料时可加入适量醋，以杀菌和分解亚硝酸盐。接近收割的青绿饲料不应施用硝酸盐化肥。

三、食盐中毒

猪食盐中毒主要是由于采食含过量食盐的饲料，尤其是在饮水不足的情况下而发生的中毒性疾病。本病主要的临床特征是突出的神经症状和一定的消化紊乱。本病多发于散养的猪，规模化猪场少发。猪食盐内服急性致死量约为每千克体重2.2克。

（一）病因

猪食盐中毒是由于采食含盐分较多的饲料或饮水，如泔水、腌菜水、饭店食堂的残羹、洗咸鱼水或酱渣等喂猪，配合饲料时误加过量的食盐或混合不均匀等而造成。全价饲养，特别是日粮中钙、镁等矿物质充足时，对过量食盐的敏感性大大降低，反之则敏感性显著增高。饮水是否充足，对食盐中毒的发生更具有绝对的影响。食盐中毒的关键在于限制饮水。

（二）临床症状

根据病程可分为最急性型和急性型两种。最急性型：为一次食入大量食盐而发生。临床症状为肌肉震颤，阵发性惊厥，昏迷，倒地，2天内死亡。急性型：当病猪吃的食盐较少，而饮水不足时，经过1～5天发病，临床上较为常见。临床症状为食欲减少，口渴，流涎，头碰撞物体，步态不稳，转圈运动。大多数病例呈间歇性癫痫样神经症状。神经症状发作时，颈肌抽搐，不断咀嚼流涎，呈犬坐姿势，张口呼吸，皮肤黏膜发绀，发作过程约1～5分钟，发作间歇时，病猪可不呈现任何异常情况，1天内可反复发作无数次。发作时，肌肉抽搐，体温升高，但一般不超过39.5℃，间歇期体温正常。末期后躯麻痹，卧地不起，常在昏迷中死亡。

（三）病理变化

剖检可见胃肠黏膜充血、出血、水肿，呈卡他性和出血性炎症，并有小点溃疡，粪便液状或干燥，全身组织及器官水肿，体腔及心包积水，脑水肿显著，并可能有脑软化或早期坏死。

（四）诊断

主要根据过食食盐和（或）饮水不足的病史，暴饮后癫痫样发作等突出的神经症状及脑组织典型的病变初步诊断。如为确诊，可采取饮水、饲料、胃肠内容物以及肝、脑等组织作氯化钠含量测定。肝和脑中的钠含量超过 1.50 毫克/克，或脑、肝中氯化钠含量分别超过 2.50 毫克/克和 1.80 毫克/克，即可认为是食盐中毒。

（五）防治

无特效解毒药。要立即停止食用原有的饲料，逐渐补充饮水，要少量多次给，不要一次性暴饮，以免造成组织进一步水肿，病情加剧。可以采取辅助治疗，其原则是促进食盐的排除，恢复阳离子平衡和对症处置。为恢复血中一价和二价阳离子平衡，可静脉注射5%葡萄糖酸钙液或10%氯化钙液；为缓解脑水肿，降低颅内压，可高速静脉注射25%山梨醇液或高渗葡萄糖液；为促进毒物排除，可用利尿剂和油类泻剂；为缓和兴奋和痉挛发作，可用硫酸镁、溴化物等镇静解痉药。预防：不要长期或大量喂给含盐量多的饲料，日粮中含盐量一般不超过 0.5%，并保证充足的饮水。

当猪发生食盐中毒后，可采取下列措施：

（1）大量饮水，并静脉注射5%葡萄糖液 100～200 毫升。

（2）为缓解兴奋和痉挛发作应用5%溴化钾或溴化钙 10～30 毫升静脉注射，以排除体内蓄积的氯离子。

（3）使用双氢克尿噻利尿以排除钠离子、氯离子，口服0.05～0.2 克。

（4）为缓解脑水肿，降低颅内压，可用甘露醇注射液 100～200 毫升，静脉注射或用50%葡萄糖液静脉注射。

四、玉米赤霉烯酮中毒

猪玉米赤霉烯酮中毒是由于猪在采食受玉米赤霉烯酮污染的五谷类饲料后引发的一类中毒症。病猪会造成生殖系统性的疾病。本病以预防为主，可以使用注射药物进行治疗。

（一）病因

玉米赤霉烯酮，又称 F-2 毒素，是禾谷镰刀菌、粉红镰刀菌、串珠镰刀菌、三镰刀菌、木贼镰刀菌等产生的一种代谢产物，主要危害玉米、高粱、小麦等谷物。猪吃了上述产毒霉菌污染的玉米就可发生中毒，玉米赤霉烯酮主要作用于猪的生殖器官，使猪发生雌激素样亢进。

（二）临床症状

1. 青年公猪、种公猪

青年公猪采食了被污染的饲料，可导致睾丸和附睾重量下降，中断精子的生成；对于 14～18 周龄的公猪，可出现性欲降低和血浆睾酮浓度下降，甚至公猪性欲丧失，阳痿，乳腺突起，包皮肿大及不育症；精液总量低，无凝胶，含活力精子量低，精液污染，精子畸形，精子的百分活力降低。成年公猪饲喂 200 毫克/千克高浓度玉米赤霉烯酮后其发情不受影响。

2. 青年母猪

青年母猪对玉米赤霉烯酮最为敏感。玉米赤霉烯酮可引起未性成熟母猪子宫增大、乳腺增生、外阴红肿变大、里急后重等，严重的可导致直肠、阴道、子宫脱出。子宫内膜和子宫肌层细胞增生。去势后育肥母猪亦有类似病症发生，但以青年母猪最为敏感。

3. 性成熟母猪

玉米赤霉烯酮可引起性成熟母猪多种生殖功能失调，可造成发情间隔时间延长，持续发情、假怀孕、不怀孕、伴有黄体滞留等病症。短期中毒表现外阴道炎、持续性发情、屡配不孕。外阴和前庭黏膜充血，分泌物增多。长期饲喂则引起卵巢萎缩、发情停止或发情周期延长。

4. 妊娠母猪

妊娠母猪采食了被玉米赤霉烯酮污染的饲料，可导致少胎和弱胎，胚胎被吸收，甚至引起流产、死胎、新生仔猪死亡和干尸，给生产带来严重损失。

5. 泌乳母猪

玉米赤霉烯酮能使泌乳母猪的断乳-发情间隔延长，可导致发情抑制、卵巢萎缩和子宫角弯曲。还引起泌乳量减少，严重时甚至无奶。乳汁中的玉米赤霉烯酮毒素还可使哺乳仔猪产生雌性化症状。

6. 免疫抑制

即使免疫程序不变，疫苗按时接种，玉米赤霉烯酮可导致猪抗体水平上不去，致使免疫失败。

(三) 病理变化

主要病理变化发生在生殖器官。母猪阴户肿大，阴道黏膜充血、肿胀，严重时阴道外翻，阴道黏膜常因感染而发生坏死。卵巢增大，卵巢中出现成熟卵泡，子宫内膜腺增生和阴道上皮增生。子宫肥大、水肿，子宫颈上皮细胞呈多层鳞状，子宫角增大、变粗变长。病程较长者，可见卵巢萎缩。乳头肿大，乳腺间质水肿。公猪乳腺增大，睾丸萎缩。

(四) 诊断

根据有饲喂过霉变饲料的病史、雌激素综合征和雌性化综合征等临床症状，结合解剖病理变化可建立初步诊断。进一步确诊可进行生物测试和毒物含量分析，目前临床条件不易做到。

(五) 防治

目前尚无特效治疗方法，发现中毒时应立即停喂可疑霉变饲料，更换优质配合料。一般在停喂发霉饲料 3～7 天后，临床症状即可消失，多不需要药物治疗。对子宫、阴道严重脱垂者，可使用0.02%的高锰酸钾溶液清洗（以防止感染）和实施手术治疗。对于正处于休情期的未孕母猪，一次给予10毫克剂量的前列腺 $F_{2\alpha}$ 或者每天5毫克连续给2天，有助于清除滞留黄体。

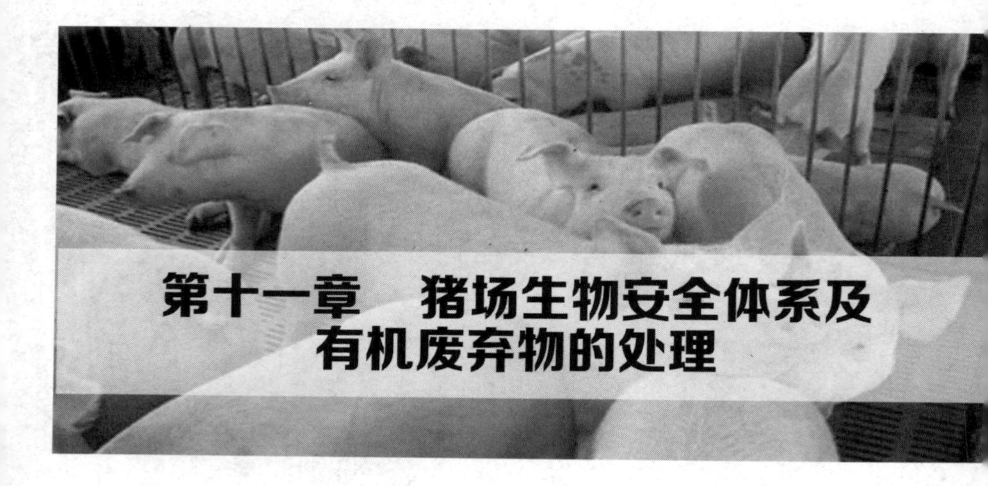

第十一章　猪场生物安全体系及有机废弃物的处理

第一节　猪场生物安全体系

猪场生物安全体系是预防临床或亚临床疫病发生的一种猪生产安全体系，它是以猪的生物学特性为基础，以流行病学的三个基本环节（即传染源、传播途径、易感畜群）为依据，要求规模化、集约化猪场在生产过程中，对猪群建立一系列的保健和提高生产力的措施。重点强调环境因素在保证猪群生长于最佳状态的生态环境体系中，保证其发挥最佳的生产性能。

一、猪场的布局和内、外环境

（一）猪场的外环境

1. 猪场场址的选择

猪场要求地势高燥，便于排水，水源充足，供电有保证，远离主干道、居民区。

2. 建筑物的布局

猪场的饲料仓库、产仔房应建在猪场的上风向，粪便堆积池设在猪场的下风向。猪场要建 3 米以上的高围墙，有条件的猪场在周围要设防疫沟和防疫隔离带，场内道路要分污道和净道。场外运输车辆不得进入到生产区，生产区内的运输，另外由专用车辆解决。

3. 猪场周围和场区环境的绿化

有条件的猪场应建绿化带，在场区的上风向植5～10米宽的防风林，其他方向及各场区间植3～5米宽的防风林和隔离林。道路两旁应植行道树，猪舍前后可进行遮阴绿化，场区的空闲地应遍植花草或蔬菜，以改善和绿化美化环境。

4. 实行严格的隔离和消毒制度

猪场的生产区只能设1个出入口，非生产人员不得进入生产区，生产人员要在场内宿舍居住，进入生产区时都要经过洗澡或淋浴，更换已消毒的工作服和胶靴，工作服在场内清洗并定期消毒。车辆进场也要消毒，饲养人员不得随意到工作岗位以外的猪舍去，猪舍内的一切用具不得携带出场外，各栋猪舍的用具不得串换混用。场内食堂和工作人员不得从市场上购买猪肉，本场职工生活上所需的肉食应由本场内部解决。

(二) 猪场的内环境

1. 温度

育肥猪、妊娠母猪、公猪舍的温度应控制在15～20℃，最低不得低于12℃，最高不得高于25℃。一周龄内的仔猪的适宜环境温度应控制在32℃左右，以后每一周环境温度可降低1℃，直至15～20℃为止。

2. 湿度

湿度是指猪舍内空气中水汽含量的多少，一般以相对湿度来表示。猪舍内适宜的相对湿度范围为65%～80%。

3. 空气洁净度

(1) 氨气　猪舍内氨气的允许含量不得超过20毫克/米^3。

(2) 硫化氢　猪舍内硫化氢的允许含量不得超过15毫克/米^3。

(3) 二氧化碳　大气中二氧化碳的含量约为0.03%，一般猪舍空气中二氧化碳以0.15%为限，最高不能超过0.4%。

(4) 一氧化碳　猪舍内一氧化碳的允许含量不得超过24毫克/米^3。

4. 光照

光照对猪有促进新陈代谢、加速骨骼生长和杀菌消毒等作用。

5. 噪声

噪声强度太大会引起猪的一系列应激反应，对猪的生长、生产都会造成严重影响。

二、建立生物安全体系的措施

（一）猪场兽医卫生防疫制度的制定

（1）猪场应实行兽医防疫卫生管理的场长负责制，组织拟定本场兽医防疫卫生工作计划，制定各部门的防疫卫生岗位责任制。组织领导实施传染病、寄生虫病和常见普通病的预防、控制和消灭工作。

（2）整个猪场可分生产区和生活区两部分，生产区主要包括猪舍、兽医室、饲料库、污水处理区等。生活区主要包括办公室、食堂、宿舍等。生活区应建在生产区上风方向并保持一定距离。

（3）猪场实行封闭式饲养和管理。所有人员、车辆、物资仅能经由大门和生产区大门出入，不得由其他任何途径出入生产区。

（4）非生产区工作人员及车辆严禁进入生产区，确有需要进入生产区者必须经有关领导批准，按本场规定程度消毒、更换衣鞋后，由专人陪同在指定区域内活动。

（5）生活区大门应设消毒门岗，全场员工及外来人员入场时，均应通过消毒门岗，按照规定的方式实施消毒后方可进入。

（6）场区内禁止饲养其他动物，严禁携带其他动物和动物肉类及其副产品入场，猪场工作人员不得在家中饲养或者经营猪及其他动物肉类和动物产品。

（7）场内各大、中、小型消毒池由专人管理，责任人应定期进行清扫，更换消毒药液。场内专职消毒员应每日按规定对猪群、猪舍、各类通道及其他须消毒区域轮替使用规定的各种消毒剂实施消毒。工作服要在场内清洗并定期消毒。

（8）饲养员应在车间内坚守岗位，不得进入其他生产车间内，技术人员、管理人员因工作需要须进入生产车间时，应在车间入口处消毒池中消毒后方可进入。

（9）饲养员要在场内宿舍居住，不得随便外出；场内技术人员不得到场外出诊；不得去屠宰场、其他猪场或屠宰户、养猪户场（家）逗留。

（10）饲养员应每日上、下午各一次清扫猪舍、清洗食槽、水槽，并将收集的粪便、垃圾运送到指定的蓄粪池内，同时应定期疏通猪舍排污道，保证其畅通。粪便、垃圾及污水均需按规定实行无公害处理后方可向外排放。

（11）员工休假回场或新招员工要在生活区隔离二天后方可进入生产区工作。

（12）生产区内猪群调动应按生产流程规定有序进行。售出猪只应经由装猪台装车。严禁运猪车进场装卸猪只，凡已出场猪只严禁运返场内。

（13）坚持自繁自养的原则，新购进种猪应按规定的时间在隔离猪舍进行隔离观察，必要时还应进行实验室检验，经检疫确认健康后方可进场混群。

（14）各生产车间之间不得共用或者互相借用饲养工具，更不允许将其外借和携带出场，不得将场外饲管用具携入场内使用。

（15）各猪舍在产前、断奶或空栏后以及必要时按照终末消毒的清扫、冲洗、消毒、干燥、熏蒸（消毒）的程序进行彻底消毒后方可转入猪只。

（16）场内应在每年春、秋两季必要时进行卫生大扫除，割除杂草、灌木，使场区环境常年保持清洁卫生及环境绿化工作。定期在场内开展杀虫灭鼠工作。

（17）疫苗由专人使用疫苗冷藏设备到指定厂家采购，疫苗回场后由专人按规定方法储藏保管，并应登记所购疫苗的批号和生产日期、采购日期及失效期等。

（18）应根据国家和地方防疫机构的规定及本地区疫情，决定各类猪使用疫苗的品种，依据所使用疫苗的免疫特性制定适合本场的免疫程序。

（19）免疫注射前应逐一检查登记须注苗猪只的栋号、栏号、耳号及健康状况，患病猪及重胎猪应暂缓注射，俟其痊愈或产后再进行补注。

（20）免疫注射前应检查并登记所用疫苗的名称、批号，外观质量、有效期等；临近失效期疫苗以及失真空、霉变、有杂质或异物疫苗应予报废，严禁使用。

（21）注射疫苗前、后应对注射器进行严格消毒，注射中严格做到一头一针，并应防止漏注、少注等质量事故，确保注射质量。务必做到头头注射，免疫率100%。

（22）注射免疫后饲养员应仔细观察猪只反应情况，发生严重反应时应及时报告，兽医人员应立即采取相应救治措施。

（23）根据本地区疫病流行规律，本场猪群保健防病的需要，在必要时使用抗生素、化学抗菌药物及其他药物对猪群实施群体药物预防或治疗。在育肥猪中应严格按照所用药物的宰前停药期用药，严禁使用国家明令禁止在饲料中使用的药物。

（24）对种猪应按生产周期使用规定的药物定期进行驱虫，仔猪应在2月龄、4月龄及必要时使用规定的药物驱除猪只体内外寄生虫。

（25）要求建立健全防疫组织，坚持严格执行防疫制度，定期消毒、灭鼠、灭蝇、驱蚊，猪场实行封闭式管理，生产区和生活区隔离分开。

（二）疾病监测及疫情报告制度

1. 临床学方法

临床学方法是疾病监测和诊断的最基本常用方法，可为进一步诊断疾病提供依据。

2. 病理解剖学方法

猪场淘汰猪、死猪、流产胎儿和死胎等，日常进行剖检可以发现一些病变，对病变进行分析判定，可反映猪群的饲养管理、营养情况。对一些疾病可提供一些早期预防措施。

3. 血液学监测和诊断

对传染病和营养代谢病监测会有很好的作用。

4. 细菌培养和药敏试验

对细菌培养和进行药敏试验后可以进行针对性地用药，这样可以提高疗效，节约用药。

5. 免疫学诊断技术

定期对猪的疫病和免疫后抗体水平进行监测，了解免疫状态，选择最佳免疫时机，有效控制疫病发生。及时、定时上报猪病疫情监测和疫情情况，对于重大疫情不得瞒报、谎报、迟报。

（三）免疫制度的制定

（1）国家规定的重大猪病必须进行强制免疫。

（2）制定合理的免疫程序。

（3）免疫接种操作规范，防止人为传播疫情。

（4）定期采血送检，对免疫效果进行监督，确保免疫质量。

（5）建立完整的免疫档案。

（四）封闭管理制度的制定

（1）严格遵守防疫法律法规，坚持“预防为主，防治结合，防重于治”的原则，防止动物疫病发生，提高养殖效益。

（2）每年疫病高发期或周边发生动物疫情时，为封闭管理期，在封闭管理期间必须严格执行封闭管理制度。

（3）所有与饲养、繁殖动物疫病诊疗无关的人员在封闭期内一律不得进入生产区。

（4）在封闭期内所有进入生产区的饲养员、配料员、兽医技术人员等都必须在缓冲区隔离消毒，确认安全后方可进入生产区。

（5）封闭期内生产区每天消毒一次，生产区外每周消毒2～3次，有车辆进入的必须严格清洗消毒，并全场增加消毒一次。

（五）无害化处理制度

（1）无害化处理以保护环境，不污染空气、土壤和水源为原则。

（2）规模化猪场要有与养殖规模相适应的无害化处理设备。

（3）采取深埋无害化处理的场所应远离居民区、水源、泄洪区和交通要道，防止动物疫情传播。

(4) 粪便、污水等排泄物应经过沼气池或沉淀消毒池无害化处理。

(5) 因一般性疾病死亡的猪只实行焚烧或深埋覆土 1.5 米以上，并彻底消毒处理。

(6) 因传染性疾病死亡的猪只实行焚烧或深埋覆土 2 米以上，并彻底消毒处理。

(7) 对污染的饲料、排泄物和杂物等喷洒消毒剂后与尸体共同深埋。

(六) 隔离制度的建立

(1) 实行全进全出的饲养管理制度，每批猪出栏后，猪圈舍应空栏 2 周以上，并进行彻底清洗、消毒，杀灭病原，防止连续感染和交叉感染。

(2) 坚持自繁自养，必须引进时，应从非疫区引进检验合格的猪只。引进后，应在隔离舍观察 2 周以上，健康者方可进入健康舍饲养。

(3) 患病猪应及时送至隔离舍，进行隔离诊治或处理。

(七) 消毒制度

(1) 养殖场大门必须设有消毒池，并保证有效的消毒浓度。

(2) 养殖场内应设有更衣室、淋浴室、消毒室、病猪隔离舍。

(3) 场区内每周消毒 2 次。场区周围及场内污水池、排粪坑、下水道出口，每周消毒 1 次。

(4) 猪舍内每周消毒 2 次。饲槽、饮水器应每天清洗 1 次，每周消毒清洗 1 次。

(5) 消毒药应选择对人和猪安全，没有残留毒性、对设备没有破坏性的消毒剂，并定期轮换使用消毒药。

(6) 每批猪出栏后，要彻底清除粪便，用高压水枪冲洗干净，待猪舍干燥后进行喷雾消毒或熏蒸消毒。

（八）疾病的控制

1. 传染病的控制

猪传染病的流行必须有传染源、传播途径和易感猪三个基本条件同时存在，因此掌握猪传染病流行过程的基本条件及其影响因素，有助于我们制定正确的防疫措施，控制传染病的蔓延。

2. 寄生虫病的控制

先普查虫卵，以确定寄生虫的种类；再进行药物驱虫。

3. 营养缺乏症的控制

科学配制饲料产品是预防和控制猪营养缺乏症的基础。

（九）药物预防猪病

集约化猪场贯彻“预防为主、防重于治”的方针，因此现代猪场将传统的治疗性用药转变为预防性用药，针对本地区或猪场疫病发生的种类和流行特点，制定预防用药方案。选用一定的抗菌药物和剂量组合，在母猪产仔前后、哺乳、保育和育肥四个阶段以及转群时使用，以防猪群外源性和内源性细菌继发感染。

第二节　猪场有机废弃物的处理

一、环境保护与有机废弃物处理原则

（一）环境保护的重要意义

国家环保总局 2005 年对全国 23 个省市抽样调查显示，有 90％的规模化畜禽养殖场未通过环境影响评价，60％养殖场缺乏必要的污染防治措施。根据初步推算，全国畜禽粪便产生量约为 19 亿吨，是工业固体废弃物的 2.4 倍。一个年出栏量在 1 万头规模的养猪场，日消耗精饲料 8～10 吨，年消耗精饲料 3300～3500 吨，耗水量 100～120 吨，排放的粪尿污物即便是减量化处理也在 40～50 吨，全年约为 13000 吨。据此推算，全国猪粪年排放量约为 9.22 亿吨，包括牛、鸡粪等畜禽的粪便污水排放量高达 60 亿吨。

环保部门对有关的大型猪场排放的粪水进行检测，结果显示化学耗氧量（COD）超标53倍、生化需氧量（BOD）超标76倍、悬浮颗粒物（SS）超标14倍。由于大部分养殖场未能对畜禽粪便进行有效处理，迅速发展的畜禽养殖业正成为中国新的污染大户，引发“面源污染、自身污染、疫病频发、公共卫生、食品安全”等诸多问题。

2007年国家环保总局提出：在大力发展规模化畜禽养殖业的同时，建设实现“清洁家园、清洁水源、清洁田园”的目标。

2012年湖北省环保厅提出了“两清”和“两减”的目标，即清洁化养殖、清洁化种植及减少化肥施用和农兽药使用，致力于构建“两型”社会。

（二）有机废弃物处理的基本原则

（1）有机废弃物处理，应在养殖场规划设计和建设过程中贯彻“五化”理念，即减量化、无害化、资源化、生态化、产业化。养殖场选址要求四周空旷，远离村镇居民点、集贸市场和屠宰场，选择广袤的农田种植区进行转化消纳，将控污治污和资源化利用有机地结合起来。场区规划设计做到“四区”（养殖区、辅助生产区、生活管理区和隔离环保区）独立；坚持“三个分离”原则，净化养殖环境和推行生态健康型养殖，场区做到净道和污道分开，净道供人、车、料、猪的通行，污道作病猪和出粪通道；雨水污水分离，雨水直接进入蓄水塘堰，不得放任自流落入污水处理池，否则，加大处理设施构筑成本和后续处理压力；固态液态分离，固态物人工干清粪或机械刮粪，分类处理制作固态有机复合肥，液态物进入厌氧发酵罐产生沼气。

（2）环保工程建设，应用先进的生产工艺流程和技术路线，高产出、低成本运行。

（3）将处理和利用相结合，通过资源化利用过程制造沼液（肥）、沼气、有机复合肥，以达到转化增值的目的。

（4）坚持有机废弃物处理液态成分达标排放，使之符合环保的要求。

（5）实现种植-养殖-加工-利用相结合，大力发展循环经济。

（6）建立业主开发与政府资助相结合的投资机制，走“环保福利型”创新之路。

二、畜禽养殖业污染与畜禽粪污特点

（一）畜禽养殖业污染的特点

畜禽养殖业污染与工业污染存在较大差异，有以下特点：

（1）畜禽养殖业从分散的农户养殖转向集约化养殖，畜禽粪便污染量大幅度增加，在一些地方出现了类似于工厂企业污染的大型“污染源”。

（2）畜禽养殖业从牧区、农区向城市、城镇郊区转移，从人口稀少的偏远农村向人口相对集中的地区逐渐集中，畜禽粪便的污染无形中加大了对城市、城镇环境的压力，对人们公共卫生环境安全和身心健康造成了威胁。

（3）畜禽养殖业集约化程度越来越高，专业化特征越来越明显，导致了养殖业和种植业的分离。从事养殖业的不种地，畜禽粪便用作农田肥料比重大幅度下降，这种所有制隶属关系和单位利益附着关系的存在导致产销分离，粪便被乱堆乱排的现象越来越普遍，也加重了对环境的压力。这一现象也引起了社会的广泛关注，只有通过农业产业化的途径，实现种植-养殖相结合，才可加以解决。

（4）畜禽养殖业的经营方式日趋多样化，“公司＋农户”新的经营模式正在被越来越多的地方所采纳，畜禽粪便污染在许多地区以“面源”的形式出现，污染出现“面上开花”的现象。各级政府越来越重视对“面源污染”的有效控制，并在财政支农政策上给以扶持，采取多项措施进行综合治理。

（5）在部分地区，畜禽养殖业正在逐渐成为当地水体的最大污染源。有研究成果预测，10年后，畜禽粪便污染将超过农业化肥、工业废水和生活污水。

（二）畜禽粪污的主要特点

1. 畜禽粪污是农作物生长的营养元素

畜禽粪污是一种肥料资源，其中有丰富的植物生长所需要的营养元素，如氮、磷、钾等，对提高土壤肥力，改善土壤结构，增强土壤持续生产能力，改善农作物品质具有十分重要的作用。畜禽粪便经干燥或发酵、除臭杀菌，可加工成优质、高效的有机复合肥料，这种有机肥与化学肥料相比，具有营养全面、易于被作物吸收、肥效持久等特点，对提高作物产量和品质、防病抗逆、改良土壤具有明显作用。

2. 畜禽粪污可转化成生物质燃烧资源

将畜禽粪便同粉碎后的秸秆等农作物废弃物一起厌氧发酵产生沼气，不仅解决了畜禽养殖粪便污染问题，而且还为农户提供了清洁安全的生活能源，解决了我国广大农村燃料短缺和大量焚烧秸秆污染环境的矛盾，可谓“一举两得”。

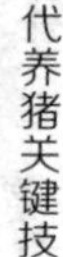

3. 畜禽粪污造成的污染负荷大

饲养1头猪每年所产生的污染负荷（按BOD_5计算），比较其人口当量为10～13人。万头猪场的粪污负荷几乎相当于一个10万～13万人口的城镇污染负荷。大中型畜禽场虽然废水排放量不大，但是COD_{Cr}的排放负荷已接近或超过30千克这一水平，成为环境污染大户。

4. 污染物的成分十分复杂

畜禽养殖污染物的污染成分十分复杂，主要包括：①氮、磷等水体富营养化物质；②氨气、硫化氢、甲烷、甲醇、甲氨、二甲基硫醚等恶臭气体；③铁、锌、锰、钴、碘等矿物质元素；④铜、砷、汞、硒等重金属物质；⑤抗生素、抗氧化剂、激素等兽药残留物；⑥炭疽、禽流感、口蹄疫、结核杆菌病等人畜共患传染病的病原。此外，还包括畜禽尸体、死胚等固体废弃物，焚烧疫病畜禽尸体所散布出来的烟尘等，这样给处理增加了很大难度。

5. 污染治理的难度大

畜禽养殖业污染物成分复杂、污染负荷大，难以治理，主要表现在以下几个方面：

（1）畜禽养殖业水量大，养殖废水温度低。

（2）冲洗栏舍的时间相对集中，冲洗负荷大。

（3）废水固液混杂，有机质浓度较高，黏稠度大。

（4）畜禽养殖业属微利行业，存在自然与市场双重风险，又难以投入很多资金用于处理废水。

三、猪场粪污处理技术

猪场有机废弃物处理有多种途径，主要有人工干清粪工艺、水泡粪、生物床厚垫料、高床养殖冲洗和刮粪板技术等。在此，我们重点介绍水泡粪工艺。

（一）水泡粪工艺

1. “水厕所”工艺

“水厕所”工艺耗水量大，资源浪费大，处理运行费用高。做法是在猪舍内侧墙地坪起始端以0.5%坡度修筑宽0.8米、深5厘米平底泡粪水槽，排粪后随水槽蓄水3厘米。泡粪定期抽提活栓口，混合物在负压作用下排放进而下落粪污处理系统。此法在夏日高温时，由于猪舍地坪水泡粪发酵产生有害气体污染环境，夏季猪只习惯于躺卧潮湿的地面或嬉水散热，导致体表污染。再者，粪便污水混合物排放量大，后续处理设施和治污运行成本高，一些场家比较慎用。此法主要针对存栏密度大、粪污发生量大、清污劳动负荷大的车间，如空怀母猪、保育仔猪、生长育肥猪车间。水泡粪清粪工艺是在水冲粪基础上改进而成，在排粪沟注入一定量水泡粪贮存一段时间定期打开出口阀门排出。粪污顺粪沟注入密闭管网，进入贮粪池或泥浆泵抽吸到粪池。

2. 地坑式发酵工艺

“全漏缝地坑式自然发酵”模式，将原型粪尿混合物利用“地坑自然发酵”。近年来，中国台湾地区和大陆地区中粮、正大、正邦等大型养殖企业在逐步探索这种模式。该工艺主要特点是：隐蔽式（猪舍地下储存）、原始型（粪尿混合，免除冲洗）、随机化处理

（随即入坑，无须人工操作）、自然发酵（粪尿混合后自然发酵）、保持换气（外排发酵残留气体）有效地清除畜舍内粪便、尿液，保持畜舍环境卫生，减少粪污清理过程中用水耗电，保持固体粪便的营养物，控制冲洗稀释，提高有机肥效，降低后续粪尿处理成本。使用过程中，猪舍要有良好通风管道装置，降低舍内有害气体浓度，减少废弃物发酵对舍内环境影响。

（二）鲜干畜禽粪便制肥技术

我国以畜禽粪便作为基质生产有机复合肥技术的起步较晚，还没形成完全定型的生产工艺技术。当前主要有两种工艺：一是由饲料生产过渡来的挤出造粒工艺，二是由化肥生产借鉴来的圆盘造粒工艺。两种工艺的优缺点如下：

1. 挤出造粒

主要优点是原料含水率低，产品容易干燥，挤出密度大，肥粒强度高；主要缺点是挤出肥料为柱状，机播困难，不受欢迎，产量小，易损件维修和能耗费较高。

2. 圆盘造粒

优点是产品为圆粒，适宜机播，产量相对较高；缺点是产品产率低，圆盘造粒时水分加入量大，通常是30%～50%，因此烘干难，烘干费用高，烘干氮损失大。圆盘造粒工艺尽管存在很多弊端，但仍然是目前国内的主导工艺。因此，有机肥制造技术的创新势在必行。

（三）堆肥技术

堆肥是我国传统的做法，是利用微生物厌氧发酵有机废弃物，达到稳定化和农肥化的一种方法。堆肥技术包括传统堆肥法和高温堆肥法。

传统堆肥法存在体积大、发酵时间长、无害化程度低及肥力低等缺点，限制了其使用价值。而高温堆肥集有机和无机物质、微生物及微量元素为一体，发酵时间短，营养全面，肥效持久，并且处理设备占地面积小，管理方便，生产成本低，预期效益好。根据需要可以掺入一定量的氮、磷、钾肥，生产多种作物需要的专用复合肥。

高温堆肥是实施“沃土工程”、提高土壤肥力的重要途径。当前使用的高温堆肥技术，主要技术环节有以下特点：

1. 碳/氮比（C/N）

一般认为，堆肥 C/N 在 25～35 范围最好。

2. 含水率

适宜含水率与堆料的有机质含量有关，含水率控制在 45%～60%为宜。

3. 温度

堆肥温度可达 80℃，一般认为，堆肥温度保持在 55～65℃为适宜，可通过专门设备调整通风量来控制温度。

4. 供氧量

微生物的活动与含氧量密切相关，供氧量多少直接影响堆肥速度和质量。堆肥中常用人工强制通风供氧，也可通过鼓风机实行强制通风。

5. pH

堆肥中 pH 随时间和温度而变化，pH 可作为有机质分解状况的标志。值得注意的是，大多畜禽场普遍使用添加剂和药物，畜禽粪便中污染成分种类繁多，重金属、微量元素（如砷、铬、铜、铁等）、抗生素和抗球虫药等均在畜禽粪便中有所残留，这些污染都给高温堆肥处理技术增加了难度。畜禽养殖场应充分认识这些问题，不采用有毒有害的原料，尽可能使废弃物实现零排放。

参 考 文 献

[1] 杨公社. 猪生产学. 北京：中国农业出版社，2002.
[2] 王林云. 现代中国养猪. 北京：金盾出版社，2007.
[3] 韩俊文. 养猪学. 北京：中国农业出版社，2007.
[4] 甘孟侯，杨汉春. 中国猪病学. 北京：中国农业出版社，2005.
[5] 王志远，羊建平. 猪病防治. 北京：中国农业出版社，2010.
[6] 陈顺友. 畜禽养殖场规划设计与管理. 北京：中国农业出版社，2009.